D.M. Imboden   S. Koch

Systemanalyse

Dieter M. Imboden
Sabine Koch

Systemanalyse

Einführung
in die mathematische
Modellierung
natürlicher Systeme

mit 84 Abbildungen und 8 Tabellen
Cartoons von Nikolas Stürchler

 Springer

PROFESSOR DR. DIETER M. IMBODEN
ETH Zürich
Umweltphysik
Departement Umweltnaturwissenschaften
CH-8092 Zürich
Schweiz

DR. SABINE KOCH
ETH Zürich
Umweltphysik
Departement Umweltnaturwissenschaften
CH-8092 Zürich
Schweiz

3. korrigierter Nachdruck der 1. Auflage 2008
ISBN 978-3-540-43935-6   ISBN 978-3-642-55667-8 (eBook)
DOI 10.1007/978-3-642-55667-8

Bibliografische Information Der Deutschen Bibliothek
Die Deutsche Bibliothek verzeichnet diese Publikation in der Deutschen Nationalbibliografie;
detaillierte bibliografische Daten sind im Internet über http://dnb.ddb.de abrufbar.

Herstellung: A. Oelschläger

Gedruckt auf säurefreiem Papier   30/2132 AO 5 4 3 2 1

Vorwort

Buchstäblich ein Sprung ins kalte (See-)wasser machte den Erstautoren (DI) vor über dreissig Jahren zu einem angewandten Umweltwissenschaftler. Angeregt durch die damals neuen Arbeiten des Limnologen Richard Vollenweider über das Problem der Eutrophierung (Überdüngung) von Seen fragte sich der theoretische Physiker, ob die von Vollenweider empirisch gefundenen Zusammenhänge zwischen Phosphorbelastung, Seetiefe und Seezustand nicht durch ein mathematisches Modell zu beschreiben wären. Das eigens entwickelte Zweibox-Modell (Imboden 1973), dessen Spuren auch in diesem Buch anzutreffen sind, schaffte das anvisierte Ziel verblüffend gut und begründete eine lange Liebe zur Modellierung von Umweltsystemen.

Als viele Jahre später die Eidgenössische Technische Hochschule (ETH) in Zürich 1987 einen vollständig neuen Studiengang mit dem programmatischen Titel „Umweltnaturwissenschaften" einführte, bestand ein wichtiges Anliegen darin, die damals oft noch als „weich" empfundene Umweltwissenschaft mit einem soliden quantitativen Unterbau zu versehen. So entstanden die Vorlesung Systemanalyse und später dieses Buch.

Die Zweitautorin (SK) hat in Bayreuth Geoökologie studiert, ein Studiengang, der 1978 mit ähnlichen Ansprüchen gegründet worden war wie später die Umweltnaturwissenschaften an der ETH Zürich. Während ihres Promotionsstudiums an der ETH im Bereich der Bodenwissenschaften war sie besonders von dem konsequent quantitativen Ansatz in ihrer Lieblingsvorlesung „Systemanalyse" fasziniert. Später leitete sie während einiger Jahre den Übungsbetrieb zu dieser Vorlesung.

Beide Autoren verbindet das Anliegen, auch jenen Studierenden, welche die Schule mit einem tiefsitzenden Horror vor der Mathematik und Physik verlassen, die Nützlichkeit der quantitativ-analytischen Werkzeuge zu vermitteln, ohne dabei zu vergessen, dass diese Betrachtung andere, gegenständlichere Auseinandersetzungen mit der Natur nicht ersetzen können. Wir hoffen, Leser und Leserin lassen sich von unserer Begeisterung anstecken.

Der Comics-Zeichner Nikolas Stürchler, in seinem richtigen Beruf Jurist, hat uns mit seinem vorwitzigen Dang, dem zerstreuten Professor Dong und dem klugen Hund Ding geholfen, den Stoff auch von der lebensfreudigen und sportlichen Seite anzugehen. Vielleicht scheint unser gelegentliches Augenzwinkern über die sonst so ernste Mathematik auch an anderen Stellen durch.

Ein solches Buch wäre nicht zu realisieren ohne eine ganze „Werkstatt" von kompetenten Personen im Hintergrund. Besonders danken möchten wir Cécile Haussener Keller und Anna Schuler für ihren unermüdlichen Einsatz beim Schreiben des Textes, Thomas Siller, Paul Büttner, Michael Kost und Tobias Oetiker bei der Gestaltung der Figuren und des Layouts sowie Sibyl Imboden für ihr sorgfältiges Lektorat. Und schließlich gilt ein besonderer Dank all unseren Studierenden an der ETH, welche uns sowohl durch ihre aufmunternden Rückmeldungen als auch mit ihrer aufbauenden Kritik zu einer ständigen Verbesserung der Vorlesung ermuntert und damit wesentlich zum Gelingen dieses Werkes beigetragen haben.

Im November 2002

Dieter Imboden, Zürich
Sabine Koch, Tübingen

Inhaltsverzeichnis

Kapitel 1

Einleitung

Vorbemerkung

Diesem Buch liegt ein Skript der Vorlesung „Systemanalyse" zugrunde, welches im Laufe der vergangenen zwölf Jahre entstanden und seither mehrmals überarbeitet worden ist. Die Vorlesung gehört, zusammen mit denjenigen über Analysis, Differentialgleichungen und lineare Algebra, zur mathematischen Grundausbildung der Umweltnaturwissenschaften und verwandter Studienrichtungen an der Eidgenössischen Technischen Hochschule (ETH) in Zürich.

Das Buch soll Interesse und auch Spaß bei der Anwendung der oft so trockenen Mathematik vermitteln. Aktuelle Beispiele und Übungsaufgaben aus den verschiedensten Richtungen der Umweltwissenschaften, wie Limnologie, Populationsökologie oder Umweltchemie zeigen anschaulich, wozu das mathematische Handwerkszeug dienen kann. Ein gewisses qualitatives Grundwissen zu umweltrelevanten Fragestellungen wird dabei vorausgesetzt.

Obwohl das Buch mehr sein will als eine mathematische Abhandlung über die Analyse und Modellierung von natürlichen Systemen, so spielen doch gewisse mathematische Grundlagen eine wichtige Rolle. Dazu gehören Kenntnisse über gewöhnliche lineare Differentialgleichungen mit einer oder mehreren Variablen, über Vektor- und Matrizenrechnung, über lineare Algebra und schließlich, wenn auch nur am Rande, Einblicke in die Welt der nichtlinearen sowie der partiellen Differentialgleichungen. Die meisten der verwendeten mathematischen Techniken werden im Anhang rekapituliert. Die dortigen Darstellungen enthalten aber keine Beweise. In vielen Fällen werden sie jemandem, der noch nie mit der entsprechenden mathematischen Theorie konfrontiert war, ein gutes mathematisches Lehrbuch nicht ersetzen können.

Wenn sich auch die meisten der hier verwendeten Beispiele auf Anwendungen im Gebiet der Umweltforschung beziehen, in denen die Autoren selber aktiv sind, so soll diese Auswahl nicht den falschen Eindruck erwecken, es handle sich hier um eine Einführung in die Theorie aquatischer oder terrestrischer Umweltsysteme. Ein wichtiges Ziel dieses Buches liegt vielmehr darin, das schier unbegrenzte Anwendungspotential der vermittelten Theorien zu zeigen. Die potenziellen Benutzer und Benutzerinnen sollen dazu ermuntert werden, das entwickelte Werkzeug für die Lösung eigner Fragestellungen zu verwenden.

Im ersten Kapitel wird ein kurzer Einblick in die Philosophie der Modellbildung in den Naturwissenschaften gegeben. Der mathematische Formalismus wird hier noch keine Rolle spielen.

Ding & Dong

1.1   Systemanalyse

Heracleitus (536–470 v. Chr.): $\pi\alpha\nu\tau\alpha\ \rho\epsilon\iota$ panta rhei *gr.: „alles fließt"*

Die Naturwissenschaften begreifen unsere Umwelt oder kurz „die Welt" als ein dynamisches System. Um diese Welt beschreiben und analysieren zu können, haben sie im Laufe der Jahrhunderte eine unglaubliche Fertigkeit darin erlangt, das System „Welt" in immer kleinere Stücke zu unterteilen, in Teilsysteme also, und diese wiederum in Subteilsysteme usw. Die daraus resultierenden Gebilde, wiederum Systeme, wurden dadurch für den beschränkten menschlichen Geist analysierbar. In den meisten Fällen stützt sich diese Analyse auf mathematische Methoden. Deshalb handelt die Systemanalyse von der Beschreibung von (Teil-) Systemen unserer Welt mit den Mitteln der Mathematik.

Der allem zugrunde liegende Ansatz, das Gesamtsystem zuerst in kleine übersichtliche Teilsysteme aufzuteilen und dann erst zu analysieren, wird Reduktionismus genannt. Der reduktionistische Ansatz wird mittlerweile von vielen Wissenschaftlern und Wissenschaftlerinnen kritisiert und sogar dafür verantwortlich gemacht, dass der technologische Fortschritt blind zu sein scheint für seine negativen Auswirkungen wie Umweltzerstörung, Klimaveränderungen und Artensterben, aber auch für die negativen sozialen und politischen Konsequenzen, wie z.B. für den wachsenden Abstand zwischen den reichen und armen Ländern der Erde.

Reduktionismus

Wir erheben hier nicht den Anspruch, für diese Auseinandersetzung — so wichtig sie ist — einen genuinen Beitrag leisten zu können. Wir denken aber, dass man nur kritisieren, verbessern oder gar überwinden kann, was man kennt. Dabei werden wir erfahren, dass die Charakterisierung eines wissenschaftlichen Ansatzes als reduktionistisch oder umgekehrt als holistisch immer auch eine Frage der eigenen Sichtweise ist. Ein Zellbiologe wird wahrscheinlich die Arbeitsweise einer Molekularbiologin als reduktionistisch bezeichnen. Das Gebiet der Zellbiologie erscheint ihm dagegen als holistisch. Andererseits könnte eine Populationsökologin aus ihrer Sichtweise den Zellbiologen wiederum als reduktionistisch einstufen.

Die Aufteilung in die unterschiedlichen Fachgebiete — hier am Beispiel der Biologie erläutert — erfolgt also nicht nur in die einzelnen Schubladen der Kommode (am Seitenrand), sondern jede Schublade wird wieder in viele weitere Schubladen unterteilt. Die dargestellte Kommode ist daher nur *eine* Ebene in der reduktionistischen Aufteilung. Eigentlich müsste die Kommode in einem Regal mit vielen Fächern zusammen mit vielen anderen Kommoden stehen und jede Schublade dieser Kommoden wäre wieder in viele Teilschubladen unterteilt. Diese Ineinanderschachtelung der einzelnen Fachgebiete gilt natürlich nicht nur für die Biologie. Der reduktionistische Denkansatz ist in den gesamten Naturwissenschaften verbreitet.

Obschon es nicht das Ziel dieses Buches ist, diese Debatte von ihrer grundsätzlichen Seite her zu beleuchten, wird sie indirekt eine Rolle spielen. Sie zwingt uns dazu, die hier entwickelten Methoden immer wieder kritisch zu durchleuchten. Noch existieren kaum Konzepte, mit denen die Welt ohne Rückgriff auf die Methode des Teilens von Anfang an „ganzheitlich" (was immer dieses Wort auch bedeuten mag) begriffen werden könnte. Auch wenn uns die Zukunft hier weiterbringen sollte, so werden wir doch immer auch auf das Analysieren angewiesen bleiben. Der Unterschied zur unreflektierten Anwendung des reduktionistischen Vorgehens liegt darin, dass wir als kritisch Denkende die größeren Zusammenhänge, die Synthese, nicht aus den Augen verlieren dürfen.

Dieses Buch will vermitteln, wie Systeme modelliert und untersucht werden können. Im Zentrum steht dabei das Prinzip, vereinfachte Bilder von komplexen Systemen zu konstruieren. Diese Bilder, Modelle genannt, haben in vielen Fällen eine mathematische Form, zum Beispiel diejenige eines Gleichungssystems.

Die Konstruktion eines solchen mathematischen Modells lässt sich auf ein paar wenige Grundideen zurückführen. Zu diesen grundlegenden Konzepten gehören insbesondere:

- die Bilanzierung von Masse, Energie oder der Anzahl von Objekten (z.B. Individuen einer biologischen Art)

- die Beschreibung von chemischen oder einfachen biologischen Transformationen durch stöchiometrische Reaktionsgleichungen

- die Beschreibung von Populationen durch Wachstums-, Sterbe- und Interaktionsgleichungen

- die Beschreibung von Transportprozessen durch Austauschraten, Diffusions- bzw. Advektionsprozesse

- die Anwendung statistischer Methoden zur Beschreibung von Systemen mit vielen Freiheitsgraden

Der Leser oder die Leserin soll mit diesem Buch die Fähigkeit erlangen, reale Systeme zu analysieren und mit Hilfe einfacher mathematischer Modelle quantitative Aussagen über das Verhalten eines Systems zu machen. Das setzt die Fähigkeit voraus, empirisch erkannte Eigenschaften in eine mathematische Form zu bringen und die aufgestellten mathematischen Gleichungen (vor allem Differentialgleichungssysteme) diskutieren und in einfachen Fällen analytisch lösen zu können. Wir werden auch das Verhalten von komplizierteren Modellen untersuchen, aber ohne auf die expliziten Lösungsmethoden einzugehen. Schließlich sollen die Grenzen der Simulation und das Auftreten mathematischer Artefakte aufgezeigt werden.

Bevor wir uns verschiedene mathematische Modelle genauer anschauen, müssen wir zuerst klären, was ein System und ein Modell eigentlich sind und welche Bedeutung die Modellbildung in den Naturwissenschaften hat.

1.2 Was ist ein System?

Die Ameise und der Mistkäfer

Ein Mistkäfer schaut einer Ameise zu, die sich abmüht, eine Fichtennadel auf einen riesigen Haufen zu schleppen. „Was verschwendest du deine Kraft?" fragt der Mistkäfer, „Auf eine Nadel mehr oder weniger wird es bei diesem wirren Haufen nicht ankommen. Was soll denn das Ganze sein?" — „Ich baue an einem System!", antwortet die Ameise schnippisch. Und bei sich selber denkt sie. „Dass dies kein wirrer Haufen ist, wirst du, Mistkäfer, spätestens begreifen, wenn wir dich von unserem Gift gelähmt in unseren Bau schleppen."

Das Wort System kommt aus dem Griechischen und bedeutet „Zusammenstellung". Im Großen Brockhaus findet man folgende Definition: „Ein System ist ein ganzheitlicher Zusammenhang von Dingen, Vorgängen und Teilen. Ein System kann von der Natur gegeben oder vom Menschen hergestellt sein." Etwas abstrakter formuliert könnte man sagen: „Ein System ist eine Menge von Objekten, zwischen denen Relationen bestehen."

Was heißt das genau? Ein System besteht also aus verschiedenen Teilen, den Objekten oder Systemkomponenten. Diese sind miteinander verknüpft. Es bestehen Beziehungen oder Wechselwirkungen zwischen ihnen. Man nennt diese Wechselwirkungen auch *innere Relationen.*

Ein Haufen von Metallteilen ist also noch kein System. Die Teile müssen erst sinnvoll miteinander verknüpft werden. Werden die Metallteile zusammengesetzt, entsteht daraus z.B. das System „Uhrwerk". Wird ein Zahnrad davon entfernt, funktioniert das Uhrwerk nicht mehr. Dies illustriert, wieso man sagt: „Ein System ist mehr als die Summe seiner Einzelteile."

Erst durch die inneren Relationen werden die Einzelteile zu einem System. Nicht immer ist das so eindeutig zu interpretieren, wie im Falle des Uhrwerks. Schauen wir uns folgendes Beispiel an:

> **Beispiel 1.1 (Sandhaufen)**
> Ist ein Sandhaufen ein System? Nein, werden die einen sagen. Man kann ein bestimmtes Sandkorn davon entfernen, und es bleibt immer noch das übrig, was wir typischerweise Sandhaufen nennen. Auch lernt man geologisch oder petrografisch praktisch dasselbe, ob man ein einzelnes Korn oder den ganzen Haufen betrachtet. — Andere werden hingegen sagen, ein Sandhaufen sei tatsächlich ein System. Im Sandhaufen bilden sich zwischen den einzelnen Körnern Zwischenräume, so genannte Porenräume. Die Poren können Lebensraum sein für die verschiedensten Organismen, sie können Wasser speichern und — wie im Fall von Sedimentablagerungen — in ihrer Struktur Information über die Entstehung der Ablagerung enthalten.

Ob eine Anzahl von Objekten ein System bildet, kann also nicht allgemein gültig entschieden werden, ohne die Sichtweise oder Fragestellung zu berücksichtigen. Für eine Kiesabbaufirma ist eine Kiesgrube ein „Sandhaufen", für eine Geologin hingegen ist dieselbe Kiesgrube ein System, das wertvolle Information enthält.

Zur Definition des Systems gehört auch die Definition der Systemgrenze. Sie grenzt das System von seiner Umwelt ab. Das heißt aber nicht, dass es zwischen System und Umwelt keine Wechselwirkungen geben darf. Im Gegenteil, „Wechselwirkungen" oder besser „Beziehungen" zwischen Umwelt und System machen ein System erst interessant. Wir nehmen aber an, dass diese nur in einer Richtung wirken: die Umwelt beeinflusst zwar das System über die Systemgrenze hinweg durch die so genannten äußeren Relationen. Umgekehrt wird aber die Umwelt nicht vom System beeinflusst. Man setzt voraus, die Umwelt sei im Vergleich zum System unendlich groß oder un-

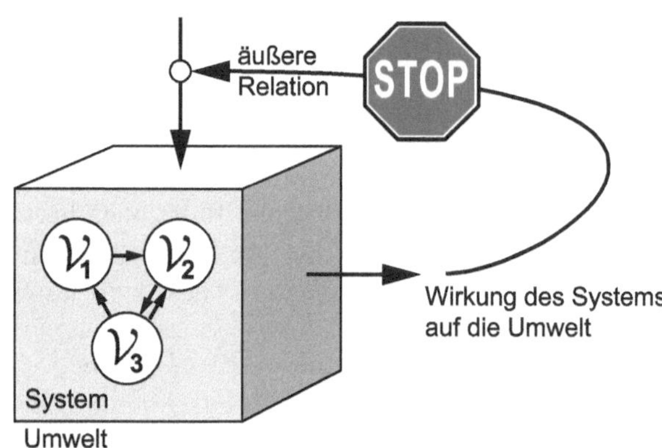

Abb. 1.1: *Schematische Darstellung eines Systems mit 3 Systemvariablen $\mathcal{V}_1, \mathcal{V}_2$ und $\mathcal{V}_3$. Die Systemgrenze begrenzt das System nach außen zur Umwelt. Die Umwelt wirkt mit der äußeren Relation auf das System bzw. auf die Systemvariablen ein. Die Systemvariablen sind durch die inneren Relationen miteinander verknüpft. Die Rückkopplung des Systems auf seine Umwelt wird vernachlässigt.*

endlich robust, so dass die Rückkopplung des Systems auf seine Umwelt vernachlässigt werden kann (Abb. 1.1).

Die beschriebene Wirkungshierarchie kann mit dem folgenden Beispiel illustriert werden:

Beispiel 1.2 (Die Erde im Sonnensystem)

Die Erde ist ein Teilsystem unseres Sonnensystems. Sie wird insbesondere durch den Energiefluss von der Sonne beeinflusst, also durch diese äußere Relation angetrieben. Umgekehrt können wir annehmen, dass die Erde auf das System „Sonne" keinen spürbaren Einfluss hat. Eine sinnvolle Systemgrenze zwischen Erde und umgebendem Sonnensystem könnte man irgendwo in der oberen Stratosphäre (oder noch höher) ziehen.

Doch nicht immer lässt sich die Systemgrenze so einfach festlegen. Folgendes Beispiel soll dies veranschaulichen:

Beispiel 1.3 (Ein See als System)

Betrachten wir einen See als System. Unser Ziel bestehe darin, die Phosphorkonzentration in diesem See zu beschreiben. Der See als Wasserkörper ist begrenzt von der Wasser- und Sedimentoberfläche. Wir stellen aber schnell fest, dass diese Systemgrenze nicht sinnvoll ist: Der Phosphorgehalt des Seewassers ist von der Phosphorrücklösung aus dem Sediment abhängig. Als Folge vorausgegangener Phosphor-Belastungen sind im Sediment große Phosphormengen gespeichert. Also wählen wir als System: Wasserkörper und Sedimentkörper. Weiter stellen wir fest, dass eine Prognose über den Verlauf der Phosporkonzentration im See nicht möglich ist, ohne zu wissen, was in dessen Einzugsgebiet geschieht (Bevölkerungswachstum, Bau von Kläranlagen, Landwirtschaftspolitik, Drainage von Land etc.). Also wählen wir als System: Wasserkörper, Sediment und Einzugsgebiet. ...

Zusammenfassend halten wir fest: Systeme sind gedankliche Konstrukte, die uns helfen, einen Teil der (Um)welt zu verstehen. Es gibt keine absolut gültige Abgrenzung eines Systems. Die Wahl der Systemgrenze hängt von der Fragestellung ab.

1.3 Was ist ein Modell?

Supermodell

Um ein System zu analysieren, muss man es irgendwie darstellen, sei es als Zeichnung, Funktionsschema, mathematische Gleichung oder als verbale Beschreibung. Eine solche Darstellung heißt Modell. Ein Modell ist immer eine vereinfachte Beschreibung eines wirklichen Systems. Im antiken Rom nannte man die verkleinerte Nachbildung eines Gebäudes modulus, wovon sich unser heutiges Wort „Modell" ableitet.

modulus
lat.: „Gebäude in verkleinertem Maßstab"

Ein Modell ist also ein Konzept, mit dem ein kompliziertes System vereinfacht dargestellt werden kann. Diese Definition hat vorerst nichts mit Mathematik zu tun. Es gibt viele Modelle ohne Mathematik: Der Architekt entwirft das Gebäude, das er baut, als Modell in verkleinertem Maßstab. In der Chemie nimmt man Kugeln und Stäbchen, um sich die Moleküle vorzustellen (Abb. 1.2). Modelle werden überall eingesetzt, sei es als physische Modelle wie ein architektonisches Modell oder als rein gedankliche Konstrukte.

Ein Modell ist also nicht eine Kopie des realen Systems. Es ist die Brille, durch die das System betrachtet wird, damit wir uns in der komplexen Welt besser zurechtfinden. Für das gleiche System gibt es völlig verschiedene Modelle. Die gleiche Landschaft kann beispielsweise als topografische Karte oder als impressionistisches Gemälde wiedergegeben werden. Dabei ist die jeweilige vereinfachte Darstellung des ursprünglichen Systems „Landschaft" gewollte Absicht. Man kann nicht a priori sagen, welches der Modelle das bessere ist. Ein Modell ist nicht deshalb besser, weil es komplizierter ist als ein anderes. Abhängig von der Betrachtungsweise oder der Fragestellung werden bei der Modellbildung gewisse Systemeigenschaften berücksichtigt

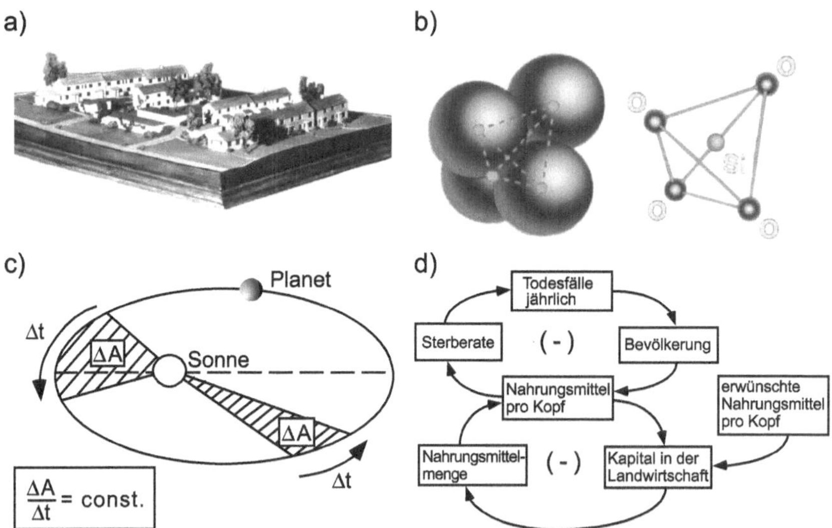

Abb. 1.2: *Beispiele von Modellen:*
a) Architektonisches Modell: Verkleinerte Ausführung eines realen oder geplanten Baues
b) Chalottenmodell: Modell der chemischen Moleküle
c) Mathematisches Modell: Zweites Keplersches Gesetz (Flächensatz)
d) konzeptionelles Modell: Ausschnitt aus dem Weltmodell von Forrester und Meadows (s. Literaturverzeichnis: Meadows et al. (1987))

und andere vernachlässigt. Ein Hund macht sich beispielsweise von dem Wald, in dem er regelmäßig spazieren geführt wird, ein anderes Bild als sein Besitzer. Er macht sich sein Waldmodell wahrscheinlich anhand von Gerüchen. Er kann sich mit diesem Modell genau so gut zurecht finden wie sein Besitzer, der sich im Wald nach ganz anderen Gesichtspunkten orientiert.

In den Naturwissenschaften und der Technik haben Modelle eine lange Tradition. Gute Modelle erlauben es, durch gewisse Vereinfachungen zu einem überschaubaren und mathematisch berechenbaren Abbild der realen Welt zu kommen. Ein reales System kann nur mit Hilfe eines Modells erfasst und analysiert werden. Eine wichtige Motivation, ein Modell zu konstruieren, ist der Wunsch vorauszusagen, wie sich das System in der Zukunft verhalten wird. Wie wir sehen werden, sind aber Prognosen nicht die einzige Rolle, welche Modelle spielen.

Hundespaziergang

Wird ein Modell durch mathematische Gleichungen formuliert, spricht man von einem mathematischen Modell. Mathematische Modelle wurden ursprünglich vor allem in den exakten Natur- und Ingenieurwissenschaften, allen voran in der Physik und in der Chemie, verwendet. Dort ermöglichten sie die Entwicklung von in sich konsistenten und widerspruchsfreien Theorien. Unter dem Einfluss des großen Erfolges, welche diese Wissenschaften hatten, wandten sich im Laufe des 20. Jahrhunderts auch andere Disziplinen immer öfter der Methode der mathematischen Modellierung zu. Diese Entwicklung machte auch vor den Sozial- und Geisteswissenschaften nicht halt, auch wenn sie dort an gewisse Grenzen stieß. Jenseits der Natur- und Ingenieurwissenschaften hat die mathematische Modellierung in der Ökonomie ihre erfolgreichste Anwendung gefunden.

Die Entwicklung der systemorientierten Naturwissenschaften wie Ökologie und Umweltwissenschaften wäre ohne mathematische Modelle nicht möglich gewesen. Die Modelle wären ihrerseits schon bald zu komplex für exakte, mathematische Lösungen geworden, hätte nicht der gewaltige Fortschritt bei der Informatik die numerische Simulation von Modellen erlaubt, welche noch in den sechziger Jahren des 20. Jahrhunderts als unlösbar gegolten haben. Allerdings sind die ersten ökologischen Modelle, zum Beispiel das berühmte Räuber-Beute-Modell von Lotka (1924) und Volterra (1926) (s. Kap. 6.2), bereits vor über siebzig Jahren entstanden, als es noch keine Computer gab.

Wir halten also fest: Ein Modell ist ein Konzept zur vereinfachten Darstellung eines komplexen Systems. Es dient dazu, die wichtigen Eigenschaften eines Systems darzustellen und die nebensächlichen Eigenschaften außer Acht zu lassen. Bei einem mathematischen Modell werden die Wechselwirkungen zwischen den Systemvariablen (innere Relationen) sowie zwischen diesen und der Umwelt (äußere Relationen) mathematisch formuliert. Dadurch wird das System mathematisch berechenbar.

Ein Modell ist ein Konzept zur vereinfachten Darstellung eines komplexen Systems.

1.4 Die Modellbildung in den Naturwissenschaften

Zur Entwicklung einer naturwissenschaftlichen Theorie braucht man Modelle: Ohne Modelle gibt es keine verallgemeinerbare oder übertragbare Erkenntnis. Dabei muss hinter dem Wort „Modell" nicht notwendigerweise ein kompliziertes Computer-Programm stehen. Schon die Annahme, dass der Strom, der durch einen elektrischen Widerstand fließt, proportional zur angelegten Spannung wächst, ist ein Modell.

Ohm'sches Gesetz:
$I = U/R$

Ein klassisches Beispiel zur Frage, wie (natur-)wissenschaftliche Erkenntnis entsteht, kann die zentrale Rolle der Modellbildung besser illustrieren als eine lange Erklärung:

Beispiel 1.4 (Von Brahe bis Einstein: Das Modell des Weltalls)
Bei jeder wissenschaftlichen Theoriebildung kann man folgende Phasen
erkennen:

1. Sammeln	Beobachtungen, Messungen: *Tycho Brahe (1546–1601) sammelt dank seines fürstlich ausgerüsteten Observatoriums Uranienborg in der Nähe von Kopenhagen Daten über die Planetenbewegungen.*
2. Ordnen	Suche nach dem Ordnungsprinzip in den gesammelten Daten (Modellbildung): *Johannes Kepler (1571–1630) „ordnet" die Planetenbahnen von Brahe und findet dabei drei Gesetze, die er mathematisch formuliert.*
3. Verstehen	Die Suche nach einem übergeordneten Prinzip, mit dem man die empirisch gefundene Ordnung verstehen kann: *Isaac Newton (1643–1727) zeigt, dass die Kepler'schen Gesetze durch physikalische Prinzipien erklärt werden können, die über die Astronomie hinaus gültig sind.*
4. Verallgemeinern	Kann man die Gesetze auf andere Situationen übertragen? (Validierung) *Albert Einstein (1879–1955) entwickelt aufgrund der schon von Newton postulierten Äquivalenz der trägen und schweren Masse seine allgemeine Relativitätstheorie.*
5. Prognose	Kann man die (evtl. verallgemeinerten) Gesetzmäßigkeiten zur Voraussage noch nicht gemachter Beobachtungen bzw. Phänomene benützen? *Die Relativitätstheorie von Albert Einstein blieb solange mathematische Spielerei, bis astronomische Phänomene, welche Einstein voraussagte, tatsächlich beobachtet werden konnten.*

Anhand des Beispiels können wir die zwei folgenden Hauptaufgaben der
Systemanalyse identifizieren:

Modellbildung: Die Konstruktion eines Modells beginnt mit der Festlegung der Systemgrenze, der Definition der Systemvariablen, der äußeren
und der inneren Relationen. Ausgangspunkt sind vielfach empirische Informationen, z.B. Messdaten. Diese werden im Hinblick auf die Konstruktion
des Modells geordnet. Das Modell, in den meisten Fällen ein mathematisches Modell, soll die Daten in möglichst einfacher Form als Resultat der
inneren Struktur des Modells und der äußeren Relationen erklären können.

Anders gesagt: Die Systemanalyse sucht nach der (einfachsten) Struktur der „Black Box", welche den vermuteten Zusammenhang zwischen dem Zustand der Umwelt und dem Systemzustand reproduziert (Abb. 1.3).

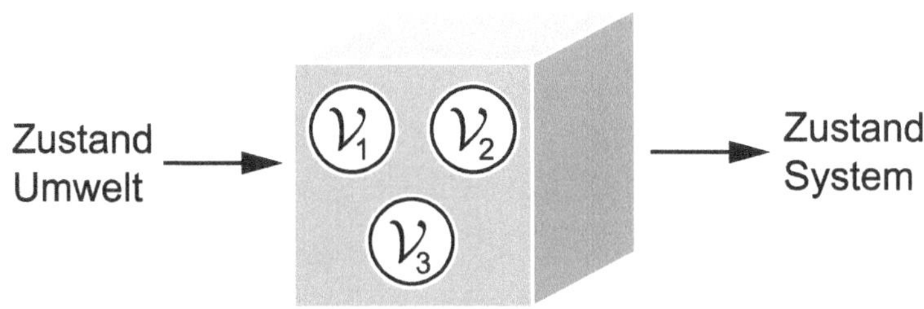

Abbildung 1.3: *Als erster Schritt der mathematischen Modellbildung müssen die äußeren Relationen (Zustand Umwelt) und die Systemvariablen ($\mathcal{V}_i$) definiert und quantifiziert werden. Das Black-Box-Modell versucht die Messdaten möglichst einfach und sinnvoll zu erklären.*

Letztlich hat das Sammeln von Daten nur einen Sinn, wenn daraus weitere Erkenntnis entsteht, entweder als verallgemeinerte Aussage, als Prognose oder zur Formulierung neuer Fragen, d.h. zur Planung neuer Experimente. Für diese Art der „Beobachtungs-Nutzung" braucht man Modelle.

Boxmodell

Modellvalidierung: Sind ein datenkompatibles Modell konstruiert und die Modellgrößen bestimmt, d.h. „identifiziert", so kann mittels des Modells das Verhalten des Systems unter verschiedenen Bedingungen vorausgesagt und mit entsprechenden weiteren Messungen verglichen werden. Das Modell wird dadurch eventuell weiter verbessert. Diesen Vorgang nennt man die Validierung des Modells.

Im Prinzip gleicht der Prozess des Modellierens einem unbegrenzten Iterationsverfahren, das man dann abbricht, wenn man eine genügend hohe Genauigkeit erreicht hat. Abbildung 1.4 soll dies verdeutlichen.

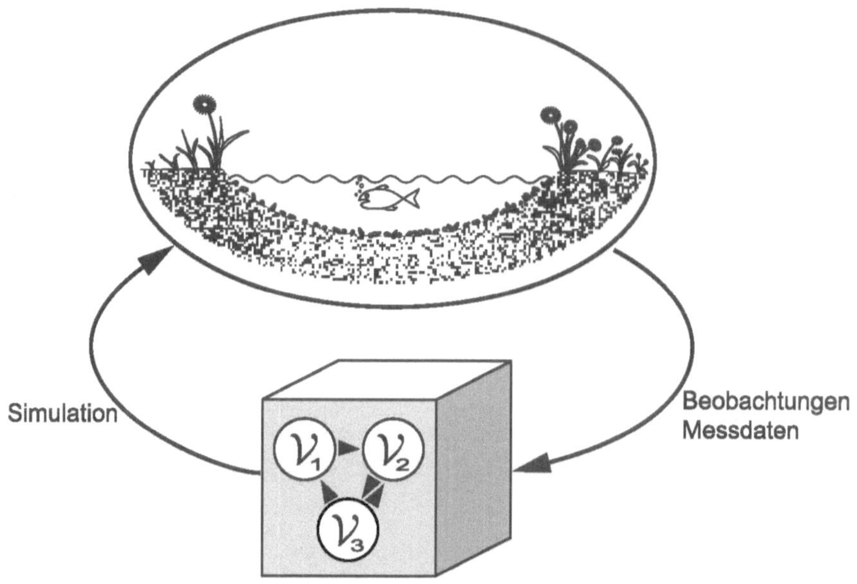

Abb. 1.4: *Bei der Modellvalidierung werden die Messdaten des Systems immer wieder mit neuen Modellsimulationen verglichen bis eine befriedigende Übereinstimmung zwischen Modell und Beobachtungen gefunden wird.*

Hiermit kommen wir an den Schluss des ersten Kapitels, das der methodischen Bedeutung der Modellbildung gewidmet war. Im nächsten Kapitel wollen wir das grundlegende Handwerkszeug kennen lernen, das wir zum Bau eines Modells brauchen.

Am Ende jedes Kapitels finden sich Fragen und Aufgaben. In den Fragen wird der Stoff des Kapitels rekapituliert. Sie sind meist kurz und einfach zu beantworten. Die Bearbeitung der Aufgaben setzt dagegen eine intensivere Auseinandersetzung mit dem Lernstoff voraus.

1.5 Fragen und Aufgaben

Frage 1.1 *Wieso gibt es keine einfache und eindeutige Definition, um zwischen einer reduktionistischen und holistischen Beschreibung eines Systems zu unterscheiden ?*

Frage 1.2 *Was steht hinter der Aussage: „Das Verhältnis zwischen einem System und seiner Umwelt ist asymmetrisch?"*

Frage 1.3 *Gib Kurzdefinitionen für die folgenden Ausdrücke: System — Modell — mathematisches Modell.*

Frage 1.4 *Wie unterscheiden sich Modell und Realität?*

Frage 1.5 *Zähle die wichtigsten Punkte auf, die es für die Konstruktion eines Modells zu entscheiden gibt.*

Frage 1.6 *Welche Funktionen haben Modelle der Wissenschaft und wozu dienen sie?*

Frage 1.7 *Was versteht man unter der Validierung eines Modells?*

Aufgabe 1.1 (Modellbildung) *Betrachte die folgenden drei Systeme und versuche ein Modell zu bilden. Überlege, welche Systemvariablen und äußeren Relationen für die Modelle wichtig sind. Was kann man vernachläßigen? Wo liegt die Systemgrenze ?*

> *a) Bevölkerungswachstum national für ein Land*
>
> *b) Bevölkerungswachstum global für die gesamte Erde*
>
> *c) Kohlendioxid in der Atmosphäre*
>
> *d) Schwermetall Blei im Sediment eines Sees*

Aufgabe 1.2 (Sonnensystem) *Zur vereinfachten Beschreibung wählen wir Ort und*
Geschwindigkeit der Sonne und der acht „klassischen" Planeten.

> *a) Was sind die inneren Relationen?*
>
> *b) Welche äußeren Relationen enthält das System?*
>
> *c) Wie weicht das System vom realen Sonnensystem als Teil des Kosmos ab? Betreffen die Vereinfachungen die inneren bzw. die äußeren Relationen oder beide?*

Aufgabe 1.3 (Von den chemischen Elementen zur Atomphysik)
Charakterisiere, ähnlich wie in Beispiel 1.4, den Weg von der Entdeckung der chemischen Elemente bis zur Atomphysik.

Kapitel 2

Mathematische Modelle — ein erster Blick

Im zweiten Kapitel wollen wir die mathematischen Modelle genauer anschauen, mit denen natürliche Systeme beschrieben werden können. Es geht hier vor allem darum, sich mit den Modellbestandteilen und verschiedenen Modelltypen vertraut zu machen. Wir werden anhand von Beispielen lernen, wie ein Modell konstruiert wird. Hierzu brauchen wir noch keine komplizierte Mathematik.

2.1 Vom System zum Modell

Bevor wir ein Modell bilden, sollten wir uns darüber klar werden, wozu wir das Modell brauchen und welche Fragestellungen wir damit bearbeiten wollen. Aufgrund der Fragen werden das System definiert sowie die Systemgrenze und die relevanten Systemgrößen gewählt.

Für diesen ersten Schritt der Modellbildung gibt es ein einfaches Handwerkszeug. Wir zeichnen unser System zuerst als Schema in einer Box. Der Rand der Box ist unsere Systemgrenze. In die Box zeichnen wir die Systemvariablen $\mathcal{V}_i$. Von außerhalb der Box wirken die äußeren Relationen $\mathcal{R}_i$ des Systems. In vielen Fällen sind die äußeren Relationen durch Massenflüsse von der Umwelt in das System hinein gegeben. Deshalb werden die äußeren Relationen oft auch Inputgröße oder Stoff-Input genannt. Es gibt aber auch andere äußere Relationen, z.B. die Sonneneinstrahlung, die Lufttemperatur, der Zinssatz einer Bank, etc. Die Systemvariablen können wir mit Pfeilen verbinden, welche die Beziehungen zwischen ihnen, d.h. die inneren Relationen des Systems, darstellen. Auch die inneren Relationen können Massenflüsse zwischen den betroffenen Systemvariablen sein.

Ein natürliches System, das wir immer wieder als Beispiel benutzen werden, ist ein See. Abbildung 2.1 zeigt ein erstes einfaches Modell zur Beschreibung einer chemischen Substanz in einem See.

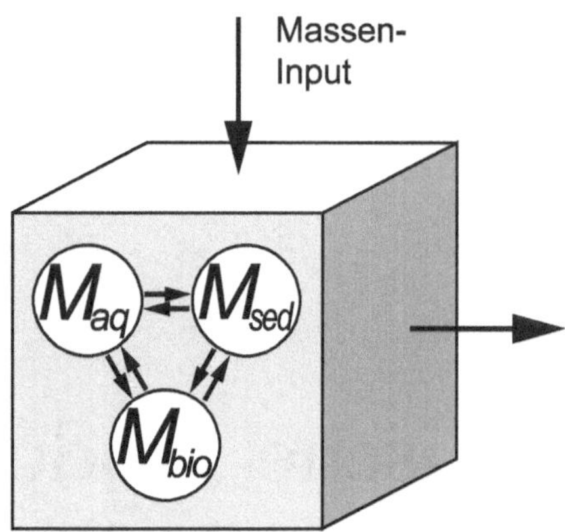

Beispiel 2.1 (Ein See als Black Box)
Das Modell hat drei Variablen: die Menge oder Masse einer chemischen Substanz im Seewasser M_{aq}, die Masse der Substanz im Sediment M_{sed} bzw. in den Lebewesen im See M_{bio}, z.B. in den Fischen. Die zu modellierende Substanz gelangt durch einen Zufluss in den See. Dieser Massen-Input stellt die äußere Relation des Systems dar. Der Verlust der Substanz via Abfluss wird mit einem Pfeil aus der Box heraus symbolisiert. Der Austausch der Substanz zwischen Seewasser, Seesediment und Biota wird ebenfalls mit Pfeilen zwischen den einzelnen Variablen symbolisiert. Dies sind die inneren Relationen des Systems.

Dimension eines Modells = Anzahl Systemvariablen.

Die Anzahl der Systemvariablen in einem Modell wird als die Dimension des Modells bezeichnet. Beim obigen Beispiel handelt es sich somit um ein *dreidimensionales* Modell mit den *drei* Systemvariablen M_{aq}, M_{sed} und M_{bio}. Um das Modell mathematisch zu formulieren, müssen wir die inneren Relationen, d.h. die Massenflüsse zwischen den drei Systemvariablen sowie die äußeren Relationen, d.h. den Massen-Input durch mathematische Relationen beschreiben. Dadurch entstehen die System- oder Modellgleichungen. Sie enthalten in der Regel zusätzliche Größen, die Modellparameter. Das Vorgehen zur Erstellung der Systemgleichungen werden wir im nächsten Abschnitt anhand eines konkreten Beispiels schrittweise illustrieren.

2.2   Statische Modelle

Wir beginnen mit einem einfachen Beispiel, dem statischen Modell eines Sees. Es könnte uns die Frage nach dem Zusammenhang zwischen der Zufuhr eines Stoffes im Zufluss eines Sees und der mittleren Stoffkonzentration im See beantworten. Ein solcher Stoff ist z.B. Phosphor.

Überlegen wir zuerst, wie das System schematisch ausschaut (Abb. 2.2). Unser Modell ist eindimensional, es hat *eine* Variable: die Phosphorkonzentration im Seewasser C_{aq} (Einheit: mg m^{-3}). Die äußere Relation des

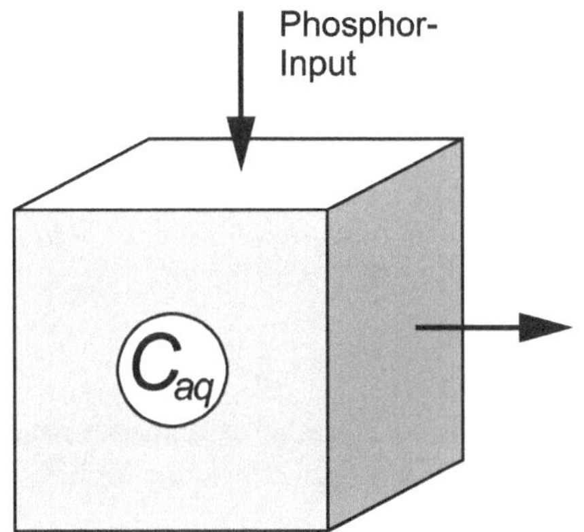

Abb. 2.2: *Statisches Seemodell: Mittlere Phosphorkonzentration im See in Abhängigkeit vom momentanen Phosphor-Input.*

Systems, der Phosphor-Input, sei die möglicherweise zeitlich variable Zufuhr von gelöstem Phosphor J_{in} (Einheit: kg a^{-1}) in den See. In einem ersten Modellierungsversuch nehmen wir an, es bestehe ein *unmittelbarer* Zusammenhang zwischen dem Phosphor-Input zur Zeit t und der mittleren Phosphorkonzentration im See, welche zur gleichen Zeit gemessen wird. Mathematisch lässt sich das folgendermaßen formulieren:[1]

Besteht ein Zusammenhang zwischen $J_{in}(t)$ und $C_{aq}(t)$?

$$C_{aq}(t) = \text{Funktion von } J_{in} = f\big[J_{in}(t)\big] \qquad (2.1)$$

Wir nehmen an, der betreffende See werde seit mehreren Jahren untersucht und es stehe eine Datenreihe zur Verfügung, aus welcher sich $C_{aq}(t)$ und $J_{in}(t)$ für verschiedene Zeiten berechnen lassen. Um die unbekannte Funktion in Gleichung 2.1 zu finden, können wir die Werte von $C_{aq}(t)$ und $J_{in}(t)$ in einem zweidimensionalen Diagramm aufzeichnen. Schauen wir uns dazu ein Zahlenbeispiel an:

Beispiel 2.2 (Phosphor im See - Statisches Modell)
In einem See nimmt die Nährstoffbelastung über viele Jahre ständig zu. Diese so genannte Eutrophierung des Sees wird anhand der folgenden Messungen belegt. Sie zeigen einen Zusammenhang zwischen dem jährlichen Input von Phosphor $J_{in}(t)$ via Zuflüsse und Kläranlagen und der im gleichen Jahr gemessenen mittleren totalen Phosphorkonzentration im See $C_{aq}(t)$. Die folgenden Daten wurden in vier, nicht notwendig direkt aufeinander folgenden Jahren gemessen.

$J_{in}(t)$ [kg a^{-1}]	1500	2100	2800	4200
$C_{aq}(t)$ [mg m^{-3}]	20	30	36	56

---

[1]Mit diesem Beispiel soll keineswegs suggeriert werden, dieses Modell sei immer vernünftig. Es geht hier lediglich um einen ersten Versuch, dessen allfällige Gültigkeit wir später eingehend diskutieren werden.

Abbildung 2.3 zeigt die Datenpaare in einem zweidimensionalen Diagramm. Alle Datenpunkte liegen ungefähr auf einer Geraden. Daraus können wir schließen, dass die gesuchte Funktion eine lineare Beziehung der Form $f(x) = p \cdot x$ ist.

Nun können wir den linearen Zusammenhang zwischen Phosphor-Input $J(t)$ und mittlerer Phosphorkonzentration $C_{aq}(t)$ mathematisch formulieren:

$$C_{aq}(t) = p \cdot J_{in}(t) \tag{2.2}$$

Der Koeffizient p ist der Modellparameter. Er lässt sich als Quotient aus den Datenpaaren berechnen. Es ergibt sich im Mittel:

$$p = \overline{\left(\frac{C_{aq}(t)}{J_{in}(t)}\right)} = 1.33 \times 10^{-2}\,\frac{\text{mg m}^{-3}}{\text{kg a}^{-1}} \tag{2.3}$$

wobei der Strich über dem Quotienten der Mittelwert über die Datenpaare bedeutet.

Abb. 2.3: *Die Datenpaare $J_{in}(t)$ und $C_{aq}(t)$ sind in einem zweidimensionalen Diagramm dargestellt. Alle Datenpunkte liegen auf einer Geraden.*

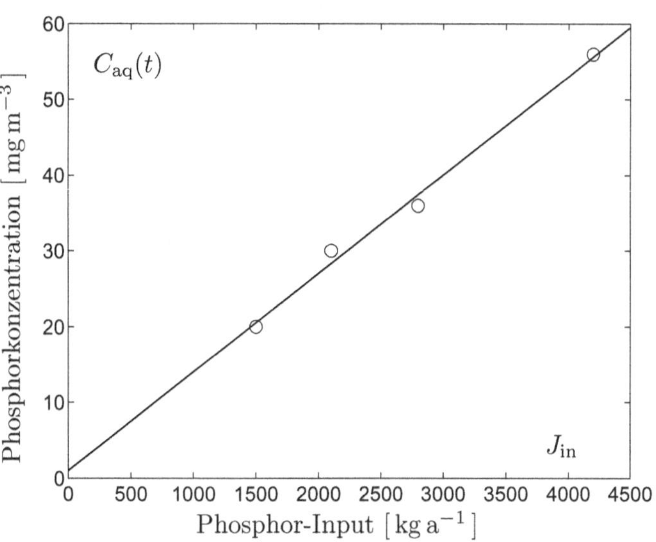

Das obige Phosphormodell wird deshalb statisch genannt, weil zu einer gegebenen äußeren Relation $\mathcal{R}$, im Beispiel zum Input $J_{in}(t)$, ein genau definierter Wert der Systemvariablen $\mathcal{V}$ gehört. Mathematisch hat ein statisches Modell mit einer Systemvariablen die folgende allgemeine Form:[2]

---

[2]Nicht in allen Fällen kann die Systemvariable $\mathcal{V}$ wie in Gleichung (2.4) explizit dargestellt werden. Sie kann auch durch eine implizite Gleichung gegeben sein, wie z.B. $e^{a\mathcal{V}} = b\mathcal{V}$.

$$\mathcal{V} = \text{Funktion von}\{\mathcal{R}\} = f(\mathcal{R}) \tag{2.4}$$

Gleichung (2.4) wird als die Systemgleichung des Modells bezeichnet. Die Funktion $f(\mathcal{R})$ kann eine beliebig komplizierte Form haben und durch einen oder mehrere Modellparameter p bestimmt sein. Ist die Funktion $f(\mathcal{R})$, wie in Gleichung (2.2), eine lineare Funktion, so heißt das Modell linear.

Wir haben das System „Phosphor im See" mit einem linearen, statischen Modell beschrieben. Mit Gleichung (2.2) können wir voraussagen, wie sich die Phosphorkonzentration im See ändert, wenn sich die Phosphorzufuhr ändert. Wir können mit diesem Modell aber nichts darüber aussagen, wie lange es dauert bis sich im Seewasser eine neue „Gleichgewichts"-Konzentration eingestellt hat. Dazu müssten wir den See mit einem dynamischen Modell beschreiben.

Ein statisches Modell kann keine zeitliche Veränderung beschreiben.

Bevor wir in Kapitel 2.3 ausführlicher auf die dynamischen Modelle eingehen, werden wir uns kurz über Dimensionen und Einheiten unterhalten.

2.2.1 Vom Umgang mit Dimensionen und Einheiten

Mathematische Modelle verknüpfen die Modellgrößen mit mathematischen Relationen. Diese Größen haben im allgemeinen eine Dimension (s. Anhang B). In den meisten Fällen genügen die drei Dimensionen Masse $[\mathrm{M}]$, Zeit $[\mathrm{T}]$ und Länge $[\mathrm{L}]$ zur Darstellung sämtlicher abgeleiteter Größen. Einheiten entstehen durch die explizite Wahl eines Maßsystems für die Dimensionen; sie sind somit spezieller als Dimensionen und nicht mit diesen zu verwechseln. Solange nur mit algebraischen Ausdrücken gerechnet wird, spielt die Wahl der Einheiten keine Rolle. Nur die Dimensionen müssen auf beiden Seiten eines Gleichheitszeichens immer übereinstimmen. Beim Einsetzen von Zahlen muss dann ein konsistenter Satz von Einheiten gewählt werden.

Betrachten wir z.B. Gleichung (2.3) im obigen Beispiel. Die verwendeten Masseneinheiten im Zähler und Nenner sind verschieden und können durch die Umrechnung $1\,\mathrm{mg} = 10^{-6}\,\mathrm{kg}$ angeglichen werden. Dann gilt

$$
\begin{aligned}
p &= 1.33 \times 10^{-2}\,\frac{\mathrm{mg\ m^{-3}}}{\mathrm{kg\ a^{-1}}} \\
&= 1.33 \times 10^{-8}\,\frac{\mathrm{mg\ m^{-3}}}{\mathrm{mg\ a^{-1}}} \\
&= 1.33 \times 10^{-8}\,\mathrm{a\,m^{-3}}
\end{aligned}
$$

Der Parameter p besitzt also die Dimension einer inversen Volumenflussrate $[\mathrm{T\,L^{-3}}]$. Wir werden im Kapitel 4.2 die physikalische Bedeutung dieses Parameters kennen lernen. Schauen wir uns ein weiteres Beispiel an:

Beispiel 2.3 (Dimensionen und Einheiten)

In eine Kläranlage mit einem Wasservolumen von 1000 m^3 gelangen als Folge eines Unfalls 10 kg einer giftigen Substanz. Wie hoch ist die mittlere Konzentration dieser Substanz in der Kläranlage nach dem Unfall?

Die Dimension einer Konzentration ist $[\mathrm{ML}^{-3}]$, also Masse $[\mathrm{M}]$ pro Volumen $[\mathrm{L}^3]$. Daher können wir die mittlere Konzentration C in der Kläranlage mit den gegebenen Werten berechnen:

$$C = \frac{10 \text{ kg}}{1000 \text{ m}^3} = 0.01 \text{ kg m}^{-3} \tag{2.5}$$

Wir haben zur Berechnung der Konzentration die Substanzmasse in der Einheit kg und das Volumen in der Einheit m^3 eingesetzt und erhalten daher die Konzentration der Substanz in der Einheit kg m^{-3}. Die Einheiten kg und m sind so genannte SI-Einheiten[a]. Dieses Maßsystem sollte bevorzugt benutzt werden. Oft ist es aber anschaulicher, die Einheiten in ein Maßsystem umzurechnen, das man sich besser vorstellen kann. Die Einheit der mittleren Konzentration in der Kläranlage können wir z. B. folgendermaßen umformen:

$$0.01 \text{ kg m}^{-3} = 0.01 \times \frac{10^3 \text{ g}}{10^3 \text{ L}} = 0.01 \text{ g L}^{-1} = 10 \text{ mg L}^{-1} \tag{2.6}$$

In einem Liter Wasser sind also 10 mg der Substanz gelöst.

---

[a]Die SI-Einheiten wurden als „Système International d'Unités" 1960 als internationale Basiseinheiten auf einer Konferenz in Paris festgelegt.

Viele der einfachen Grafik- oder Statistik-Softwares erlauben es, den empirischen Zusammenhang zwischen Datenpaaren wie in Abbildung 2.3 grafisch darzustellen und dann mittels einer Regression funktional zu berechnen. Werden Datenpaare zweier oder mehrerer Messgrößen mittels einer linearen oder nichtlinearen Regression miteinander verbunden, so entsteht ein statisches Modell. Die Regressionsgleichung dient dann als Systemgleichung.

Die Kontrolle von Dimensionen und Einheiten hilft bei der Aufstellung eines Modells Fehler zu vermeiden.

Damit wird das Aufstellen der Systemgleichung sehr einfach, weshalb man oft vergisst nachzuprüfen, ob die Gleichung überhaupt einen physikalischen Sinn ergibt. Selbst in der Literatur findet man Modellgleichungen, bei denen links und rechts des Gleichheitszeichens ungleiche Dimensionen stehen. Auch werden oft die Systemgleichungen so aufgestellt, dass sie nur für spezifisch gewählte Einheiten gültig sind.

Im folgenden Beispiel wurden experimentelle Daten zum Wachstum einer Algenpopulation bei unterschiedlichen Nitratkonzentrationen im Wasser mit einer nichtlinearen Regression ausgewertet. Das so entstandene nichtlineare statische Modell zeigt das Problem mit den Einheiten der Modellparameter besonders gut:

Beispiel 2.4 (Einheiten beim Aufstellen der Modellgleichung)
Aus unbekannter Quelle stammt folgendes Modell für den Zusammenhang zwischen dem spezifischen Wachstum[a] W einer Algenpopulation und der Nitratkonzentration C im Wasser:

$$W = 0.1 \ C^{0.6} \tag{2.7}$$

W Spezifisches Wachstum (pro Stunde)
C Nitratkonzentration

Es stellt sich nun die Frage, in welchen Einheiten die Konzentration in die obige Gleichung eingesetzt werden muss. Ein Anwender A drückt beispielsweise die Nitratkonzentration in $\mathrm{mol\,m^{-3}}$ aus und erhält bei der Anwendung von Gleichung (2.7) einen um den Faktor 4.9 kleineren Wert für W als die Anwenderin B, welche die Konzentration C in $\mathrm{mgN\,L^{-1}}$ einsetzt. Um die Formel für beide Anwender kompatibel zu machen, müssten beide die gleichen Einheiten benützen. Welches sind die richtigen ?

---

[a]Als spezifisches Wachstum bezeichnet man den *relativen* Zuwachs der Biomasse pro Zeit. Unabhängig von der Dimension bzw. Einheit, in der die Biomasse angegeben wird, ist die Dimension von W immer $[\mathrm{T^{-1}}]$.

Es gibt drei Rezepte, um die in obigem Beispiel entstehende Konfusion zu vermeiden:

(1) Das billigste, aber nicht unbedingt beste Rezept: Man schreibt die korrekten Einheiten in eckige Klammern hinter jede Variable, also

$$W\,[\mathrm{h^{-1}}] = 0.1 \ (C\,[\mathrm{mgN\,L^{-1}}])^{0.6} \tag{2.8}$$

Diese Schreibweise lässt die Gleichung unübersichtlich erscheinen.

(2) Schon besser ist es, den numerischen Faktor durch das Symbol p zu ersetzen und den Wert von p zusammen mit den richtigen Einheiten anzugeben:

$$W = p\ C^{0.6}, \qquad \text{mit } p = 0.1\ \mathrm{h^{-1}(mgN\,L^{-1})^{-0.6}} \tag{2.9}$$

W $[\mathrm{h^{-1}}]$ Spezifisches Wachstum (pro Stunde)
C $[\mathrm{mgN\,L^{-1}}]$ Nitratkonzentration

Will man nun statt dessen die Konzentrationseinheit $\mathrm{mol\,m^{-3}}$ benützen, muss man berücksichtigen, dass $1\ \mathrm{mgN\,L^{-1}} = 1\ \mathrm{gN\,m^{-3}} = \frac{1}{14}\ \mathrm{mol\,m^{-3}}$ ist. Dann kann der Parameter p folgendermaßen umgerechnet werden:

$$\begin{aligned}
p &= 0.1\ \mathrm{h^{-1}(mgN\,L^{-1})^{-0.6}} \\
&= 0.1\ \mathrm{h^{-1}}\left(\tfrac{1}{14}\mathrm{mol\,m^{-3}}\right)^{-0.6} \\
&= 0.1\ \mathrm{h^{-1}}(14)^{0.6}(\mathrm{mol\,m^{-3}})^{-0.6} \\
&= 0.49\ \mathrm{h^{-1}(mol\,m^{-3})^{-0.6}}
\end{aligned}$$

Das ist ziemlich kompliziert, aber leider unumgänglich bei dieser Modellwahl !

(3) Die beste Lösung ist die Verwendung von dimensionslosen Variablen überall dort, wo gebrochene Exponenten auftreten können. Übertragen auf Gleichung (2.7) sollte man beispielsweise den folgenden Ausdruck verwenden:

$$W = W^0 \left(\frac{C}{C^0} \right)^{0.6} \tag{2.10}$$

W $[\mathrm{h}^{-1}]$ Spezifisches Wachstum (pro Stunde)
C $[\mathrm{mgN\,L}^{-1}]$ Nitratkonzentration

wobei W^0 eine Art Normwachstum bei der „Normkonzentration" C^0 darstellt. Man überzeuge sich, dass, falls wir $C^0 = 1$ mgN L^{-1} wählen, W^0 den Wert 0.1 h^{-1} haben muss, damit die Gleichungen (2.7) und (2.10) äquivalent sind. Jetzt ist es einfach, die Konzentrationseinheiten zu verändern. Man muss einfach die Normkonzentration entsprechend anpassen.

Einheiten für die Boulevard Presse
Chefredakteur: „Wegen lächerlicher 10 Curies im Abfall der Radon AG wollen Sie eine Schlagzeile auf der Titelseite unseres Blattes!" — Reporter: „Wie wäre es mit 400 Milliarden Becquerels?" — „Einverstanden, Sie sind der geborene Journalist!"

Zusammenfassend halten wir also fest: Die Kontrolle der Dimensionen und Einheiten ist beim Aufstellen und Lösen von Systemgleichungen eine der einfachsten und effizientesten Methoden, um Fehler zu vermeiden. Dabei sind folgende Regeln zu beachten:

- Die algebraischen Terme links und rechts des Gleichheitszeichens müssen immer dieselben Dimensionen aufweisen!

- Addition und Subtraktion sind nur möglich, wenn alle algebraischen Terme die gleiche Dimension aufweisen!

- Wenn in algebraische Gleichungen konkrete Zahlen eingesetzt werden, müssen die Einheiten dieser Zahlen kompatibel sein, d.h. sie müssen so gewählt werden, dass sich links und rechts des Gleichheitszeichens dieselbe Einheitenkombination ergibt.

- Exponenten in Gleichungen sind dimensions-, bzw. einheitenlos, ebenso Argumente in transzendenten Funktionen wie z.B. $\sin(..), \cos(..)$ oder $\exp(..)$

- Gleichungen, in denen dimensionsbehaftete Größen mit einer nicht ganzen Zahl potenziert werden, sind zu vermeiden.

Ein Überblick über Dimensionen und Einheiten findet sich im Anhang B.

2.3 Dynamische Modelle

In Kapitel 2.2 haben wir das System „Phosphor im See" mit einem statischen Modell beschrieben. Wie wir gesehen haben, können wir damit die mittlere Konzentration von Phosphor im Seewasser in Abhängigkeit der Input-Konzentration berechnen. Das Modell vernachlässigt aber, dass es einige Zeit dauert, bis sich bei einer Änderung des Phosphor-Inputs die neue „Gleichgewichts"-Konzentration eingestellt hat. Mit einem statischen Modell lässt sich nichts darüber aussagen, wie rasch sich die Phosphorkonzentration im See verändert, wenn plötzlich der Phosphor-Input geändert wird. Wenn wir die zeitliche Dynamik eines Systems beschreiben wollen, genügt ein statisches Modell nicht. Wir brauchen ein dynamisches Modell.

Oft sind für das Verständnis von natürlichen Systemen die Anpassungsvorgänge an eine Veränderung der äußeren Relationen besonders wichtig, so in folgendem Beispiel:

Beispiel 2.5 (Kohlendioxid in der Atmosphäre)
Die Verbrennung fossiler Brennstoffe führt zur Erhöhung des Kohlendioxidgehaltes der Atmosphäre. Die *momentane* Konzentration von Kohlendioxid (CO_2) in der Atmosphäre hängt aber nicht direkt vom *momentanen* Verbrauch fossiler Brennstoffe ab. Der allmähliche Anstieg des CO_2 spiegelt vielmehr den langsamen Anpassungsvorgang des globalen Kohlenstoffkreislaufs an den gestiegenen Input von CO_2 in die Atmosphäre wider. Die CO_2-Konzentration in der Atmosphäre würde noch einige Zeit weiter ansteigen, auch wenn das Wachstum des Verbrauchs fossiler Brennstoffe zurückginge oder sogar gestoppt würde. In Kapitel 5 werden wir in Beispiel 5.12 ein dynamisches Modell für den globalen Kohlenstoff-Kreislauf kennen lernen.

Allgemein formuliert kann ein dynamisches Modell beschreiben, wie rasch sich die Systemvariable $\mathcal{V}$ verändert, wenn die äußere Relation $\mathcal{R}$ variiert. Das dynamische Modell beschreibt die zeitabhängige Antwort auf eine äußere Veränderung (Störung). In Abbildung 2.4 ist die Anpassung

Ein dynamisches Modell beschreibt die zeitabhängige Antwort auf eine äußere Veränderung.

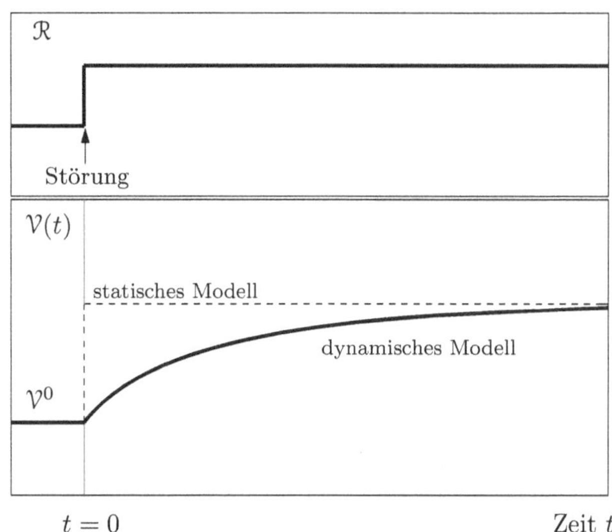

Abb. 2.4: *Mit einem dynamischen Modell kann die Anpassung der Systemvariablen $\mathcal{V}(t)$ an eine veränderte äußere Relation $\mathcal{R}$ (Störung) modelliert werden. Der Zustand $\mathcal{V}^0$ entspricht dem Gleichgewicht der Systemvariablen $\mathcal{V}$ mit der äußeren Relation $\mathcal{R}$ vor der Störung (t < 0).*

eines linearen Systems auf eine Störung dargestellt, die zum Zeitpunkt $t = 0$ plötzlich einsetzt. Die durchgezogene Linie stellt die Simulation mit einem dynamischen Modell dar. Die Systemvariable $\mathcal{V}(t)$ reagiert nicht augenblicklich auf die Störung, sondern passt sich allmählich an einen neuen Systemzustand an, der mit der veränderten äußeren Relation $\mathcal{R}$ im Gleichgewicht steht. Ein statisches Modell, als gestrichelte Linie dargestellt, vernachlässigt dieses Anpassungsverhalten. Die Systemvariable ist sofort im neuen Systemzustand.

Die Systemgleichung eines dynamischen Modells hat nicht die Form von Gleichung (2.4). Sie beschreibt statt dessen die zeitliche Veränderung der Systemvariablen:

$$\text{Zeitliche Veränderung von } \mathcal{V} = f(\mathcal{R}, \mathcal{V}) \qquad (2.11)$$

Ist die zeitliche Veränderung der Systemvariablen $\mathcal{V}$ kontinuierlich, so wird sie als die erste Ableitung der Systemvariablen nach der Zeit beschrieben. Das mathematische Modell ist damit eine Differentialgleichung erster Ordnung[3] in der Zeit:

$$\frac{\mathrm{d}\mathcal{V}}{\mathrm{d}t} = f(\mathcal{R}, \mathcal{V}) \qquad (2.12)$$

Die Funktion $f(\mathcal{R}, \mathcal{V})$ wird als die Veränderungsfunktion der Systemvariablen oder auch als Geschwindigkeitsfunktion des Modells bezeichnet.

---

[3]In einer Differentialgleichung 1. Ordnung, bzw. n-ter Ordnung steht die gesuchte Funktion maximal in der 1. Ableitung, bzw. n-ten Ableitung. Die hier behandelten Modelle sind meist 1. Ordnung in der Zeit. In der Physik, insbesondere der klassischen Mechanik, sind sie oft 2. Ordnung in der Zeit. Für die Lösung der Differentialgleichungen ist diese Unterscheidung nur beschränkt relevant, da man eine Differentialgleichung n-ter Ordnung in n Gleichungen 1. Ordnung umformen kann.

Um die Anpassung eines Modells auf eine veränderte Inputgröße berechnen zu können, müssen wir die Differentialgleichung (2.12) integrieren. Dazu brauchen wir den so genannten Anfangswert $\mathcal{V}^0$. Der Anfangswert ist der Wert der Systemvariablen an einem frei wählbaren Zeitpunkt t_0. Unsere Modellrechnung beginnt zum Zeitpunkt t_0. Meist wird $t_0 = 0$ gesetzt. Es ist zu beachten, dass die Lösung der Systemgleichung (Gl. 2.12) auch vom Anfangswert $\mathcal{V}^0$ abhängt. Insofern unterscheidet sie sich von derjenigen des statischen Modells (Gl. 2.4), bei der es eine solche Abhängigkeit nicht gibt.

In vielen Fällen wird bei der Entwicklung eines dynamischen Modells eine bestimmte Quantität, z.B. die Masse einer chemischen Substanz, die Anzahl von gewissen Organismen oder einfach nur eine bestimmte Geldmenge, bilanziert. In den entsprechenden Systemgleichungen wird dann z.B. die zeitliche Veränderung der Quantität im System als die Differenz zwischen Input und Output betrachtet. Schauen wir uns dazu ein Beispiel an:

Beispiel 2.6 (Phosphor im See - dynamisches Modell)
Das dynamische Phosphor-Modell eines Sees kann als die Massenbilanz des Phosphors im Seewasser dargestellt werden. Die Massenbilanz soll hier vorerst in Worten ausgedrückt werden:

$$
\left\{ \begin{array}{c} \text{Zeitliche Veränderung der} \\ \text{Phosphormasse im See} \end{array} \right\} =
$$

$$
\left\{ \begin{array}{c} \text{Zufuhr via Zu-} \\ \text{flüsse pro Zeit} \end{array} \right\} - \left\{ \begin{array}{c} \text{Verlust durch} \\ \text{Abfluss pro Zeit} \end{array} \right\}
$$

$$
- \left\{ \begin{array}{c} \text{Netto-Aufnahme durch} \\ \text{Biota pro Zeit} \end{array} \right\} - \left\{ \begin{array}{c} \text{Netto-Aufnahme durch} \\ \text{Sediment pro Zeit} \end{array} \right\}
$$

Um diese Gleichung zu integrieren, brauchen wir für die Terme auf der rechten Seite des Gleichheitszeichens entweder explizite Zahlenwerte oder algebraische Ausdrücke, welche einen Bezug zur Systemvariablen herstellen. Ferner benötigen wir einen Anfangswert für die Phosphormasse im See. Darauf werden wir in Kapitel 4 zu sprechen kommen.

Bisher haben wir angenommen die Systemvariable ändere sich nur zeitlich. Natürliche Systeme haben aber auch eine Ausdehnung im Raum. Solange wir nur von der mittleren Phosphorkonzentration im See sprechen und dabei annehmen, die Konzentration sei überall gleich groß, spielt die räumliche Diskretisierung des Systems keine Rolle. Wir können dann das gesamte Seevolumen als eine große Box betrachten. Ein räumlich homogenes Modell wollen wir als Boxmodell bezeichnen.

2.4   Zeitlich diskrete Modelle

Natursprünge

Zumindest vor der Entdeckung der Quantenmechanik war man in den Naturwissenschaften davon überzeugt, dass sich Systemvariablen nur kontinuierlich ändern können. Man postulierte: „Die Natur macht keine Sprünge". Aber bei genauerem Hinsehen stimmt dies auch für viele Systeme nicht, welche nichts mit der Quantenmechanik zu tun haben. Modellieren wir beispielsweise eine Elefantenherde in einem afrikanischen Nationalpark, so verändert sich die Größe der Herde bei jeder Geburt und bei jedem Sterbefall um eine ganze Zahl; die Variable „Anzahl" springt. Umgekehrt gibt es auch Systeme, welche sich nur zu gewissen Zeiten, quasi in einem bestimmten Takt, verändern. Ein typisches Beispiel dafür ist der Jahreszins auf dem Sparbuch, der nicht kontinuierlich, sondern nur einmal jährlich zum Kapital addiert wird.

Nicht jede Variable ändert sich kontinuierlich mit der Zeit.

Ändert sich eine Systemvariable nicht kontinuierlich, sondern — wie in Abbildung 2.5 — nur zu gewissen diskreten Zeiten $t_0, t_1, t_2, \ldots$, so können wir das System mit einem *zeitlich diskreten* Modell simulieren. Zeitlich diskrete Modelle werden durch so genannte Differenzengleichungen beschrieben:

$$\mathcal{V}^{(k+1)} = f(\mathcal{R}^{(k)}, \mathcal{V}^{(k)}) \tag{2.13}$$

d.h. der Zustand $\mathcal{V}^{(k+1)}$ folgt nach einem gewissen „Rezept" aus $\mathcal{V}^{(k)}$. Der hochgestellte Index k in Klammern bezeichnet hierbei den Systemzustand zum Zeitpunkt t_k. Im Unterschied zur Differentialgleichung (2.12) wird die zeitliche Veränderung der Systemvariablen in der Differenzengleichung nicht infinitesimal durch die erste Ableitung, sondern durch die Differenz im Zeitschritt $(t_{k+1} - t_k)$ beschrieben. Eine ausführliche Beschreibung dieser Modelle folgt im Kapitel 7.

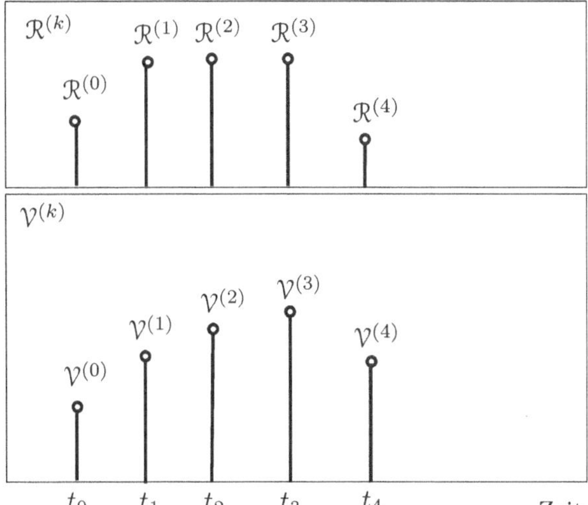

Abb. 2.5: *Bei einem diskreten Modell ändert sich die Systemvariable $\mathcal{V}^{(k)}$ in Sprüngen in diskreten Zeitschritten t_k. Es kann durch eine zeitlich variable äußere Relation $\mathcal{R}$ „angetrieben" werden*

2.5   Räumlich kontinuierliche Modelle

Bei den Boxmodellen haben wir angenommen, die Systemvariable ändere sich nur zeitlich. Oft ist aber auch die räumliche Verteilung eines Stoffes im System besonders wichtig. Wir interessieren uns z.B. für die Sauerstoffverteilung eines Sees in verschiedenen Tiefen z. Abbildung 2.6 zeigt das Sauerstoffprofil in einem See für verschiedene Zeiten. Um eine solche Verteilung eines Stoffes zu beschreiben, müssen wir den See auch räumlich als Kontinuum behandeln. In der Systemgleichung ist dann die Sauerstoffverteilung sowohl eine Funktion der Zeit t als auch der Tiefe z; wir schreiben dafür $C(z,t)$. Die Modellgleichung wird dann zur *partiellen* Differentialgleichung. Wir nennen diese Modelle *räumlich kontinuierlich* und unterscheiden sie von den Boxmodellen. Die Lösung von partiellen Differentialgleichungen ist meist schwierig. Einige einfache Fälle werden im Kapitel 8 behandelt.

2.6   Stochastische Modelle

Die Lösungen von Differentialgleichungen haben die Eigenschaft, dass sie vollständig bestimmt sind, sobald die Anfangsbedingungen festgelegt werden. Oder anders gesagt: Das gleiche System entwickelt sich immer in der genau gleichen Art, wenn es vom gleichen Anfangszustand aus gestartet wird. Man nennt ein solches Verhalten deterministisch.

Unsere Erfahrung mit einer Vielzahl von natürlichen Systemen lehrt uns etwas anderes: Viele Phänomene, angefangen beim Wetter bis zur Entwicklung der nationalen Leitzinsen, scheinen sich einer vollständig deterministischen Analyse und Prognose zu entziehen. In den meisten Fällen — außer vielleicht für den Fall ganz einfacher Systeme — können wir die Zukunft nur innerhalb gewisser Grenzen voraussagen. Wir können zum Beispiel nur

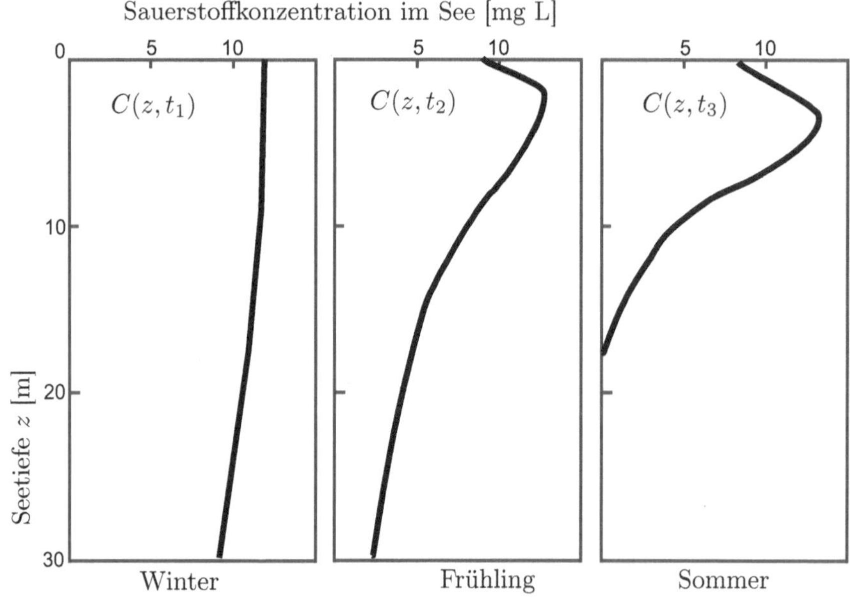

Abb. 2.6: *Die Sauerstoffverteilung in einem See kann als Funktion der Zeit t und der Tiefe z betrachtet werden. Die Abbildung zeigt das vertikale Sauerstoffprofil in einem 30 m tiefen See zu drei verschiedenen Zeiten t_1, t_2 und t_3.*

sagen, das System entwickle sich mit einer Wahrscheinlichkeit p_1 in den Zustand Z_1, mit der Wahrscheinlichkeit p_2 in den Zustand Z_2 etc. Man nennt ein solches Verhalten stochastisch.

Es gibt ganz unterschiedliche Gründe für das Auftreten stochastischer Prozesse. Der offensichtlichste Grund hängt mit dem Wesen der Quantenmechanik zusammen, welche im Laufe des 20. Jahrhunderts die klassische Physik ersetzt hat. In der Quantenmechanik werden die deterministischen Gleichungen der klassischen Mechanik durch Wahrscheinlichkeitsgesetze ersetzt. So können wir beispielsweise von einem einzelnen radioaktiven Isotop nicht voraussagen, wann es zerfällt. Es wird uns also nicht gelingen, das Verhalten dieses Isotopes durch eine klassische (deterministische) Gleichung zu beschreiben.

Tatsächlich lässt sich diese Art von Zufallsprozessen in vielen (aber nicht in allen) Fällen durch eine makroskopische Betrachtungsweise eliminieren. Analysieren wir beispielsweise eine große Zahl identischer Isotope, so können wir das Verhalten des Gesamtsystems mittels einer Halbwertszeit recht genau deterministisch beschreiben und die Zeit voraussagen, bis die Hälfte der ursprünglichen Isotope zerfallen ist. Was auf mikroskopischer Ebene stochastisch verläuft, kann durch die Summierung vieler Einzelprozesse (zumindest approximativ) wieder auf die deterministische Ebene zurückgeholt werden. Ähnliche Beispiele finden sich in der Thermodynamik: Die makroskopischen Variablen Druck oder Temperatur fassen eine große Zahl von mikroskopischen (stochastischen) Prozessen der einzelnen Atome oder Moleküle zusammen. Das Beispiel 2.7 (die Kugel im Nagelbrett) illustriert das Bewegungsverhalten von Atomen in einem idealen Gas: Auf der Ebene der einzelnen Teilchen (Kugeln) ist es stochastisch, als Summe vieler Teilchen führt es zum makroskopischen Phänomen der molekularen Diffusion (s. Kap. 8).

Beispiel 2.7 (Das Nagelbrett, ein stochastisches System)
Abbildung 2.7 zeigt das Schema eines klassischen Spielzeugs. Eine Kugel rollt von einer festen Startposition $x = 0$ aus eine schiefe Ebene hinunter und trifft periodisch derart auf ein Hindernis, z.B. auf einen Nagel (daher Nagelbrett), dass der Weg der Kugel jeweils mit gleicher Wahrscheinlichkeit nach rechts oder nach links fortgesetzt wird. Die Nägel sind in der Abbildung als Quadrate dargestellt, die Wahrscheinlichkeiten sind die Zahlen in den Quadraten. Nach einer bestimmten Anzahl n von Stößen (im Bild nach $n = 6$ Stößen) landet die Kugel mit einer gewissen Wahrscheinlichkeit in einer von mehreren möglichen Endpositionen (im Bild sieben verschiedene Endpositionen). Der Weg einer einzelnen Kugel kann nicht vorausgesagt werden. Werden hingegen eine große Zahl von Kugeln nacheinander durch das System geschickt und ist die Symmetrie der Bahn perfekt, findet man eine charakteristische Wahrscheinlichkeitsverteilung in den Endboxen. Diese Wahrscheinlichkeiten heißen Bernoulli Zahlen.

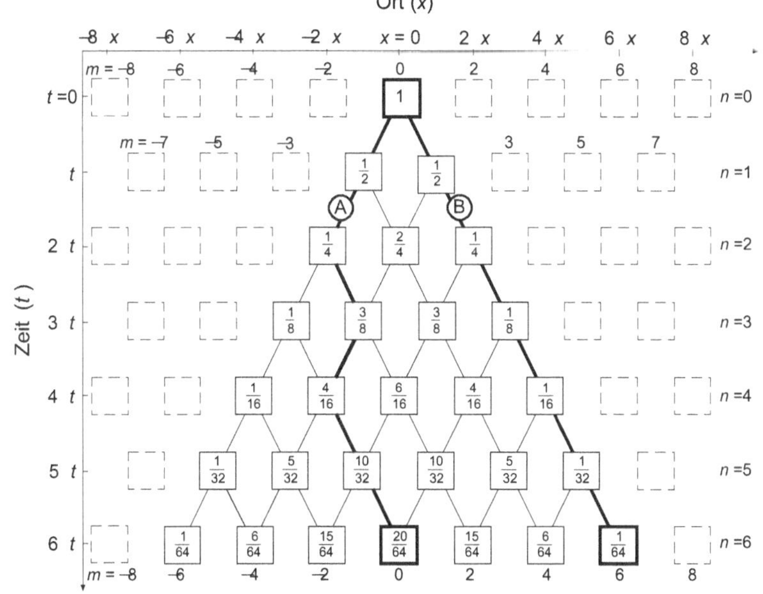

Abb. 2.7: *Der Weg einer Kugel durch ein Nagelbrett schematisch dargestellt. Der Weg einer einzelnen Kugel kann nicht vorausgesagt werden. Werden hingegen eine große Zahl von Kugeln nacheinander durch das System geschickt, so findet man eine charakteristische Wahrscheinlichkeitsverteilung in den Endboxen. Diese Wahrscheinlichkeiten heißen Bernoulli Zahlen. Fett gezeichnet sind zwei individuelle Wege A und B. Der Weg B führt sechs Mal nach rechts; er hat eine Wahrscheinlichkeit von $2^{-6} = 1/64$. Auf die Bedeutung der mit Ort (x) und Zeit (t) angeschriebenen Koordinaten werden wir in Kapitel 8.4 zu sprechen kommen.*

Tatsächlich brauchen wir nicht die Quantenmechanik zu bemühen, um das stochastische Verhalten gewisser natürlicher Systeme zu erklären. Schon die klassischen Gleichungen der Physik bzw. gewöhnliche Differentialgleichungssysteme enthalten den Keim zum scheinbaren Zufall. Wie wir in

Bei nichtlinearen Differentialgleichungen können fast identische Anfangszustände später zu sehr verschiedenen Systemzuständen führen.

Kapitel 6 zeigen werden, genügen bereits drei gekoppelte Differentialgleichungen, um die Stochastik in unsere Modellwelt einzuführen. Viele solcher Gleichungssysteme haben nämlich die Eigenschaft, dass sich aus fast identischen Anfangszuständen nach einer gewissen Zeit völlig verschiedene Systemzustände ergeben, dies obschon die Modellgleichungen selbst vollständig deterministisch sind. Und weil jede Messung mit einem Fehler behaftet ist und wir somit die *absolute* Gleichheit von Zuständen gar nicht feststellen können, entwickeln sich dann scheinbar identische Systeme unterschiedlich. Man nennt dies das deterministische Chaos. Das Wetter ist ein typisches Beispiel für chaotisches Verhalten: Zwar sind wir unterdessen in der Lage, das Wetter für drei bis fünf Tage recht gut vorauszusagen, aber eine Wetterprognose über zwei Monate wird wegen unseres beschränkten Wissens über den Zustand der Atmosphäre und anderer Wetter bestimmender Faktoren wohl für immer ein Wunschtraum bleiben.

Bei der Modellierung kann man verschiedene Techniken anwenden, um den im Prinzip deterministischen Gleichungen eine stochastische Note zu geben. Die einfachste Variante besteht in der Einführung einer zufällig variierenden äußeren Relation. Hier werden wir uns auf die Diskussion deterministischer Systeme beschränken.

Wir haben uns in diesem Kapitel einen ersten Überblick über einige Modelltypen verschafft und dabei einige Eigenschaften kennen gelernt, mit welchen Modelle charakterisiert werden können. Dazu gehören die Begriffspaare *statisch-dynamisch*, *diskret-kontinuierlich* (sowohl auf die Raum- als auch Zeitkoordinate angewendet) und *deterministisch-stochastisch*. Die entsprechenden Modelltypen werden wir nun in den folgenden Kapiteln vertieft diskutieren.

Deterministisches Chaos

2.7 Fragen und Aufgaben

Frage 2.1 *Erkläre den Unterschied zwischen inneren und äußeren Relationen.*

Frage 2.2 *Die meisten dynamischen Modelle enthalten implizit auch ein statisches Modell. Das umgekehrte trifft hingegen nicht zu. Wieso?*

Frage 2.3 *Was ist der Unterschied zwischen Dimension und Einheit? Welche der beiden ist für jede Größe eindeutig definiert?*

Frage 2.4 *Was versteht man unter der Dimension eines Modells? (Hinweis: Im Vergleich von Frage 2.3 und 2.4 wird klar, dass der Ausdruck „Dimension" in der Mathematik und der Physik eine unterschiedliche Bedeutung hat.)*

Frage 2.5 *Welche der folgenden Aussagen ist richtig?*

- *Ein Boxmodell ist räumlich diskret.*

- *Ein Boxmodell ist zeitlich immer kontinuierlich.*

Frage 2.6 *Suche nach Beispielen von Systemen, welche eine stochastische Komponente enthalten.*

Frage 2.7 *Engerlinge leben während drei Jahren im Boden und schlüpfen im Frühling des vierten Jahres als Maikäfer. Skizziere ein einfaches regionales Modell für Maikäfer. Überlege insbesondere folgende Fragen: Wahl der Systemvariablen, Art des Modelles (dynamisch oder statisch, räumlich bzw. zeitlich, diskret bzw. kontinuierlich).*

Aufgabe 2.1 (Massenbilanz) *Ein kleiner See hat einen Zufluss und einen Abfluss. Stelle für die folgenden beiden Fälle die Massenbilanz einer gut löslichen Fremdsubstanz im See auf:*

a) *Am See wird eine Fabrik gebaut. Vom Zeitpunkt t_0 an leitet sie kontinuierlich eine Substanz in den See ein. Diese Substanz ist leicht flüchtig und kann im See abgebaut werden. Sie sorbiert aber nicht am Sediment.*

b) *Durch einen Unfall gelangt in einen See zum Zeitpunkt t_0 eine größere Menge einer giftigen Substanz. Diese Substanz wird im Seewasser abgebaut und sorbiert am Sediment. Nach dem Unfall wird dem See keine weitere Giftsubstanz zugeführt.*

In beiden Fällen soll angenommen werden, dass die Konzentration der Fremdsubstanz im Zufluss null ist.

Aufgabe 2.2 (Dimensionsbestimmung von Parametern) *Die folgende Differentialgleichung beschreibt den zeitlichen Verlauf eines Konzentrationsprofils einer Substanz in einem senkrechten Brunnenschacht:*

$$\frac{\partial C(z,t)}{\partial t} = -k_1 + k_2 \frac{\partial^2 C}{\partial z^2} + k_3 \frac{\partial C}{\partial z} + k_4 C(C^* - C)$$

Bestimme die Dimensionen ausgedrückt durch $[M,L,T]$ der Parameter k_1, k_2, k_3, k_4 und C^*. C sei die Konzentration einer Substanz, z eine Länge und t die Zeit. Überlege dazu wie die Dimensionen von Ableitungen aussehen !

Aufgabe 2.3 (Phosphorsedimentation) *Empirisch ermittelte Zusammenhänge sollten auch dimensionsmäßig korrekt sein. In Abbildung 2.8 ist die Beziehung zwischen mittlerer Seetiefe z in Metern und der spezifischen Phosphor-Sedimentationsrate $\sigma_p = \frac{10}{z}$ in a^{-1} für verschiedene Seen dargestellt. Welche Einheit muss der Faktor 10 haben ? Welche physikalische Bedeutung hat er ?*

Abb. 2.8:
Phosphorsedimentation,
nach Vollenweider (1976)

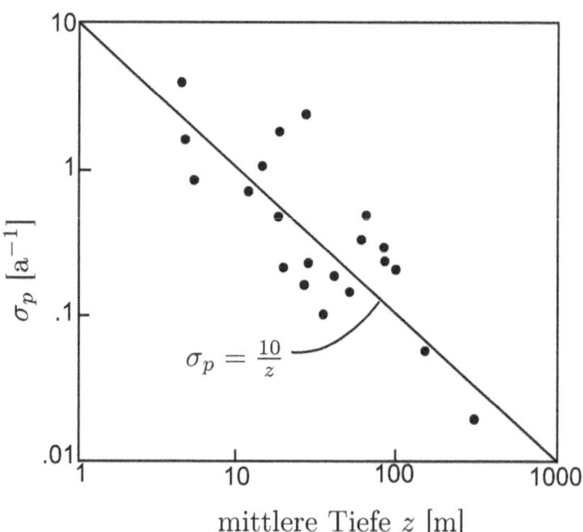

Aufgabe 2.4 (Nagelbrett) *Wenn man das in Abbildung 2.7 gezeichnete Nagelbrett um zwei Schritte erweitert, erstrecken sich die Endboxen von $m = -12, -10, \ldots, +10, +12$. Berechne die Wahrscheinlichkeit, dass eine Kugel die Box in der Mitte ($m = 0$) trifft. Wie lauten die Bernoulli-Zahlen in der Ebene $n = 8$?*

Kapitel 3

Statische Modelle

In diesem Kapitel wollen wir uns eingehender mit statischen Modellen befassen. Wir haben bereits im Kapitel 2 gesehen, dass wir mit einem eindimensionalen statischen Modell für einen bestimmten Wert der äußeren Relation $\mathcal{R}$ einen genau definierten Wert der Systemvariablen $\mathcal{V}$ erhalten. Ein statisches Modell beschreibt somit lediglich den Gleichgewichtszustand zwischen $\mathcal{R}$ und $\mathcal{V}$ und sagt nichts darüber aus, wie und wie schnell sich $\mathcal{V}$ an ein verändertes $\mathcal{R}$ anpasst. Statische Modelle sind insbesondere dann nützlich, wenn $\mathcal{V}$ sehr rasch auf Veränderungen von $\mathcal{R}$ reagiert.

In Kapitel 2 haben wir gelernt, dass sich Paare von Messdaten (z.B. die Phosphorkonzentration in einem See und die gleichzeitig gemessene Phosphorzufuhr) mittels linearer oder nichtlinearer Regressionsrechnung einfach zur Konstruktion eines statischen Modells benützen lassen. Eine häufige Anwendung von statischen Modellen sind z.B. das Erstellen von Eichkurven für ein Analysegerät oder die stöchiometrische Betrachtung von chemischen Gleichgewichtsreaktionen. Aber auch die Gleichgewichtsverteilung einer chemischen Substanz zwischen zwei verschiedenen Phasen in einem Reaktor oder in der Umwelt kann mit einfachen statischen Modellen beschrieben werden.

Wir wollen nun im Folgenden anhand von drei Beispielen die Verteilung von Benzen zwischen den Phasen Luft, Wasser und Sediment bestimmen. Dabei werden wir zwei häufig angewandte statische Modelle kennen lernen, das Henry-Gesetz und die Sorptionsisotherme. Benzen ist ein gebräuchliches Lösungsmittel, das auch im Benzin enthalten ist. Es ist ein ringförmiger Kohlenwasserstoff, der beim Menschen kanzerogen wirkt.

3.1 Gleichgewichtsverteilung zwischen Wasser und Luft

Im ersten Beispiel wollen wir die Gleichgewichtsverteilung von Benzen zwischen Wasser und Luft beschreiben. Stellen wir uns ein Experiment vor:

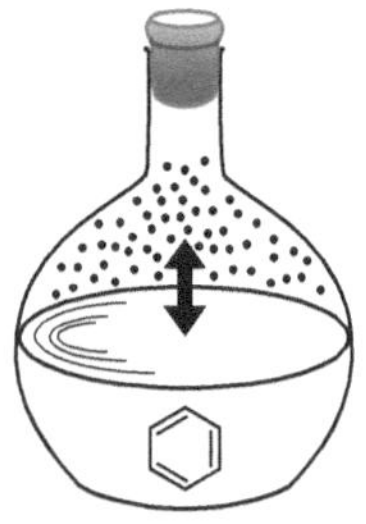

> **Beispiel 3.1 (Henrykoeffizient von Benzen)**
>
> Ein luftdicht verschließbarer Glaskolben wird zur Hälfte mit Wasser gefüllt. Im Wasser gelöst ist eine bestimmte Menge Benzen. Der Glaskolben wird verschlossen 5 Minuten lang geschüttelt. Danach wird die Benzenkonzentration im Wasser (C_{aq}) und in der überstehenden Luft (C_{Luft}) im Glaskolben bestimmt. Wird das Experiment mit unterschiedlich großen Einwaagen von Benzen wiederholt, so erhalten wir beispielsweise die folgende Messreihe:
>
> | C_{aq} [g L^{-1}] | 10^{-2} | 2×10^{-2} | 6×10^{-2} | 10^{-1} |
> |---|---|---|---|---|
> | C_{Luft} [g L^{-1}] | 1.9×10^{-3} | 4.1×10^{-3} | 1.1×10^{-2} | 2×10^{-2} |
>
> Die entsprechenden Datenpaare sind in Abbildung 3.1 dargestellt. Die Datenpunkte liegen praktisch auf einer Geraden, so dass wir das folgende lineare statische Modell formulieren können:
>
> $$C_{Luft} = p \cdot C_{aq} \tag{3.1}$$
>
> Durch lineare Regression erhalten wir für den dimensionslosen Modellparameter p den Wert: $p = 0.196 \pm 0.004$.

Abb. 3.1:

Zweidimensionales Diagramm zur Ermittlung des dimensionslosen Verteilungskoeffizienten $K_{L/W}$ von Benzen zwischen Luft und Wasser. Durch lineare Regression ergibt sich $K_{L/W} = 0.196 \pm 0.004$.

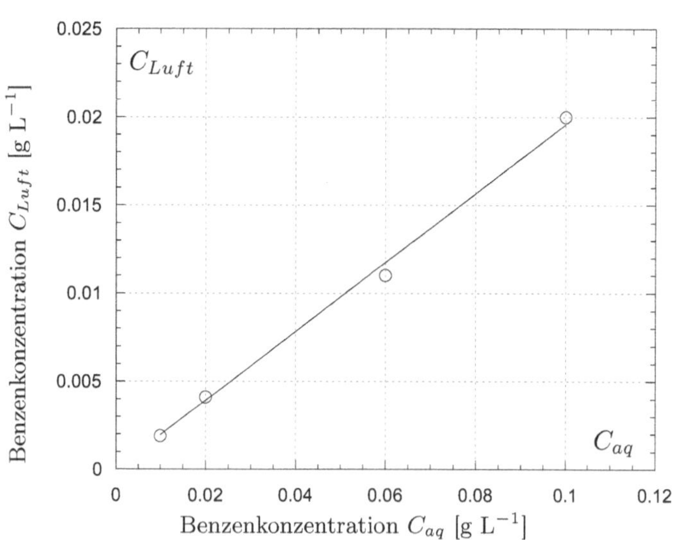

Ähnliche Experimente können wir mit anderen löslichen Substanzen wiederholen. Dabei kann die Substanz anfangs gasförmig in der Luft oder gelöst im Wasser vorliegen. Sie wird sich mit der Zeit immer zwischen den beiden Phasen Luft und Wasser verteilen, und wir werden bei der Beschreibung dieser Verteilung annäherungsweise immer ein lineares Modell erhalten, zumindest so lange die zugefügten Substanzmengen nicht zu groß sind oder es sich nicht um eine reaktive Substanz handelt. Der Modellparameter p ist der Luft-Wasser Verteilungskoeffizient bzw. der so genannte dimensionslose Henrykoeffizient $K_{L/W}$:

$$K_{L/W} = \frac{C_{Luft}}{C_{aq}} \qquad (3.2)$$

Der Verteilungskoeffizient $K_{L/W}$ ist eine charakteristische Stoffkonstante. In Handbüchern wie z.B. dem CRC Handbook of Chemistry and Physics ist üblicherweise der dimensionsbehaftete Henrykoeffizient K_H tabelliert. Mehr darüber in Aufgabe 3.1. Da die Atmosphäre für viele Substanzen das wichtigste Transportmedium für deren weltweite Verbreitung ist, kommt dem Henrykoeffizienten eine große Bedeutung zu. Tatsächlich stammen viele in Oberflächengewässern gemessene Substanzen aus der Atmosphäre, in der sie vom Ort ihrer Emission rasch und über große Distanzen an den Messort transportiert und hier im Wasser gelöst worden sind. Wie wir später sehen werden (Kap. 8.2), wird der Henrykoeffizient auch im dynamischen Modell des Phasenübergangs zwischen Luft und Wasser verwendet.

William Henry
(1775-1836)

William Henry (1775 – 1836)
Nach ihm ist das Henry'sche Gesetz benannt, das er 1803 formulierte: Im Gleichgewicht ist die Konzentration eines Gases im Wasser proportional zu seinem Dampfdruck über der Flüssigkeit. William Henry war ursprünglich Arzt. Seine eigene schlechte Gesundheit zwang ihn dazu diesen Beruf aufzugeben, und er widmete sich fortan der Chemie.

3.2 Gleichgewichtsverteilung zwischen Wasser und Sediment

Ein im Wasser gelöster Stoff tritt auch mit Oberflächen von Feststoffen in Kontakt. Schauen wir uns deshalb in einem zweiten Beispiel die Verteilung von Benzen zwischen Wasser und suspendierten Partikeln an.

Beispiel 3.2 (Sorptionsisotherme von Benzen)
Wir füllen bei diesem Experiment den Glaskolben vollständig mit Wasser und suspendieren eine definierte Menge eines getrockneten Seesediments darin. Dazu geben wir wiederum verschiedene Mengen von Benzen. Der Glaskolben wird luftdicht verschlossen und eine Stunde lang geschüttelt. Dann wird die Konzentration des Benzens im Wasser und auf den Sedimentpartikeln[a] bestimmt. Wir erhalten die folgende Messreihe:

---

[a]Die Konzentration am Sediment wird in der Dimension Substanzmasse pro Sedimentmasse $[\text{M M}_{Sed}^{-1}]$ angegeben

C_{aq} [g L^{-1}]	10^{-2}	2×10^{-2}	6×10^{-2}	10^{-1}
C_{Sed} [g kg$^{-1}_{Sed}$]	0.018	0.033	0.103	0.17

Wir finden wiederum eine annähernd lineare Beziehung zwischen den Datenpaaren C_{aq} und C_{Sed}. Sie ist in Abbildung 3.2 als zweidimensionales Diagramm dargestellt. Der Regressionskoeffizient beträgt im Mittel $p = 1.7 \pm 0.008$ L kg$^{-1}_{Sed}$:

$$C_{Sed} = p \cdot C_{aq} \tag{3.3}$$

Abb. 3.2:
Sorptionsisotherme von Benzen an einem Seesediment: Der Verteilungskoeffizient beträgt $K_d = 1.7 \pm 0.008$ L kg$^{-1}_{Sed}$.

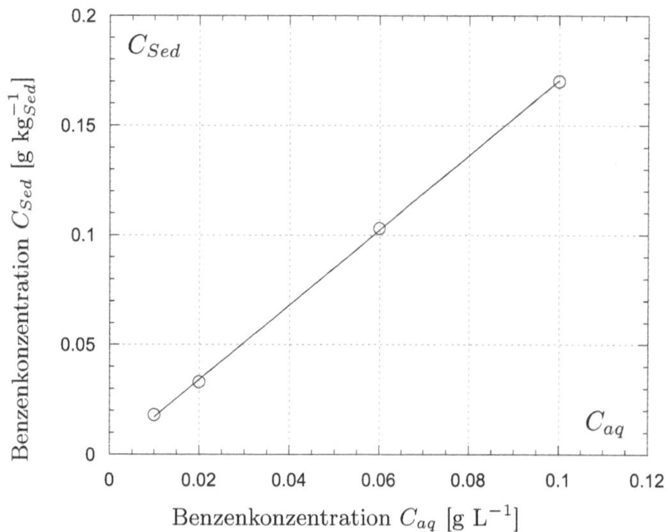

Auch dieses Experiment kann mit anderen Chemikalien und anderen Partikeln wiederholt werden. Das zweidimensionale Diagramm, das die Gleichgewichtsverteilung einer chemischen Substanz zwischen Wasser und einer Festphase darstellt, wird Sorptionsisotherme genannt. In unserem Beispiel ist die Sorptionsisotherme linear. Der Parameter p ist die Steigung der Sorptionsisotherme; er wird Verteilungskoeffizient K_d genannt und hat die Dimension [L^{3}M^{-1}]:

$$K_d = \frac{C_{Sed}}{C_{aq}} \tag{3.4}$$

Der Verteilungskoeffizient K_d ist sowohl von der chemischen Substanz, als auch von der verwendeten Festphase abhängig. Das Konzept des konstanten Verteilungskoeffizienten für die Verteilung zwischen einer Lösung und einer festen Phase wird auch in dynamischen Stofftransportmodellen benutzt, mit denen z.B. die Ausbreitung eines Schadstoffes aus einer Mülldeponie in einen Grundwasserleiter abgeschätzt werden kann.

3.3 Mehrdimensionale statische Modelle

In einem dritten Beispiel werden wir nun die beiden Modelle koppeln und können damit die Gleichgewichtsverteilung von Benzen zwischen Wasser, Luft und Sediment beschreiben. Um unser System möglichst einfach zu halten, wählen wir statt eines natürlichen Sees einen Reaktor, wie er in der Abbildung am Seitenrand dargestellt ist.

Beispiel 3.3 (Benzen im Reaktor mit Luft, Wasser und Sediment)

Der Reaktor ist mit bestimmten Mengen Wasser und getrocknetem Sediment gefüllt. Das Wasservolumen des Reaktors wird mit Luft durchströmt und dabei kontinuierlich durchmischt. Die Benzenkonzentration in der durchströmenden Luft beträgt konstant $C_{Luft} = 0.01$ g L^{-1}. Welche Benzenkonzentration werden wir nach ca. 1 Stunde, d.h. nach der Gleichgewichtseinstellung, im Wasser und an den Sedimentpartikeln messen?

Das System „Reaktor" hat eine Inputgröße $\mathcal{R}$, nämlich die Benzenkonzentration in der Luft C_{Luft}, ferner zwei Variablen $\mathcal{V}_1$ und $\mathcal{V}_2$, die Benzenkonzentration im Wasser C_{aq} und die Benzenkonzentration auf den Sedimentpartikeln C_{Sed}:

$$
\begin{aligned}
C_{Luft} &\rightarrow \mathcal{R} \\
C_{aq} &\rightarrow \mathcal{V}_1 \\
C_{Sed} &\rightarrow \mathcal{V}_2
\end{aligned}
$$

Um die Systemgleichungen aufzustellen, verwenden wir die in den beiden vorigen Beispielen abgeleiteten Beziehungen. Wir erhalten dann:

$$
\mathcal{V}_1 = \frac{1}{K_{L/W}}\mathcal{R} \tag{3.5}
$$

$$
\mathcal{V}_2 = K_d\mathcal{V}_1 \tag{3.6}
$$

Dies ist ein 2-dimensionales, lineares, statisches Modell mit den Systemparametern:

$$
\begin{aligned}
\frac{1}{K_{L/W}} &\rightarrow p_1 \\
K_d &\rightarrow p_2
\end{aligned}
$$

Da wir $\mathcal{R}$ und die beiden Systemparameter kennen, können wir die gesuchten Benzenkonzentrationen $\mathcal{V}_1$ und $\mathcal{V}_2$ mit den Gleichungen (3.5) und (3.6) direkt berechnen. Es ergibt sich:

$$
C_{aq} \equiv \mathcal{V}_1 = \frac{1}{K_{L/W}}\mathcal{R} = \frac{1}{0.2} \times 0.01 \text{ g L}^{-1} = 0.05 \text{ g L}^{-1}
$$

$$
C_{Sed} \equiv \mathcal{V}_2 = K_d\mathcal{V}_1 = 1.7 \text{ L kg}_{Sed}^{-1} \times 0.05 \text{ g L}^{-1} = 0.085 \text{ g kg}_{Sed}^{-1}
$$

Zur Berechnung eines Modells mit zwei Variablen (zweidimensionales Modell) müssen wir ein zweidimensionales Gleichungssystem (s. Gl. (3.5) und (3.6)) mit zwei Unbekannten lösen. Zur Lösung eines n-dimensionalen Modells muss entsprechend ein n-dimensionales Gleichungssystem mit n Unbekannten gelöst werden. Das Gleichungssystem für ein n-dimensionales statisches Modell hat die folgende allgemeine Form:

$$\mathcal{V}_i = f_i(\mathcal{R}_1, \ldots, \mathcal{R}_m, p_1, \ldots, p_q, \mathcal{V}_1, \ldots, \mathcal{V}_n) \qquad \text{für} \qquad i = 1, \ldots, n \qquad (3.7)$$

Dabei bedeuten:

$\mathcal{V}_i$ Systemvariable, $i = \{1, \ldots, n\}$
$\mathcal{R}_j$ äußere Relation, $j = \{1, \ldots, m\}$
p_k Modellparameter, $k = \{1, \ldots, q\}$

Kann das Gleichungssystem nicht wie in unserem Fall von Hand nach den gesuchten Variablen aufgelöst werden, so stehen dazu effiziente Computerprogramme zur Verfügung. Zur Lösung eines linearen Gleichungssystems wird dabei häufig das Gauss'sche Eliminationsverfahren angewandt.

In diesem Kapitel haben wir drei statische Modelle benutzt, um die Gleichgewichtsverteilung einer chemischen Substanz in der Umwelt zu beschreiben. Wir haben dabei zwei wichtige Parameter kennen gelernt, den Luft-Wasser und den Sediment-Wasser Verteilungskoeffizienten, die wir beide bei den dynamischen Modellen wieder verwenden werden.

Allerdings haben die drei Beispiele eine Schwäche. Wir wissen nicht, wie lange es dauert bis zwischen den verschiedenen Phasen ein Gleichgewicht erreicht ist. Dynamische Modelle wenden sich genau dieser Frage zu.

Statisches Modell der besonderen Art
Anna zu Willi: „Als ich gestern 10 Franken auf die Bank brachte, hat der Bankmann gesagt, jetzt seien schon 100 Franken auf unserem Sparkonto."
Darauf Willi: „Sehr gut, dann bringe ich ihm morgen 20 Franken, dann sind es schon 200! "

3.4 Fragen und Aufgaben

Frage 3.1 *Nenne die Gleichungstypen, mit denen im allgemeinen statische bzw. dynamische Modelle beschrieben werden.*

Frage 3.2 *Welche der folgenden Gesetze oder Formeln aus Physik, Chemie und Biologie entsprechen einem statischen Modell?*

a) das Ohmsche Gesetz

b) das Gesetz von Kepler über den Zusammenhang zwischen Umlaufbahn und großen Halbachsen der Planetenbahnen

c) die Bewegungsgleichung eines Pendels

d) das ideale Gasgesetz

e) das Gesetz von Fourier über die Wärmediffsion

f) das Gesetz für den radioaktiven Zerfall

g) die Linsengleichung der Optik

h) das chemische Gleichgewicht zwischen gelöstem Karbonat und Bikarbonat im Wasser

i) das Gesetz für den Lichtdurchgang durch ein Prisma aus der Optik

j) die Maxwell'schen Gesetze der Elektrodynamik

k) das Gesetz des logistischen Wachstums einer biologischen Art

Falls Leser und Leserin gewisse dieser Gesetze und Formeln nicht kennen bzw. sie nicht einordnen können, so ist das nicht weiter schlimm. Einige von ihnen werden in den nachstehenden Kapiteln ausführlich diskutiert.

Aufgabe 3.1 (dimensionsbehafteter Henrykoeffizient) *Oft wird die Konzentration eines Stoffes in der Gasphase über den Dampfdruck P des Stoffes angegeben. Der Henrykoeffizient eines Stoffes ist dann definiert als: $K_H = \frac{P}{C_{aq}}$. Welche Dimension bzw. Einheit hat K_H? Wie hängt er mit dem dimensionslosen Luft-Wasser Verteilungskoeffizienten $K_{L/W}$ zusammen, falls die Gasphase der betrachteten Substanz als ideales Gas angenähert werden kann?*

Aufgabe 3.2 (Henrykoeffizient von Methylbromid) *Methylbromid (CH_3Br) ist ein Gas, das in Gewächshäusern u.a. beim Salatanbau zur Bekämpfung von Insektenlarven eingesetzt wird. Schätze aus den folgenden Datenpaaren den Henrykoeffizienten K_H für Methylbromid, die bei einer Temperatur von $20^0 C$ erhoben wurden.*

P [atm]	0.2	0.3	0.4	0.6	0.7
C_{aq} [mol L^{-1}]	0.03	0.05	0.06	0.095	0.1

Berechne daraus den dimensionslosen Luft-Wasser Verteilungskoeffizienten $K_{L/W}$ über die Beziehung $K_{L/W} = \frac{K_H}{RT}$. Hinweis: Die Lösung von Aufgabe 3.1 wird helfen.

Aufgabe 3.3 (Methylbromid als Ozonkiller) *Methylbromid gehört zu den Substanzen, die in der Stratosphäre signifikant zum Ozonabbau beitragen. Die Konzentration von Methylbromid in einer Wasserprobe aus einem Gewächshaus, die aus einem Wassergefäß dort entnommen wurde, beträgt $C_{aq} = 0.001$ mol L^{-1}. Berechne die Masse an Methylbromid in kg, die insgesamt im Gewächshaus zur Zeit der Probenahme vorhanden war. Das Gewächshaus ist 5 m breit, 20 m lang und 2.5 m hoch. Nimm an, das System sei bezüglich Wasser/Luft-Verteilung im Gleichgewicht.*

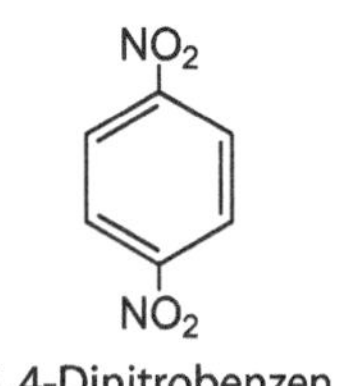

Aufgabe 3.4 (nichtlineare Sorptionsisotherme) *Nitroaromaten sorbieren auch an mineralischen Oberflächen. Die folgende Tabelle zeigt das Ergebnis von Sorptionsexperimenten mit 1,4-Dinitrobenzen (1,4-DNB) und dem Tonmineral Kaliumillit (Daten aus Haderlein et al. (1996)):*

C_{aq} [μmol L^{-1}]	0.17	0.51	1.8	3.6	7.6	19.5	26.5
C_{min} [μmol kg_{min}^{-1}]	241	633	1640	2850	4240	6100	7060

Zeichne ein zweidimensionales Diagramm mit den Datenpaaren und versuche ein Modell mit maximal zwei freien Parametern zu finden, das die Sorption beschreibt.

Aufgabe 3.5 (Ökonomische Theorie: Angebot und Nachfrage) *Ein zentrales Element der ökonomischen Theorie, siehe z.B. Samuelson u. Nordhaus (1995), ist die Annahme, der Preis eines bestimmten Produktes, z.B. einer Waschmaschine, bestimme sich aus dem Gleichgewicht zwischen Angebot und Nachfrage. Folgende empirischen Zusammenhänge dienen als Grundlage für eine grafische Lösung:*

1. *Die Nachfrage nach dem Produkt steigt mit sinkendem Preis (Abb. 3.3a)*

2. *Das Angebot eines Produktes wächst mit wachsendem Preis (Abb. 3.3b)*

    a) Benütze die beiden Kurven, um grafisch den sich einstellenden Preis zu eruieren.

    b) Was passiert mit dem Preis des Produktes, wenn bei gleich bleibender Angebotskurve (Abb. 3.3b) der Bedarf wächst, d.h. die Nachfragekurve (Abb. 3.3a) nach rechts verschoben wird?

    c) Was geschieht mit dem Preis und der verkauften Menge, wenn die Herstellungskosten sinken, d.h. für einen bestimmten Preis mehr Maschinen hergestellt werden?

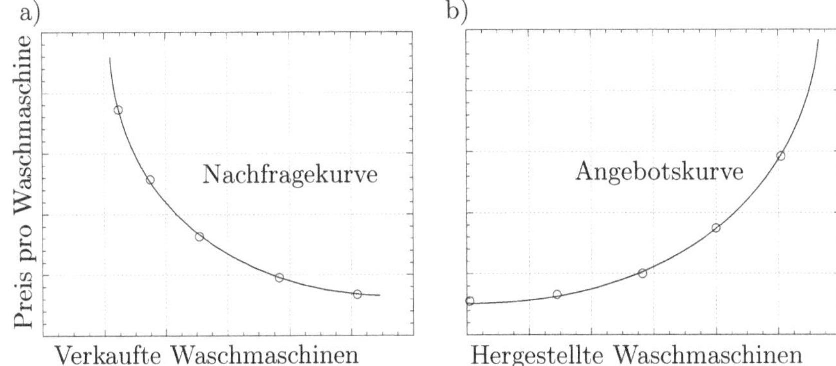

Abbildung 3.3: *Ökonomische Modelle: a)Nachfragekurve b)Angebotskurve*

Kapitel 4

Lineare Modelle mit einer Variablen

Im weiteren Teil des Buches wollen wir uns ausschließlich mit dynamischen Modellen beschäftigen. Schon in der Einleitung haben wir festgestellt, dass natürliche Systeme meistens dynamisch betrachtet werden müssen.

Dynamische, zeitlich kontinuierliche Systeme werden in der Regel mit Differentialgleichungen beschrieben. Obwohl natürliche Systeme in Wirklichkeit meistens nicht linear sind, werden wir uns im Folgenden eingehend mit linearen Modellen, also mit linearen Differentialgleichungen befassen, weil das Gedankengebäude der Systemanalyse seine Wurzeln in der Physik und den technisch orientierten Naturwissenschaften hat. Hier spielen lineare Modelle eine besonders wichtige Rolle. Diese besitzen einige wichtige Eigenschaften; so haben sie analytische Lösungen, welche man beliebig linear kombinieren kann, um neue Lösungen zu konstruieren. Diese einfachen Lösungen eignen sich als Bausteine für die Konstruktion von komplizierteren Modellen.

Reale Systeme sind in der Regel nicht linear. Oft lassen sie sich aber stückweise, d.h. innerhalb von beschränkten Variationsbereichen der Systemvariablen, durch lineare Modelle approximieren. Wie wir in Kapitel 6 sehen werden, dienen die für lineare Modelle entwickelten Konzepte als Ausgangspunkt für die Analyse von nichtlinearen Modellen.

Nichtlineare Systeme lassen sich oft stückweise durch lineare Modelle approximieren.

Befassen wir uns zuerst mit zeitlich kontinuierlichen Systemen mit nur *einer* Systemvariablen. Die dabei entstehenden dynamischen Modelle beschreiben die Veränderung einer *einzigen* Größe des Systems. Das System wollen wir dabei räumlich *nicht* differenzieren, d.h. wir betrachten das System als *eine Box*, z.B. als vollständig durchmischtes Volumen. Das mathematische Modell für ein solches System wird durch die folgende Differentialgleichung erster Ordnung repräsentiert:

$$\frac{\mathrm{d}\mathcal{V}(t)}{\mathrm{d}t} = \mathcal{R} + p \cdot \mathcal{V}(t) \tag{4.1}$$

Dabei bedeuten:

$\mathcal{V}(t)$ Systemvariable
$\mathcal{R}$ äußere Relation
p Modellparameter

Da in diesem Modell nur eine einzige Systemvariable in einer einzigen räumlichen Box vorkommt, bezeichnen wir ein solches Modell auch als Einbox-Modell. Gleichung (4.1) ist eine *inhomogene, lineare Differentialgleichung erster Ordnung*, wobei hier die äußere Relation, $\mathcal{R}$, den inhomogenen Term der Differentialgleichung bildet. Die Gleichung bleibt auch dann linear, wenn $\mathcal{R}$ und p beliebig komplizierte Funktionen der Zeit sind. Wichtig ist nur, dass $\mathcal{R}$ und p nicht von der Systemvariablen $\mathcal{V}$ selbst abhängen. Ist $\mathcal{R} = 0$, so heißt die Gleichung homogen.

4.1   Das lineare Einbox-Modell als Bilanzgleichung

Des Mathematikers Massenbilanz
Zwei Mathematiker stehen vor einem Hörsaal und warten ungeduldig, bis alle Studenten draußen sind. Der Erste: „Jetzt sind nur noch fünf drinnen". Kurz darauf kommen acht Personen aus dem Hörsaal. Die beiden schauen sich einen Augenblick erstaunt an. Dann sagt der Zweite: „Wenn jetzt noch drei Personen hineingehen, ist der Hörsaal endlich leer!"

Was auch immer die Systemvariable eines eindimensionalen Systems darstellt, immer können wir ihr dynamisches Verhalten in der Form einer Bilanzgleichung von folgender Form schreiben:

$$\frac{\mathrm{d}\mathcal{V}}{\mathrm{d}t} = \{\text{Produktionsprozesse}\} - \{\text{Verlustprozesse}\} \qquad (4.2)$$

Dabei verstehen wir unter „Produktion" alle Prozesse, bei denen die Variable $\mathcal{V}$ vergrößert wird. Hierzu gehören neben den Prozessen innerhalb des Systems auch Transportprozesse, welche in das System hineinführen. Entsprechend bedeutet „Verlust" alle Reaktions- und Transportprozesse, bei denen die Variable $\mathcal{V}$ abnimmt.

Falls Gleichung (4.2) ein lineares Modell darstellt, können beide Prozessarten höchstens je aus einer Summe von Prozessen nullter und erster Ordnung bestehen:

$$\begin{aligned}
\{\text{Produktionprozesse}\} &= J_p + k_p\mathcal{V} \\
\{\text{Verlustprozesse}\} &= J_v + k_v\mathcal{V}
\end{aligned} \qquad (4.3)$$

Hierbei sind J_p und J_v die von $\mathcal{V}$ unabhängigen Raten nullter Ordnung, $(k_p\mathcal{V})$ und $(k_v\mathcal{V})$ die zu $\mathcal{V}$ proportionalen Raten erster Ordnung.Die Parameter k_p und k_v heißen die spezifischen (Umwandlungs-)Raten erster Ordnung. Sie haben, unabhängig von $\mathcal{V}$, immer die Dimension $[\mathrm{T}^{-1}]$.

Bilanzgleichung

Setzen wir Gleichung (4.3) in (4.2) ein, erhalten wir:[1]

$$\begin{aligned}
\frac{\mathrm{d}\mathcal{V}}{\mathrm{d}t} &= (J_p + k_p\,\mathcal{V}) - (J_v + k_v\,\mathcal{V}) \\
&= (J_p - J_v) + (k_p - k_v)\,\mathcal{V} \\
&= J^\star + k^\star\,\mathcal{V}
\end{aligned} \tag{4.4}$$

Die Nettokoeffizienten $J^\star = J_p - J_v$ und $k^\star = k_p - k_v$ können je nach der Größe der einzelnen Parameter J_p, J_v, k_p und k_v, sowohl positiv als auch negativ sein. Wichtig ist die Feststellung, dass sich jedes eindimensionale lineare Modell auf die Form der letzten Zeile von Gleichung (4.4) reduzieren lässt, unabhängig davon, wie vielfältig die einzelnen Produktions- bzw. Verlustprozesse auch sein mögen. Im allgemeinsten Fall sind $J^\star$ und $k^\star$ beliebige zeitabhängige Größen.

Schauen wir uns dazu ein Beispiel an:

Beispiel 4.1 (Fischproduktion in einem Teich)

In einem Teich vermehrt sich die totale Fischmenge M (M ausgedrückt als totale Fischbiomasse in kg) durch Eiablage und Wachstum der Fische nach Abzug der Mortalität mit der spezifischen Rate $k_p = 0.2\ \mathrm{a}^{-1}$. Der Fischteich wird ferner laufend mit Jungfischen bestockt, insgesamt jährlich mit $J_p = 500\ \mathrm{kg\ a}^{-1}$. Durchschnittlich wird jährlich 40% der Fischbiomasse abgefischt (Verlustrate $k_v = 0.4\ \mathrm{a}^{-1}$). Wie lautet die dynamische Gleichung für die Fischbiomasse M?

Das Modell besteht aus 3 Produktions- bzw. Verlusttermen. Einer davon ist nullter Ordnung:

$$J^\star = J_p = 500\ \mathrm{kg\ a}^{-1}$$

---

[1]Im Folgenden wird die Zeitabhängigkeit der Systemvariablen nicht mehr explizit aufgeführt. Die Schreibweise $\mathcal{V}$ wird als identisch zu $\mathcal{V}(t)$ betrachtet.

Die anderen beiden sind erster Ordnung; sie haben die spezifische Nettorate:

$$k^\star = k_p - k_v = (0.2 - 0.4)\ \mathrm{a}^{-1} = -0.2\ \mathrm{a}^{-1}$$

Insgesamt also:

$$\frac{\mathrm{d}M}{\mathrm{d}t} = 500\ \mathrm{kg}\ \mathrm{a}^{-1} - (0.2\ \mathrm{a}^{-1})\,M$$

Wir werden darauf in Beispiel 4.3 zurück kommen.

In Kapitel 1 haben wir zwischen inneren und äußeren Relationen unterschieden. Wo finden wir diese wieder in Gleichung (4.4) bzw. im Beispiel 4.1? Wir werden sehen, dass die Antwort auf diese Frage bis zu einem gewissen Grad vom Kontext abhängt, innerhalb dem die Gleichung (4.4), d.h. das abstrakte mathematische Modell steht.

Zu den inneren Relationen gehören in den meisten Fällen die Prozesse erster Ordnung, denn diese werden ja durch den momentanen Wert der Variablen $\mathcal{V}(t)$ gesteuert. Ist die spezifische Rate $k^\star$ zeitlich konstant, so variiert der Term $(k^\star\mathcal{V})$ tatsächlich nur als Folge der zeitlichen Variabilität von $\mathcal{V}(t)$. Diese implizite Zeitabhängigkeit ist ein typisches Attribut innerer Relationen.

Es ist möglich, dass $k^\star$ zeitlich nicht konstant ist. Diese explizite Zeitabhängigkeit wird dann nicht durch das Modell selbst geliefert, sondern von außen aufgeprägt. In diesem Fall entspricht $k^\star(t)$ einer äußeren Relation, und der Prozess erster Ordnung, $k^\star(t)\mathcal{V}(t)$, wird zu einer Kombination von innerer und äußerer Relation. Im Beispiel 4.1 könnte es sein, dass der Fischzüchter den Teich zu einem bestimmten Zeitpunkt mit einem Netz vor dem Zugriff Fisch fressender Vögel schützt und damit den Parameter k_v verkleinert. Dieser Vorgang wäre im Modell eine äußere Relation.

Auch der Term nullter Ordnung $J^\star$ kann höchstens explizit von der Zeit abhängen. Trifft das zu, dann repräsentiert er sicher eine äußere Relation. Ist er konstant, so gibt es einen gewissen Interpretationsspielraum: Entweder wir interpretieren $J^\star$ als einen festen, d.h. unveränderlichen Systemparameter oder wir fassen $J^\star$ als äußere Relation auf. Sie ist zwar (für den Augenblick) konstant, könnte aber jederzeit „von" außen her verändert werden. Um beim Beispiel des Fischteichs zu bleiben: Bestockung und Abfischrate sind im Prinzip veränderbar, auch wenn wir das Modell nur für den Fall konstanter Werte analysieren. Wir fassen zusammen: Explizite Zeitabhängigkeiten von Systemkoeffizienten repräsentieren immer äußere Relationen.

4.2 Lineare Modelle mit konstanten Koeffizienten

Lineare Abbaureaktion

Zunächst befassen wir uns mit dem Fall konstanter (zeitunabhängiger) Koeffizienten $J^\star$ und $k^\star$. Dieses Modell können wir als frei von äußeren Relationen, d.h. als autonom interpretieren. Ausgehend von identischen Anfangszuständen entwickelt sich ein autonomes Modell immer in der gleichen Art.[2]

Benutzen wir vorerst für das mathematische Modell nochmals die allgemeine Gleichung (4.4):

$$\frac{\mathrm{d}\mathcal{V}}{\mathrm{d}t} = J^\star + k^\star \cdot \mathcal{V} \qquad (4.5)$$

Sie hat für die Anfangsbedingung $\mathcal{V}(0) = \mathcal{V}^0$ und, falls $k^\star$ von null verschieden ist, die aus der Mathematik bekannte Lösung:

$$\mathcal{V}(t) = \left(\mathcal{V}^0 + \frac{J^\star}{k^\star}\right) \mathrm{e}^{k^\star t} - \frac{J^\star}{k^\star} \qquad \text{für } k^\star \neq 0 \qquad (4.6)$$

Für die homogene Differentialgleichung

$$\frac{\mathrm{d}\mathcal{V}}{\mathrm{d}t} = k^\star \cdot \mathcal{V} \qquad (4.7)$$

lautet die Lösung entsprechend:

$$\mathcal{V}(t) = \mathcal{V}^0 \mathrm{e}^{k^\star t} \qquad (4.8)$$

Leser und Leserin können sich durch Einsetzen von Gleichung (4.6) bzw. (4.8) in die ursprüngliche Differentialgleichung leicht von der Richtigkeit der Lösung überzeugen. Auch die Anfangsbedingung, $\mathcal{V}(t = 0) = \mathcal{V}^0$, wird korrekt wiedergegeben, wie man durch null setzen von t in den Lösungen sieht. Die hohe Kunst der Mathematik besteht aber bekanntlich nicht

---

[2]Ganz exakt stimmt diese Aussage nur für deterministische Modelle (vgl. Kap. 2.6).

einfach darin, eine vorhandene Lösung auf ihre Richtigkeit zu überprüfen, sondern diese erst einmal zu finden. Die Vermittlung dieser Kunst müssen wir aber den mathematischen Lehrbüchern überlassen.

Diskutieren wir vorerst die Lösung der homogenen Gleichung (4.8). Wie man sich leicht überzeugen kann, verhält sich $\mathcal{V}(t)$ für $t \longrightarrow \infty$ völlig unterschiedlich, wenn $k^\star$ negativ bzw. positiv ist (den trivialen Fall $k^\star = 0$ behandeln wir hier nicht weiter). Die beiden Fälle sind in Abbildung 4.1 dargestellt. Es handelt sich um die exponentiellen Wachstums- bzw. Zerfallskurven. Hier und später führen wir für den Fall eines negativen $k^\star$ die neue spezifische Rate k ein:

$$k = -k^\star \quad , \quad k > 0 \tag{4.9}$$

Für die Identifikation der Exponentialkurve ist es hilfreich, beide Seiten von Gleichung (4.8) durch $\mathcal{V}^0$ zu dividieren und dann beidseitig den natürlichen Logarithmus zu berechnen:

$$\ln(\frac{\mathcal{V}(t)}{\mathcal{V}^0}) = \ln \mathcal{V}(t) - \ln \mathcal{V}^0 = \ln(e^{k^\star t}) = k^\star t$$

oder:

$$\ln \mathcal{V}(t) = \ln \mathcal{V}^0 + k^\star t \tag{4.10}$$

Die Steigung von $\ln \mathcal{V}(t)$ ergibt also direkt die spezifische Rate $k^\star$.

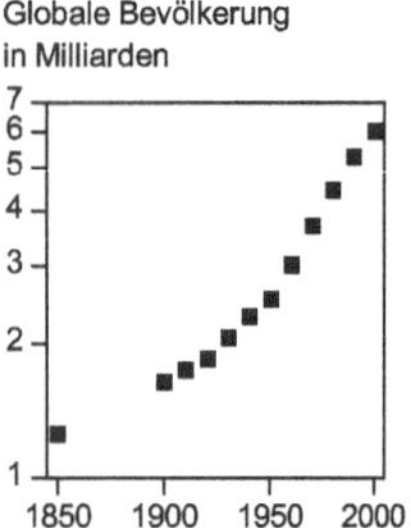

Beispiel 4.2 (exponentielles Bevölkerungswachstum)
Von 1850 bis 1975 ist die Weltbevölkerung von $N^0 = 1$ Milliarde auf $N(t) = 4$ Milliarden Menschen angewachsen. Nehmen wir an, das spezifische Wachstum sei während der ganzen Periode konstant gewesen. Wie groß ist die spezifische Wachstumsrate k_p?

Die Differentialgleichung des exponentiellen Wachstumsmodells lautet analog zu Gleichung (4.7):

$$\frac{dN}{dt} = k_p \cdot N \tag{4.11}$$

Die Lösung erhalten wir mit Gleichung (4.8):

$$N(t) = N^0 e^{k_p t} \tag{4.12}$$

Damit ergibt sich für die spezifische Wachstumsrate k_p:

$$k_p = \frac{1}{t} \ln \frac{N(t)}{N^0} = \frac{1}{125 \, a} \ln 4 \approx 0.01 \, a^{-1} \tag{4.13}$$

In vielen Modellen ist die spezifische totale Rate $k^\star$ negativ. Mit der Definition (4.9) können wir die entstehende Differentialgleichung in folgender Form schreiben, wobei wir zur Vereinfachung $J^\star$ durch J ersetzen:

$$\frac{d\mathcal{V}}{dt} = J - k \, \mathcal{V} \quad , \quad k > 0 \tag{4.14}$$

Sie hat die Lösung:

$$\mathcal{V}(t) = \left(\mathcal{V}^0 - \frac{J}{k}\right) e^{-kt} + \frac{J}{k} \quad , \quad k > 0 \tag{4.15}$$

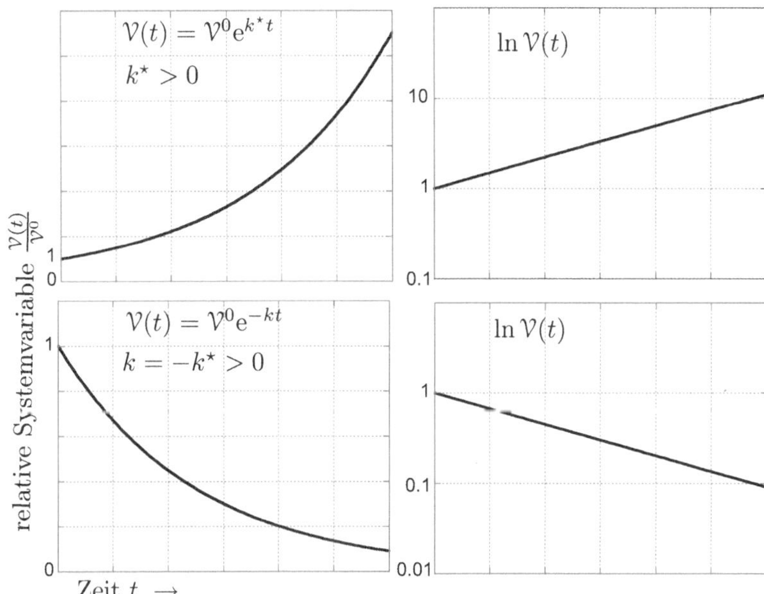

Abb. 4.1: *Lösung der homogenen linearen Differentialgleichung mit $\mathcal{V}^0 = 1$ und positivem (oben) und negativem (unten) Koeffizienten $k^\star$. Die halblogarithmische Darstellung (jeweils rechts) ergibt eine Gerade mit Steigung $k^\star$, s. Gl. (4.10).*

4.2.1 Der Stationärzustand

Nachdem wir die Systemgleichung für ein autonomes lineares Modell aufgestellt und ihre Lösung kennen gelernt haben, wollen wir diese interpretieren und Rückschlüsse auf das Modell ziehen. Ein spezieller Zustand des Modells ergibt sich, wenn $\frac{d\mathcal{V}}{dt} = 0$ ist. Das System verändert sich nicht mehr, d.h. $\mathcal{V}$ bleibt konstant. Das Modell ist dann im so genannten Stationarzustand. In der Mathematik wird dieser Zustand eines Modells auch als Fixpunkt bezeichnet. Ist die Systemvariable beispielsweise die mittlere Phosphorkonzentration in einem See, so bleibt diese konstant, wenn der See im Stationärzustand ist. Der See hat dann die Gleichgewichtskonzentration erreicht.

Formell berechnen wir den Stationärzustand $\mathcal{V}^\infty$ durch null setzen der linken Seite von Gleichung (4.5) und Auflösen nach $\mathcal{V} = \mathcal{V}^\infty$:

$$\mathcal{V}^\infty = -\frac{J^\star}{k^\star} = \frac{J}{k} \tag{4.16}$$

Die homogene Gleichung (4.7) hat den Stationärzustand $\mathcal{V}^\infty = 0$.

In vielen Fällen schließt die Bedeutung der Variablen $\mathcal{V}$ negative Werte aus (z.B. wenn $\mathcal{V}$ eine Stoffmenge oder eine Konzentration darstellt). Dann ist Gleichung (4.16) nur dann sinnvoll, wenn entweder $J^\star$ oder $k^\star$ (aber nicht beide) negativ sind. Einen Fall mit $J^\star > 0, k^\star < 0$ haben wir im Beispiel 4.1 kennen gelernt. Fahren wir damit fort:

Beispiel 4.3 (stationäre Fischbiomasse im Teich)
In Beispiel 4.1 haben wir das Modell für einen Fischteich aufgestellt, der künstlich bestockt und gleichzeitig abgefischt wird. Wir interessieren uns nun für die Größe der Fischbiomasse im Teich im Stationärzustand. Nach Gleichung (4.16) gilt:

$$M^\infty = -\frac{J^\star}{k^\star} = -\frac{500 \text{ kg a}^{-1}}{-0.2 \text{ a}^{-1}} = 2500 \text{ kg}$$

Hinweis: Selbstverständlich ist dieses Bild des Fischteiches sehr vereinfachend. In der Natur sind Wachstums- und Sterberaten nie wirklich konstant, so dass auch M^∞ ständig um einen Mittelwert schwankt.

Wir fassen zusammen: Indem in Gleichung (4.5) die linke Seite null gesetzt wird, entsteht aus der Differentialgleichung die gewöhnliche algebraische Gleichung (4.16). Diese kann auch als *statisches Modell* für $\mathcal{V}^\infty$ als Funktion von $J^\star$ und $k^\star$ interpretiert werden. In diesem Sinn enthalten dynamische Modelle, welche stationäre Lösungen haben, implizit immer auch ein statisches Modell.

Jedes dynamische Modell enthält implizit ein statisches Modell.

4.2.2   Der lineare Durchflussreaktor

Eine Anwendung von Gleichung (4.14), ist der so genannte vollständig durchmischte lineare Durchflussreaktor. Mit diesem Modell lässt sich z.B. ein See als Einbox-Modell beschreiben:

Beispiel 4.4 (Ein See als linearer Durchflussreaktor)
Betrachten wir einen See als ein Wasserbecken, das von einer konstanten
Menge Wasser durchflossen wird, d.h. zu- und abfließende Wassermen-
gen sind gleich und das Wasservolumen im See bleibt konstant. Mit dem
Zufluss wird ab dem Zeitpunkt t_0 pro Zeit eine konstante Menge eines
Stoffes zugeführt. Der Stoff wird im Seebecken vollständig vermischt und
mit einer Reaktion erster Ordnung abgebaut. Die Konzentration ist al-
so überall im See gleich, insbesondere auch im abfließenden Wasser. In
Abbildung 4.2 ist der See als Boxschema dargestellt.

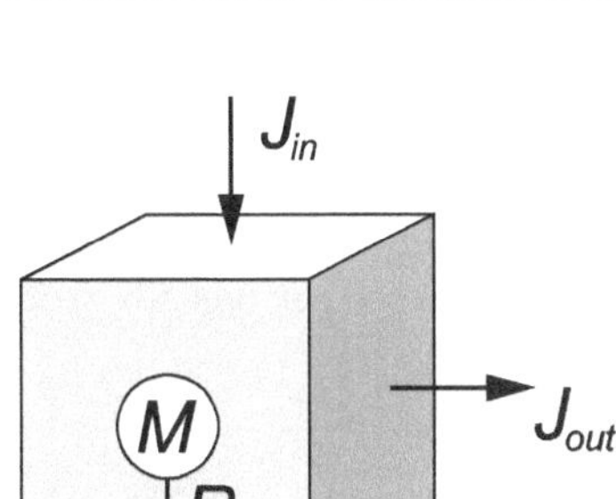

Abb. 4.2: *Ein See als vollständig durchmischter Durchflussreaktor (Einbox-Modell) mit Abbaureaktion*

Um diese Situation zu modellieren, erstellen wir als erstes eine Massenbilanz des Stoffes und benützen dazu Gleichung (4.2):

$$\left\{ \begin{matrix} \text{zeitliche Veränderung} \\ \text{der Masse im See} \end{matrix} \right\} = \left\{ \begin{matrix} \text{Zufuhr} \\ \text{pro Zeit} \end{matrix} \right\} - \left\{ \begin{matrix} \text{Abfuhr} \\ \text{pro Zeit} \end{matrix} \right\} - \{\text{Reaktion}\}$$

Mathematisch lässt sich die Massenbilanz als Differentialgleichung formulieren (M: Totale Stoffmenge im See):

$$\frac{\mathrm{d}M}{\mathrm{d}t} = J_{in} - J_{out} - R \tag{4.17}$$

Für die Massenzufuhr J_{in} bzw. die Massenabfuhr J_{out} des Stoffes im See
können wir schreiben:

$$J_{in} = QC_{in} \tag{4.18}$$
$$J_{out} = QC \tag{4.19}$$

Q $[\mathrm{L^3 T^{-1}}]$ Durchfluss durch den See, Zufluss = Abfluss
C_{in} $[\mathrm{M\,L^{-3}}]$ Konzentration des Stoffes im Zufluss
C $[\mathrm{M\,L^{-3}}]$ Konzentration des Stoffes im See bzw. im Abfluss

Für die Reaktion erster Ordnung R des Stoffes im See können wir schreiben:

$$R = k_r M \tag{4.20}$$

Dabei ist k_r die Reaktionsrate erster Ordnung und hat die Dimension
$[\mathrm{T^{-1}}]$. Somit erhalten wir für die Massenbilanz:

$$\frac{\mathrm{d}M}{\mathrm{d}t} = QC_{in} - QC - k_r M. \tag{4.21}$$

Dividiert man beide Seiten der Gleichung (4.21) durch das konstante Volumen V des Sees, so erhält man die dynamische Gleichung für die Konzentration des Stoffes im See ($C = \frac{M}{V}$):

$$\begin{aligned}
\frac{dC}{dt} &= \frac{Q}{V}C_{in} - \frac{Q}{V}C - k_r C \\
&= k_w C_{in} - (k_w + k_r)C \\
&= k_w C_{in} - k_{tot}C
\end{aligned} \qquad (4.22)$$

Dabei wird das Verhältnis $\frac{Q}{V}$ die spezifische Durchflussrate k_w genannt. Der Kehrwert $\frac{1}{k_w}$ ist die Erneuerungszeit τ_w des Wasserbeckens bzw. des Sees. Die Summe $k_w + k_r$ ist die totale spezifische Rate k_{tot}. Der Kehrwert $\frac{1}{k_{tot}}$ gibt uns die mittlere Aufenthaltszeit des Stoffes im See bezüglich Durchfluss und Abbau.

Gleichung (4.22) können wir auch mittels des Stoff-Inputs J_{in} schreiben:

$$\begin{aligned}
\frac{dC}{dt} &= \frac{J_{in}}{V} - k_{tot}C \\
&= j_{in} - k_{tot}C
\end{aligned} \qquad (4.23)$$

Hierbei ist

$$j_{in} = \frac{J_{in}}{V} = \frac{Q}{V}C_{in} = k_w C_{in} \qquad (4.24)$$

der Stoff-Input pro Volumen und Zeit mit der Dimension $[\mathrm{ML^{-3}T^{-1}}]$.

Vergleichen wir die dynamische Gleichung für den Durchflussreaktor (4.23) mit Gleichung (4.14), so sehen wir die folgende Analogie: Als Systemvariable erhalten wir beim Durchflussreaktor die Stoffkonzentration C. Der inhomogene Term J entspricht $j_{in} = k_w C_{in}$. Der Koeffizient k wird durch die totale spezifische Rate $k_{tot} = k_w + k_r$ gegeben.

Die Gleichgewichtskonzentration im See (Stationärzustand) erhalten wir mit Gleichung (4.16):

$$C^\infty = \frac{j_{in}}{k_{tot}} = \frac{k_w}{k_{tot}}C_{in} = \frac{k_w}{k_w + k_r}\,C_{in} \qquad (4.25)$$

Die Konzentration C^∞ wird nur erreicht, wenn der Stoff-Input J_{in} bzw. j_{in} und die spezifische Rate k_{tot} konstant bleiben.

Vergleichen wir dieses Ergebnis mit dem statischen Seemodell in Kapitel 2.2. Nach Gleichung (2.2) ist die Gleichgewichtskonzentration C_{aq} von Phosphor, die wir jetzt mit C^∞ bezeichnen:

$$C_{aq} \to C^\infty = p \cdot J_{in} \qquad (4.26)$$

Die Gleichgewichtskonzentration C^∞ des dynamischen Modells kann mit Hilfe der Gleichungen (4.18) und (4.25) ebenfalls als Funktion des Stoff-Inputs J_{in} ausgedrückt werden:

$$C^\infty = \frac{k_w}{k_{tot}}C_{in} = \frac{1}{k_{tot}}\frac{Q}{V}C_{in} = \frac{1}{k_{tot} \cdot V}J_{in} \qquad (4.27)$$

Der Parameter p des statischen Modells entpuppt sich somit als Kehrwert aus totaler Rate und Seevolumen:

$$p = \frac{1}{k_{tot} \cdot V} \tag{4.28}$$

Er hat, wie wir bereits festgestellt hatten, die Dimension $[\,\mathrm{TL}^{-3}\,]$.

Im folgenden Beispiel machen wir Gebrauch vom Zusammenhang zwischen Modellparametern und Stationärzustand:

Beispiel 4.5 (Algenwachstum im durchflossenen Weiher)
In einem ständig durchflossenen Weiher mit dem Volumen $V = 10^4 \mathrm{m}^3$ wachsen die frei schwimmenden Algen (Phytoplankton) bei günstigen Wachstumsbedingungen mit einer spezifischen Wachstumsrate $k_g = 0.5\,\mathrm{d}^{-1}$. Durch Sedimentation geht täglich 20% des Planktons im Weiher verloren. Wie groß darf der Wasserdurchfluss Q im Weiher höchstens sein, damit die Algen im Weiher nicht vollständig verschwinden ?

Stellen wir als erstes eine Massenbilanz für dieses System auf:

$$\left\{ \begin{array}{c} \text{zeitliche Veränderung} \\ \text{der Algen im See} \end{array} \right\} = \left\{ \begin{array}{c} \text{Wachstum} \\ \text{pro Zeit} \end{array} \right\} - \left\{ \begin{array}{c} \text{Abfluss} \\ \text{pro Zeit} \end{array} \right\} - \{\text{Sedimentation}\}$$

Wir nehmen an, die Bedingungen des linearen Durchflussreaktors (Einbox-Modell) seien erfüllt. Dann lassen sich alle drei Prozesse der Massenbilanz als lineare Funktionen beschreiben:

$$\begin{aligned} \frac{\mathrm{d}C}{\mathrm{d}t} &= k_g C - k_w C - k_s C \\ &= (k_g - k_w - k_s)C \end{aligned} \tag{4.29}$$

wobei:

$$k_g = 0.5\ \mathrm{d}^{-1} \quad \text{spezifische Wachstumsrate der Algen (\textit{growth rate})}$$
$$k_w = Q/V \quad \text{Durchflussrate im Weiher}$$
$$k_s = 0.2\ \mathrm{d}^{-1} \quad \text{Sedimentationsrate der Algen im Weiher}$$

Damit die Algenkonzentration im See nicht abnimmt, muss die Summe aller Raten auf der rechten Seite von Gleichung (4.29) positiv oder null sein:

$$k_g - k_w - k_s \geq 0 \tag{4.30}$$

Auflösen nach $k_w = Q/V$ ergibt:

$$k_w = \frac{Q}{V} \leq k_g - k_s \tag{4.31}$$

Für den Durchfluss Q erhalten wir dann:

$$Q \leq (k_y - k_s)V - 10^4\ \mathrm{m}^3\,(0.5 - 0.2)\,\mathrm{d}^{-1} = 3000\ \mathrm{m}^3\mathrm{d}^{-1} \tag{4.32}$$

4.2.3   Anpassungsverhalten und Anpassungszeit

Bis jetzt hat uns die dynamische Betrachtung eines Systems noch nicht viel mehr gebracht, als das, was wir im Prinzip schon aus dem statischen Modell hätten ableiten können. Tatsächlich aber geht die Information, die in einem dynamischen Modell steckt, weit über die Berechnung von Stationärzuständen hinaus. Uns interessiert beispielsweise die Frage, ob das System tatsächlich dem in Gleichung (4.16) berechneten Stationärzustand zustrebt und wenn ja, wie lange es dauert, bis dieser Zustand erreicht ist.

Betrachten wir als Beispiel wieder einen See als linearen Durchflussreaktor. Wir müssen nun die Differentialgleichung (4.22) lösen, indem wir die Variablen der allgemeinen Lösung (4.15) durch die Variablen des Durchflussreaktors ersetzen. Der Einfachheit halber werden wir wiederum die totale Rate k_{tot} eines linearen Systems nur mit k bezeichnen. Sie kann dabei, wenn nicht ausdrücklich anders vermerkt, die verschiedensten Prozesse wie z.B. Durchfluss, Abbau, radioaktiver Zerfall oder Sedimentation, aber auch (für $k < 0$ bzw. $k^\star > 0$, siehe auch Gl. (4.9)) einen linearen Wachstumsprozess bezeichnen. Wir erhalten dann:

$$\begin{aligned} C(t) &= (C^0 - \frac{k_w}{k}C_{in})\mathrm{e}^{-kt} + \frac{k_w}{k}C_{in} \\ &= (C^0 - C^\infty)\mathrm{e}^{-kt} + C^\infty \end{aligned} \qquad (4.33)$$

In der Lösung taucht die Stationärkonzentration $C^\infty = \frac{k_w}{k}C_{in}$ auf. Formen wir die Gleichung um, so erhalten wir:

$$C(t) = C^0\mathrm{e}^{-kt} + C^\infty(1 - \mathrm{e}^{-kt}) \qquad (4.34)$$

Wir nehmen nun an, k sei positiv. Dann beschreibt der erste Term auf der rechten Seite der Gleichung den exponentiellen Abbau der Anfangskonzentration C^0 im System. Für $t \to \infty$ wird dieser Term null. Der alte Systemzustand C^0 wird aus dem System „ausgewaschen", der Term beschreibt die so genannte Auswaschkurve. Der zweite Term dagegen beschreibt, wie — ausgehend von der Konzentration null — das System sich zu jenem Stationärzustand hin entwickelt, der zum (konstanten) Input $J_{in} = k_w C_{in}$

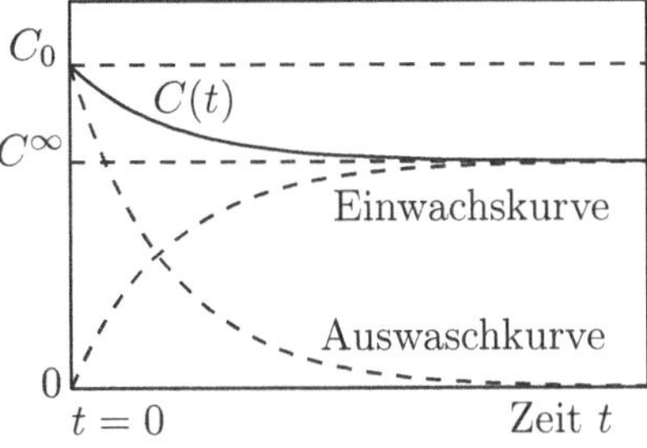

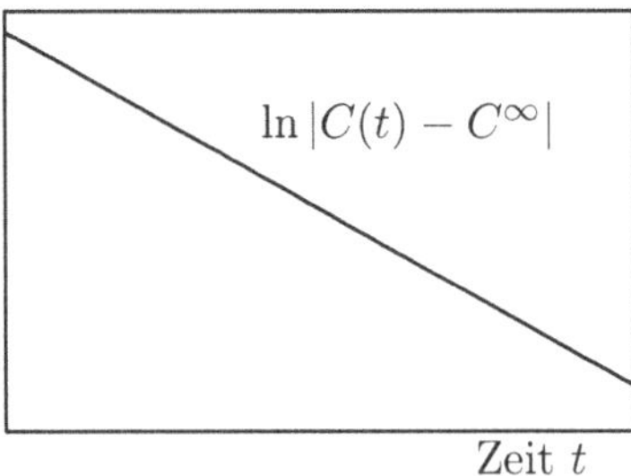

Abbildung 4.3: *Der Übergang eines linearen Systems vom Anfangszustand C^0 zum Stationärzustand C^∞ kann als Summe von zwei Vorgängen interpretiert werden, die „Auswaschung" des Anfangszustandes C^0 ($C^0 e^{-kt}$) und das „Einwachsen" des Endzustandes C^∞ ($C^\infty(1-e^{-kt})$). Die durchgezogene Kurve, die Summe der beiden gestrichelten Kurven, zeigt den Verlauf des Systems $C(t)$. Die logarithmische Darstellung (rechts) ergibt eine Gerade mit der Steigung $-k$.*

gehört. Wir wollen diesen Term Einwachskurve nennen. In Abbildung 4.3 sind die beiden Lösungskomponenten sowie deren Summe dargestellt. In der Sprache der Mathematik sagt man auch, die allgemeine Lösung der Gleichung (4.34) sei eine lineare Superposition zweier spezieller Lösungen, der reinen Auswaschkurve und der reinen Einwachskurve.

Ähnlich wie in Gleichung (4.10) können wir durch Umformen Gleichung (4.33) in die Form

$$\ln(\frac{C(t) - C^\infty}{C^0 - C^\infty}) = \ln(C(t) - C^\infty) - \ln(C^0 - C^\infty) = -kt \qquad (4.35)$$

bringen. Trägt man $\ln(C(t) - C^\infty)$ gegen t auf, entsteht wiederum eine Gerade mit der Steigung $-k$ (Abb. 4.3).[3]

Damit haben wir den Konzentrationsverlauf im See außerhalb des Stationärzustandes mit einem dynamischen Modell berechnet. Außerdem haben wir nachgewiesen, dass sich, unabhängig vom Anfangswert C_0, das System immer zum Stationärzustand hin bewegt, wenn die Rate k positiv ist.[4]

Wir wollen uns jetzt mit der zweiten Frage befassen: Wie lange dauert es, bis der See die Gleichgewichtskonzentration C^∞ erreicht hat ? Die Antwort auf diese Frage kennen wir eigentlich schon: Weil sich das System exponentiell an einen neuen Stationärzustand anpasst, wird die Gleichgewichtskonzentration C^∞ erst für $t \to \infty$ erreicht. Sinnvoller ist es daher die Zeit auszurechnen, bis eine noch zu wählende Abweichung von der Gleich-

Die Anpassungszeit entspricht der Zeit, bis sich ein Modell innerhalb vorgegebener Grenzen seinem Stationärzustand angenähert hat.

---

[3]Der mittlere Teil von Gleichung (4.35) ist nur dann sinnvoll, wenn ($C^0 - C^\infty$) und damit auch ($C^0 - C(t)$) positiv sind. Leser und Leserin mögen sich überlegen, wie man für den Fall $C^0 < C^\infty$ Abbildung 4.3 modifizieren müsste.

[4]Zur Erinnerung: In der ursprünglichen Formulierung der linearen Differentialgleichung (4.5) hatten wir den Term erster Ordnung mit einem positiven Vorzeichen (spezifische Rate $k^\star$) eingeführt. Damit ein endlicher Stationärzustand existiert, müsste also $k^\star < 0$ sein.

gewichtskonzentration δC unterschritten wird. Diese Zeit wollen wir Anpassungszeit nennen.

Eine vernünftige Wahl von δC besteht darin, die Restabweichung als einen festen Anteil κ der anfänglichen Differenz zwischen Stationärzustand und Anfangszustand zu definieren:

$$\delta C = \kappa \left| C^\infty - C^0 \right| = \kappa \, \delta C^0, \qquad \kappa > 0 \tag{4.36}$$

Durch die Wahl des Absolutbetrages $\left| C^\infty - C^0 \right|$ ist δC immer als positive Zahl definiert, unabhängig davon, ob der Anfangszustand unterhalb oder oberhalb des Stationärzustandes liegt.

Es hängt von den Anforderungen bzw. vom Geschmack des Anwenders oder der Anwenderin ab, wie klein bzw. wie groß κ gewählt wird. Hat beispielsweise die Konzentration C ohnehin einen Messfehler von $\pm 10\%$, dann macht es wenig Sinn, κ kleiner als 0.1 zu wählen. Umgekehrt gibt es Fälle, bei denen der Wert der Systemvariablen sehr genau bekannt ist und wir unter Anpassung nur noch eine sehr kleine Abweichung vom Stationärzustand verstehen; entsprechend klein ist in diesem Fall κ zu wählen.

Die zum gewählten κ gehörende Anpassungszeit sei τ_κ. Die Konzentration zu dieser Zeit lässt sich mittels Gleichung (4.34) schreiben als:

$$\begin{aligned} C(\tau_\kappa) &= C^0 \, \mathrm{e}^{-k\tau_\kappa} + C^\infty (1 - \mathrm{e}^{-k\tau_\kappa}) \\ &= C^\infty + \mathrm{e}^{-k\tau_\kappa}(C^0 - C^\infty) \end{aligned} \tag{4.37}$$

Umgekehrt soll der Absolutbetrag der Abweichung zwischen C^∞ und $C(\tau_\kappa)$ gleich groß sein wie $\kappa \delta C^0$:

$$\left| C^\infty - C(\tau_\kappa) \right| = \kappa \, \delta C^0 = \kappa \left| C^\infty - C^0 \right| \tag{4.38}$$

Die Kombination dieser beiden Gleichungen ergibt:

$$\left| C^\infty - C^0 \right| \mathrm{e}^{-k\tau_\kappa} = \kappa \left| C^\infty - C^0 \right| \tag{4.39}$$

d.h.

$$\kappa = \mathrm{e}^{-k\tau_\kappa} \tag{4.40}$$

Nimmt man auf beiden Seiten den natürlichen Logarithmus, ergibt sich für die Anpassungszeit τ_κ:

$$\tau_\kappa = -\frac{\ln \kappa}{k} \tag{4.41}$$

Beachte: Weil κ eine Zahl zwischen 0 und 1 ist, ist $\ln \kappa$ negativ, so dass wegen des Minuszeichens in Gleichung (4.41) die Anpassungszeit τ_κ eine positive Zahl ist. Wäre $k < 0$, läge der Stationärzustand im Unendlichen; die Definition einer Anpassungszeit ist dann sinnlos.

In vielen Fällen erweist sich die Wahl von $\kappa = 0.05$ (Anpassung auf 5%) als vernünftig. Nach Gleichung (4.41) gilt für die entsprechende Anpassungszeit:

$$\tau_{5\%} = -\frac{\ln 0.05}{k} = \frac{2.9957}{k} \approx \frac{3}{k} \tag{4.42}$$

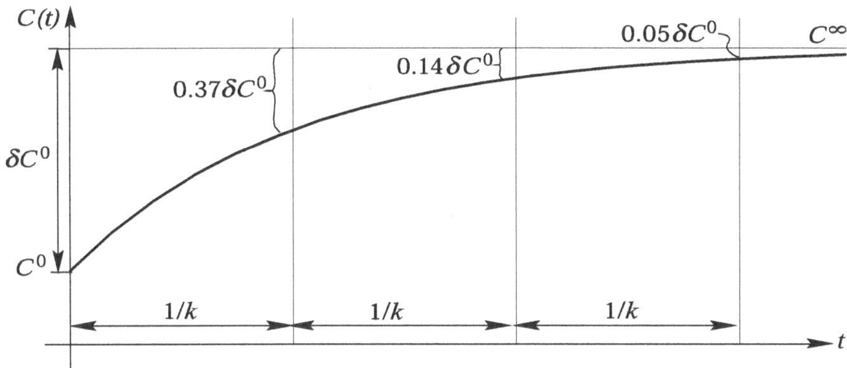

Abb. 4.4: *Anpassungszeit für ein lineares System, für den Fall $C^0 < C^\infty$ gezeichnet. Nach $\tau_{5\%} = \frac{3}{k}$ ist die Abweichung vom Stationärzustand kleiner als 5%.*

Beachte: Wie auch immer das Kriterium κ gewählt wird, die entsprechende Anpassungszeit ist immer proportional zu k^{-1}. Nur der Faktor im Zähler von Gleichung (4.41) ändert sich.

In Abbildung 4.4 ist dargestellt, wie sich ein lineares System dem Stationärzustand nähert. Gemäß Gleichung (4.39) verschwindet die Anfangsdifferenz δC^0 exponentiell, d.h. wie e^{-kt}. Nach der Zeit $t = \frac{1}{k}$ ist δC auf $\delta C_0\, e^{-1} = 0.37\,\delta C_0$ gesunken, nach der Zeit $t = \frac{2}{k}$ auf $\delta C_0\, e^{-2} = 0.14\,\delta C_0$ etc. Aus Gleichung (4.42) wissen wir schon, dass für $t = \frac{3}{k}$ die Restabweichung 0.05 bzw. 5% beträgt.

Schauen wir uns nun einige Beispiele an:

Beispiel 4.6 (Anpassungszeit)

In einen See mit konstantem Zu- und Abfluss werden seit längerer Zeit zwei Substanzen eingeleitet. Die Wassererneuerungszeit des Sees beträgt $\tau_w = 10$ a. Die eine Substanz unterliegt im See einer Abbaureaktion erster Ordnung mit der Reaktionsrate $k_r = 0.9$ a^{-1}, die zweite Substanz dagegen ist konservativ[a]. Die Einleitung der Substanzen wird plötzlich gestoppt. Wie lange dauert es, bis die jeweiligen Konzentrationen im See auf 5% ihrer ursprünglichen Konzentration gesunken sind ?

Für die konservative Substanz berechnet sich die Anpassungszeit auf 5% aus der spezifischen Durchflussrate $k_w = \frac{1}{\tau_w} = 0.1$ a^{-1} allein:

$$\tau_{5\%} \approx \frac{3}{k_w} = \frac{3}{0.1}\,\text{a} = 30\,\text{a}$$

---

[a]Eine konservative Substanz geht keinerlei Reaktionen mit ihrer Umwelt ein, d.h. sie wird nicht abgebaut, sedimentiert nicht, etc. Allerdings wird sie via Abfluss aus dem See entfernt.

Für die reaktive Substanz ist die Anpassungszeit kürzer, da sie zusätzlich zum Auswaschprozess im See noch abgebaut wird. Es ergibt sich:

$$\tau_{5\%} \approx \frac{3}{k_w + k_r} = \frac{3}{(0.1 + 0.9)}\, \text{a} = 3\,\text{a}$$

Beispiel 4.7 (Halbwertszeit)

Ein bekanntes Beispiel einer Anpassungszeit ist die Halbwertszeit $\tau_{1/2}$ eines radioaktiven Isotops. Die Halbwertszeit ist definiert als die Zeit, in der sich die Aktivität einer Strahlungsquelle $A(t)$ gegenüber der Anfangsaktivität A^0 halbiert:

$$A(\tau_{1/2}) = 0.5 A^0 \tag{4.43}$$

Für die Aktivität eines radioaktiven Isotops mit der Zerfallskonstante k_λ gilt:

$$A(t) = A^0 \mathrm{e}^{-k_\lambda t} \tag{4.44}$$

Damit lässt sich die Halbwertszeit $\tau_{1/2}$ berechnen:

$$\frac{A(\tau_{1/2})}{A^0} = 0.5 \;=\; \mathrm{e}^{-k_\lambda \tau_{1/2}}$$

$$\ln 0.5 \;=\; -k_\lambda \tau_{1/2}$$

$$\tau_{1/2} \;=\; -\frac{\ln 0.5}{k_\lambda} = \frac{\ln 2}{k_\lambda} = \frac{0.693}{k_\lambda} \tag{4.45}$$

Die Halbwertszeit entspricht also dem Anpassungskriterium $\kappa = 0.5$.

Bisher haben wir die Anpassungszeit aus einem *relativen* Kriterium berechnet (relativer Anpassungsfaktor κ); sie hängt nur von der Rate k, nicht aber vom Anfangszustand des Systems ab (s. Gl. (4.41)). Es kann aber vorkommen, dass wir an einem absoluten Kriterium interessiert sind, z.B. an der Bedingung, die Konzentration solle sich dem Stationärzustand bis auf 0.02 mg L^{-1} annähern. Wie das folgende Beispiel zeigt, hängt dann die entsprechende Anpassungszeit von der Anfangskonzentration ab.

Beispiel 4.8 (Anpassungszeit an einen Grenzwert)

In einer chemischen Fabrik fällt ein toxischer Stoff als Abfallprodukt an und wird mit dem Abwasser in einen Fluss geleitet. Gemäß einer Grenzwertverordnung darf die Konzentration des Stoffes im Abwasser vor der Einleitung in den Fluss nicht höher als 0.1 μg L^{-1} sein. Tatsächlich schwanken die Werte im Abwasser zwischen 1 und 10 μg L^{-1}. Daher muss das Abwasser in einem Reaktor vorgeklärt werden. Dabei wird der Reaktor *nicht* im Durchfluss betrieben, sondern der Reaktor bleibt solange geschlossen, bis die entsprechende Konzentration erreicht ist. Die Eliminationsrate für den Stoff im Reaktor beträgt $k_r = 0.1\ \mathrm{h}^{-1}$. Wie lange muss das Abwasser im Reaktor verweilen, damit der Grenzwert sicher eingehalten wird?

Um die Anpassungszeit an den Grenzwert zu berechnen, müssen wir die Anfangskonzentrationen $C^0 = 1\ \mu\mathrm{g}\ \mathrm{L}^{-1}$ bzw. $C^0 = 10\ \mu\mathrm{g}\ \mathrm{L}^{-1}$ berücksichtigen. Die prozentuale Abweichung κ vom Grenzwert beträgt im ersten Fall 10% und im zweiten Fall 1%. Wir berechnen also die entsprechenden Anpassungszeiten:

$$\tau_{10\%} = \frac{-\ln 0.1}{k_r} \approx \frac{2.3}{0.1}\mathrm{h} = 23\mathrm{h}$$

$$\tau_{1\%} = \frac{-\ln 0.01}{k_r} \approx \frac{4.6}{0.1}\mathrm{h} = 46\mathrm{h}$$

Um den Grenzwert bei der Einleitung sicher einhalten zu können, muss das Abwasser mindestens während 46 h, d.h. während rund 2 Tagen, im Reaktor vorbehandelt werden.

4.3 Modelle mit zeitabhängigen Koeffizienten

Bisher haben wir angenommen, die Koeffizienten $J^\star$ und $k^\star$ in der Differentialgleichung (4.5) seien zeitlich konstant. Ein solches Modell haben wir als autonom bezeichnet. Natürliche Systeme sind aber einer dauernden zeitlichen Veränderung unterworfen. Im Lauf eines Jahres oder sogar Tages ändert sich z.B. die Temperatur in einem See. Dadurch kann die Reaktionsrate k_r eines Stoffes oder die Wachstumsrate k_g von Organismen im See beeinflusst werden. Aber auch der Stoff-Input in ein natürliches System ist selten konstant. Ein Kläranlagenabfluss beispielsweise, der in einen See mündet, wird im Tagesrhythmus verschieden große Stoffmengen in den See leiten.

Natürliche Systeme müssen daher meistens als nichtautonom betrachtet werden. Die Koeffizienten sind dann zeitabhängig. Wir wollen uns hier auf den Fall beschränken, dass nur der inhomogene Term $J(t)$ zeitabhängig ist:[5]

Nichtautonome Modelle hängen explizit von der Zeit ab.

$$\frac{\mathrm{d}\mathcal{V}}{\mathrm{d}t} = J(t) - k \cdot \mathcal{V} \tag{4.46}$$

Die spezifische Rate k betrachten wir weiterhin als konstant. Der Fall mit variablem k wird im Anhang C.1 diskutiert.

---

[5]Wir benützen für die folgenden Betrachtungen Gleichung (4.14) mit dem Minuszeichen vor der Reaktion erster Ordnung, da diese Gleichung für $J > 0$ einen Stationärzustand besitzt. Im Prinzip könnte man auch Gleichung (4.5) als Ausgangspunkt benützen.

Für das System des linearen Durchflussreaktors mit variablem Input können wir die folgende dynamische Gleichung aufstellen:

$$\frac{\mathrm{d}C}{\mathrm{d}t} = j_{in}(t) - kC, \qquad \text{mit} \qquad j_{in}(t) = \frac{J_{in}(t)}{V} \tag{4.47}$$

Hierbei ist $j_{in}(t)$ der zeitabhängige Stoff-Input pro Volumen des Systems.

Aus Gleichung (4.47) kann wie zuvor der Stationärzustand berechnet werden, indem die linke Seite der Gleichung null gesetzt wird. Wir erhalten:

$$C^{\infty}(t) = \frac{j_{in}(t)}{k} \tag{4.48}$$

Da $j_{in}(t)$ von der Zeit abhängt, gilt dies auch für den Stationärzustand. $C^{\infty}(t)$ ist jene Konzentration, welche das System schließlich annehmen würde, falls der Input zur Zeit t, d.h. $j_{in}(t)$, bei seinem momentanen Wert für unendlich lange Zeit festgehalten würde.

Die Lösung von Gleichung (4.47) findet man mit Hilfe von Gleichung C.8 der Formelsammlung im Anhang:

$$C(t) = C^0 \mathrm{e}^{-kt} + \int\limits_{t'=0}^{t'=t} \mathrm{e}^{-k(t-t')} j_{in}(t') \mathrm{d}t' \tag{4.49}$$

Auf den ersten Blick wirkt diese Gleichung sehr kompliziert. Doch den ersten Term auf der rechten Seite kennen wir bereits schon vom Modell mit konstanten Koeffizienten. Er beschreibt den linearen Abbau des Anfangzustandes C^0, d.h. die Auswaschkurve (Abb. 4.3), und damit summarisch all jene Einflüsse, welche *vor* der Zeit $t' = 0$ auf das System eingewirkt haben. Im Gegensatz dazu fungiert der zweite Term von Gleichung (4.49), das Integral, sozusagen als die Buchhaltung für den Input von der Zeit $t' = 0$ bis in die Gegenwart $t' = t$. Dies erklärt auch die Rolle der Hilfsvariablen t': Weil wir die Gegenwart mit der Zeit t charakterisieren und wir von hier zurückschauen, brauchen wir eine zweite Variable t', welche angibt, mit welchem Abschnitt der Vergangenheit wir uns gerade befassen.

Im Integral wird die Inputfunktion $j_{in}(t)$ für das Zeitintervall von 0 bis t aufsummiert. Weil aber im System gleichzeitig auch ein Eliminationsprozess $(-kC)$ wirksam ist, finden wir zur Zeit t nur noch einen Teil der zugeführten Stoffmenge. Dabei ist der im System noch vorhandene Anteil umso größer, je kürzer die Zeit ist, seit dieser Input stattgefunden hat. Der Faktor $\mathrm{e}^{-k(t-t')}$ beschreibt genau diesen Effekt: Für den momentanen, d.h. gegenwärtigen Input ist $t' = t$, also die Exponentialfunktion 1. Für den am weitesten zurückliegenden Input zur Zeit $t' = 0$ ist die Gewichtung e^{-kt}. Der Einfluss eines noch früher zurückliegenden Inputs steckt bereits im Anfangswert C^0.

Formal können wir uns die Form des erwähnten Integrals plausibel machen, indem wir uns vorstellen, der zeitlich kontinuierliche Input sei in lauter kleine Stücke aufgeteilt. Weil das System linear ist, kann man die Einflüsse all dieser Inputereignisse summieren und erhält damit den Verlauf des Gesamtsystems. In der Mathematik nennt man dies das lineare

Superpositionsprinzip. In Abbildung 4.5 ist dieses Prinzip für zwei Inputereignisse dargestellt. Der erste Input erfolgt zur Zeit t_1 mit der Stärke j_1
und hat die Dauer Δt. Durch dieses Inputereignis wird dem System pro
Volumen die Stoffmenge $j_1 \Delta t$ zugeführt. Wir können das System für das
erste Inputereignis als ein homogenes System mit der Anfangsbedingung
$C^0 = j_1 \Delta t$ betrachten. Damit ergibt sich der Konzentrationsverlauf für
$C_1(t)$:[6]

$$C_1(t) = j_1 \Delta t \, e^{-k(t-t_1)} \tag{4.50}$$

Für das zweite Inputereignis ergibt sich entsprechend:

$$C_2(t) = j_2 \Delta t \, e^{-k(t-t_2)} \tag{4.51}$$

wobei der Ausdruck $(t - t_2)$ in der Exponentialfunktion darauf hinweist,
dass der zweite Input zur Zeit t_2 erfolgte.

Die Superposition beider Lösungen ergibt dann:

$$C(t) = C_1(t) + C_2(t) = j_1 \Delta t \, e^{-k(t-t_1)} + j_2 \Delta t \, e^{-k(t-t_2)} \tag{4.52}$$

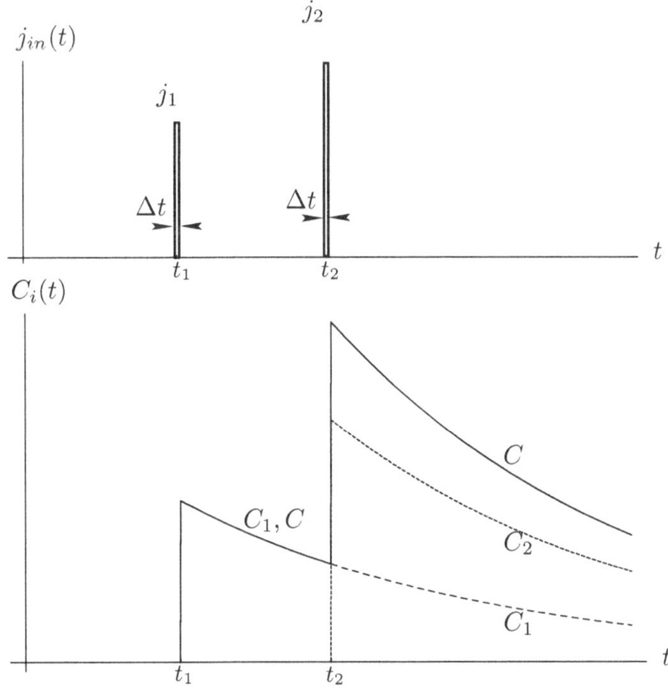

Abb. 4.5: *In einem linearen System addieren sich die Konzentrationen zweier Inputereignisse (Kurven C_1 und C_2) zur totalen Konzentration (Kurve C).*

Verteilt man den kontinuierlichen Input auf immer mehr und kleinere
„Inputereignisse" so ergibt sich die folgende Summe:

$$C(t) = \sum_{i=0}^{n} j_i \Delta t \, e^{-k(t-t_i)} \tag{4.53}$$

---

[6] Im folgenden Ausdruck ist t_1 die Anfangszeit der Integration, und $(t - t_1)$ meint die
seit t_1 verstrichene Zeit.

Bildet man schlussendlich aus der Summe das Integral ($\Delta t \to 0, n \to \infty$), ergibt sich der zweite Term von Gleichung (4.49):

$$C(t) = \int_0^t j_{in}(t')\mathrm{e}^{-k(t-t')}\mathrm{d}t' \qquad (4.54)$$

Im Prinzip kann die Inputfunktion $j_{in}(t')$ jede beliebige Form annehmen. In gewissen Fällen kann das entstehende Integral analytisch gelöst werden, in anderen muss man sich mit einer numerischen Integration begnügen.

4.3.1 Exponentiell wachsender Input

Oft finden wir in der Natur Systeme, bei denen der Stoffinput kontinuierlich und zunehmend wächst. Eine solche Inputfunktion können wir, zumindest während eines beschränkten zeitlichen Intervalls, durch eine Exponentialfunktion beschreiben. Als Beispiel wählen wir einen See, der zunehmend eutrophiert wird.

Beispiel 4.9 (Zunehmende Eutrophierung eines Sees)
In einem See steigt die Phosphorbelastung jährlich um ca. 10%. Im Referenzjahr ($t = 0$) betragen der Phosphor-Input $j_{in}(0) = 6$ mg m^{-3} a^{-1} und die mittlere Phosphorkonzentration im See $C^0 = 50$ mg m^{-3}. Wir wollen nun berechnen, wie groß die mittlere Phosphorkonzentration im See vier bzw. acht Jahre später sein wird. Die totale Eliminationsrate des Phosphors im See beträgt $k = 0.12$ a^{-1}.

Den zunehmenden Phosphoreintrag des Sees beschreiben wir mit einer Exponentialfunktion:

$$j_{in}(t) = j_{in}(0)\mathrm{e}^{\beta t} \qquad (4.55)$$

Dabei ist β die Rate, mit der der Input jährlich wächst, also für unser Beispiel[7] $\beta = 0.1$ a^{-1}.

Die mittlere Phosphorkonzentration im See, $C(t)$, folgt aus Gleichung (4.49):

$$C(t) = C(0)\,\mathrm{e}^{-kt} + \int_0^t \mathrm{e}^{-k(t-t')}j_{in}(0)\,\mathrm{e}^{\beta t'}\mathrm{d}t' \qquad (4.56)$$

Führt man die Integrationen aus, ergibt sich für $\beta \neq -k$:

$$C(t) = C(0)\mathrm{e}^{-kt} - \frac{j_{in}(0)}{k+\beta}\mathrm{e}^{-kt} + \frac{j_{in}(0)}{k+\beta}\mathrm{e}^{\beta t}, \quad \beta \neq -k \qquad (4.57)$$

---

[7]Wenn man ganz genau sein will, wäre β etwas kleiner als 0.1 a^{-1}, denn $\mathrm{e}^{0.1} = 1.105$, d.h. etwas größer als 1.1. Das „exakte" β berechnet sich aus der Beziehung $\beta = \ln 1.1 = 0.0953$ a^{-1}.

Mit dieser Gleichung können wir die gesuchte Phosphorkonzentration im See berechnen. Für $t = 4$ a ergibt sich:

$$
\begin{aligned}
C(t = 4) \;&=\; 50 \text{ mg m}^{-3}\, \mathrm{e}^{-4\times 0.12} - \frac{6 \text{ mg m}^{-3}\, \mathrm{a}^{-1}}{(0.12 + 0.10)\, \mathrm{a}^{-1}}\, \mathrm{e}^{-4\times 0.12} \\[2mm]
&\quad + \frac{6 \text{ mg m}^{-3}\, \mathrm{a}^{-1}}{(0.12 + 0.10)\, \mathrm{a}^{-1}}\, \mathrm{e}^{4\times 0.1} \\[2mm]
&=\; (30.9 - 16.9 + 40.7)\text{ mg m}^{-3} \\[2mm]
&=\; 54.7 \text{ mg m}^{-3}
\end{aligned}
$$

Für $t = 8$ a ergibt sich entsprechend:

$$
C(t = 8) = (19.1 - 10.4 + 60.7)\text{ mg m}^{-3} = 69.4 \text{ mg m}^{-3}
$$

Schauen wir uns Gleichung (4.57) etwas genauer an. Wir stellen fest, dass $C(t)$ von zwei spezifischen Raten abhängt. Erstens wird der Konzentrationsverlauf von der bereits ausführlich diskutierten totalen Eliminationsrate k bestimmt, welche festlegt, wie rasch eine zugeführte Stoffmenge wieder aus dem System entfernt wird. Sie ist somit ein Maß für das „Gedächtnis" des Systems. Zweitens wird er von β bestimmt, welches die Schnelligkeit charakterisiert, mit der sich die äußere Relation, d.h. in unserem Beispiel die Phosphorzufuhr, verändert. Ferner stellen wir fest, dass die ersten zwei Terme auf der rechten Seite von Gleichung (4.57) wegen des Faktors e^{-kt} mit wachsender Zeit immer kleiner werden und für ganz große Zeiten (genauer, für $t \gg k^{-1}$) vernachlässigt werden können. Im Gegensatz dazu wächst der letzte Term exponentiell (da $\beta > 0$). Für große Zeiten können wir also Gleichung (4.57) approximieren:

$$
C(t) \approx \frac{j_{in}(0)}{k + \beta}\mathrm{e}^{\beta t} = \frac{j_{in}(t)}{k + \beta}\,, \qquad \text{falls } t \gg k^{-1} \tag{4.58}
$$

Hierbei ist $j_{in}(t)$ der aktuelle Input (s. Gl. 4.55). Dieses Resultat erinnert an den Stationärzustand (Gl. 4.48), gäbe es nicht den zusätzlichen Faktor β im Nenner. Die relative Größe von k und β bestimmt somit, wie stark sich $C(t)$ von Gleichung (4.58) und $C^{\infty}(t)$ von Gleichung (4.48) unterscheiden. Betrachten wir die beiden Extremfälle:

Fall A: Langsam wachsende externe Veränderung, d.h. $\beta \ll k$
Im Nenner von Gleichung (4.58) kann β gegenüber k vernachlässigt werden. Wir erhalten für die Näherung:

$$
C(t) \approx \frac{j_{in}(0)}{k}\mathrm{e}^{\beta t} = \frac{j_{in}(t)}{k} = C^{\infty}(t), \quad \text{für } \beta \ll k \;\; \text{und} \;\; t \gg k^{-1} \tag{4.59}
$$

Mit anderen Worten: Falls die Veränderungsrate des Inputs β viel kleiner ist als die totale Reaktionsrate des Systems k, befindet sich das System nahezu in jenem Zustand, der mit dem momentanen Input im Gleichgewicht steht. In der Physik nennt man eine äußere Veränderung, welche das System approximativ in seinem Gleichgewichtszustand lässt, eine adiabatische Störung.

**Fall B: Rasch wachsende externe Veränderung, d.h.
β nicht $\ll k$**

In diesem Fall kann β im Nenner nicht vernachlässigt werden und wir erhalten für $t \gg k^{-1}$:

$$C(t) = \frac{j_{in}(t)}{k + \beta}, \quad \text{falls } t \gg k^{-1} \tag{4.60}$$

Für eine exponentiell wachsende Störung, d.h. für $\beta > 0$, ist daher im nichtadiabatischen Fall der tatsächliche Systemzustand $C(t)$ kleiner als der zum augenblicklichen Input gehörende Stationärzustand:

$$C(t) = \frac{j_{in}(t)}{k + \beta} < C^\infty(t) = \frac{j_{in}(t)}{k} \tag{4.61}$$

Solange der Input weiter mit der gleichen Rate wächst, kommt das System nicht in den Stationärzustand. Das System hinkt dem hypothetischen Stationärzustand nach.

Nach so viel Mathematik wollen wir uns an einem Beispiel anschauen, was im nichtadiabatischen Fall passiert, wenn die Veränderung des Inputs gestoppt wird:

Beispiel 4.10 (Eutrophierung des Sees wird gestoppt)
Im See des vorigen Beispiels gelingt es nach 20 Jahren zunehmender Eutrophierung, den Phosphor-Input zu stabilisieren. Optimistisch wird danach bei den zuständigen Behörden die weitere Entwicklung der Phosphorkonzentration im See verfolgt. Überraschenderweise steigt diese während der folgenden Jahre noch weiter an. Wie ist dies zu erklären ?

Schauen wir uns die Daten des Sees genauer an: Die Phosphorbelastung des Sees wuchs während 20 Jahren annähernd exponentiell mit einer Rate $\beta = 0.1 \text{ a}^{-1}$. Die totale spezifische Eliminationsrate des Phosphors im See beträgt $k = 0.12 \text{ a}^{-1}$.

Zwanzig Jahre sind lange genug, um die Näherungslösung (4.58) anzuwenden:

$$C(t = 20\text{a}) \approx \frac{j_{in}(t = 20\text{a})}{k + \beta}$$

Da aber die beiden Raten β und k die gleiche Größenordnung haben, ist der See nach 20 Jahren nicht im adiabatischen Gleichgewicht. Die hypothetische Gleichgewichtskonzentration für den See wäre:

$$C^\infty(t = 20\mathrm{a}) = \frac{j_{in}(t = 20\mathrm{a})}{k}$$

Die Phosphorkonzentration im See ist kleiner als die hypothetische Stationärkonzentration und zwar um:

$$\frac{C(t = 20\mathrm{a})}{C^\infty(t = 20\mathrm{a})} = \frac{j_{in}(t = 20\mathrm{a})}{k + \beta} \cdot \frac{k}{j_{in}(t = 20\mathrm{a})} = \frac{k}{k + \beta} = \frac{0.12}{0.22} = 54\%$$

Wird der Phosphor-Input stabilisiert, so steigt die Phosphorkonzentration im See trotzdem weiter an, bis die dem Input $j_{in}(t = 20\mathrm{a})$ entsprechende Stationärkonzentration $C^\infty(t = 20\mathrm{a})$ erreicht ist. In unserem See wird die Phosphorkonzentration noch auf das 1.8-fache ansteigen. Um zu berechnen wie lange dieser Anstieg noch dauern wird, können wir die 5%-Anpassungszeit berechnen:

$$\tau_{5\%} = \frac{3}{k} = \frac{3}{0.12}\mathrm{a} = 25\mathrm{a}$$

Die Phosphorkonzentration im See wird noch über 25 Jahre weiter ansteigen, obwohl der Phosphor-Input stabilisiert ist. In Abbildung 4.6 ist der Verlauf der mittleren Phosphorkonzentration im See dargestellt.

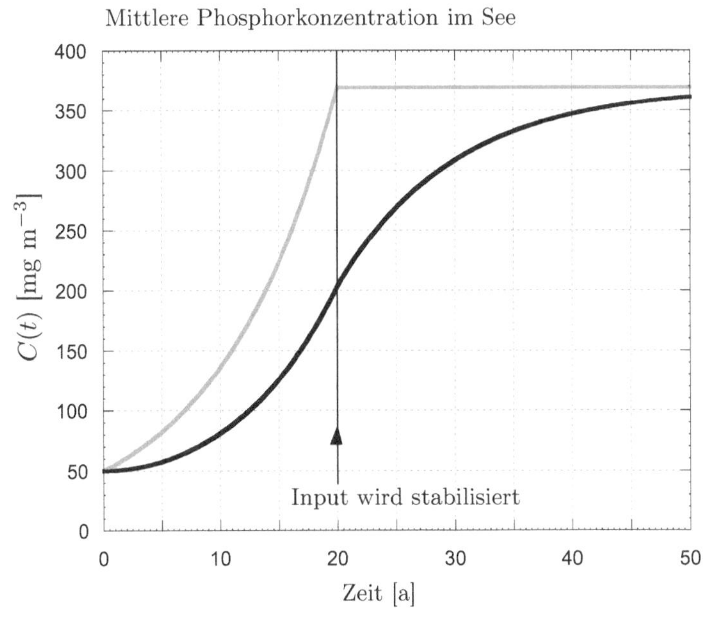

Abb. 4.6: *In einem See steigt der Phosphor-Input exponentiell während 20 Jahren an. Dann wird der Input stabilisiert. Die schwarze Kurve ist die berechnete mittlere Phosphorkonzentration im See, die graue Kurve die Stationärkonzentration, welche zum aktuellen Input gehört. Trotz des stabilisierten Inputs steigt die mittlere Phosphorkonzentration im See noch während Jahren weiter an.*

> **Vaters Kreditkarte**
> Karl hat heimlich Vaters Kreditkarte entwendet, um übers Wochenende
> seine neue Freundin zu verwöhnen. Der Vater zu Karl zehn Tage später:
> „Bist ja ein guter Kerl, Karl, dass du deiner Freundin einen Blumenstrauß
> für 100 € geschickt hast, aber bitte zukünftig nicht mehr auf meine Ko-
> sten." Karl verspricht sich zu bessern und freut sich schon, mit einem
> blauen Auge davongekommen zu sein, als einen Monat später der Vater
> wutschnaubend mit einer neuen Rechnung in Karls Zimmer stürzt: „Jetzt
> hat aber meine Geduld ein Ende! Der Champagner, das Essen, das neue
> Kleid.... 850 € für ein Wochenende!" Darauf Karl empört: „Alles alte Sün-
> den, ich konnte ja nicht wissen, dass deine lausige Kreditkartengesellschaft
> so langsam funktioniert."

4.3.2 Exponentiell fallender Input

Der Stoff-Input in ein natürliches System kann auch kontinuierlich abnehmen, z.B. exponentiell fallen. Dann hat die Rate β in Gleichung (4.55) ein
negatives Vorzeichen. Für einen See könnte das beispielsweise bedeuten,
dass der Phosphor-Input als Folge entsprechender Sanierungsmaßnahmen
exponentiell abnimmt. Die Phosphorkonzentration im See lässt sich dann
analog zu Gleichung (4.57) beschreiben, indem wir β durch $\beta' = -\beta > 0$
ersetzen:

$$C(t) = C(0)\,\mathrm{e}^{-kt} - \frac{j_{in}(0)}{k - \beta'}\,\mathrm{e}^{-kt} + \frac{j_{in}(0)}{k - \beta'}\,\mathrm{e}^{-\beta' t} \qquad (4.62)$$

Für $k \neq \beta'$ setzt sich die Lösung aus drei Termen zusammen, die wegen
der Faktoren e^{-kt} bzw. $\mathrm{e}^{-\beta' t}$ mit wachsender Zeit immer kleiner werden
und schließlich gegen null gehen. Das Verhältnis von β' und k bestimmt,
welcher der Terme für $t \to \infty$ geschwindigkeitsbestimmend ist. Betrachten
wir wiederum die beiden Extremfälle für große Zeiten t:

Fall A: Langsam fallende externe Veränderung, d.h. $\beta' \ll k$
Im Nenner von Gleichung (4.62) kann β' gegenüber k vernachlässigt werden. Der dritte Term wird geschwindigkeitsbestimmend, d.h. er geht am
langsamsten gegen null. Wir erhalten daher:

$$C(t) \approx \frac{j_{in}(0)}{k}\,\mathrm{e}^{-\beta' t} = \frac{j_{in}(t)}{k} = C^{\infty}(t), \qquad \text{für } \beta' \ll k \quad \text{und} \quad t \gg k^{-1}$$
$$(4.63)$$

Es handelt sich also um eine adiabatische Störung. Das System bleibt
approximativ im Gleichgewicht mit dem exponentiell abfallenden Input.
Schauen wir uns dazu ein Beispiel an:

Beispiel 4.11 (allmähliche Seesanierung)

Ein See weist seit Jahren eine konstante, aber zu hohe mittlere Phosphorkonzentration $C^0 = 350$ mg m^{-3} auf. Durch gezielte Sanierungsmaßnahmen soll der aktuelle Phosphor-Input $j_{in}(0) = 42$ mg m^{-3}a^{-1} gesenkt werden. Die totale Eliminationsrate des Phosphors im See beträgt $k = 0.12$ a^{-1}. Da die Sanierungsmaßnahmen nur langsam umgesetzt werden, verringert sich der Phosphor-Input nur jährlich um 2%. Wie verhält sich die mittlere Phosphorkonzentration $C(t)$ im See nach Beginn der Sanierung ?

Wir verwenden Gleichung (4.62) und setzen $\beta' = 0.02$ a^{-1} ein. Da β' viel kleiner ist als k, ist der dritte Term der Gleichung geschwindigkeitsbestimmend. In Abbildung 4.7 sind der berechnete Verlauf der mittleren Phosphorkonzentration $C(t)$ und der Einfluss der drei Terme von Gleichung (4.62) dargestellt. Die Terme 1 und 2 heben sich praktisch gegenseitig auf und gehen beide sehr schnell gegen null, so dass $C(t)$ vom dritten Term bestimmt wird.

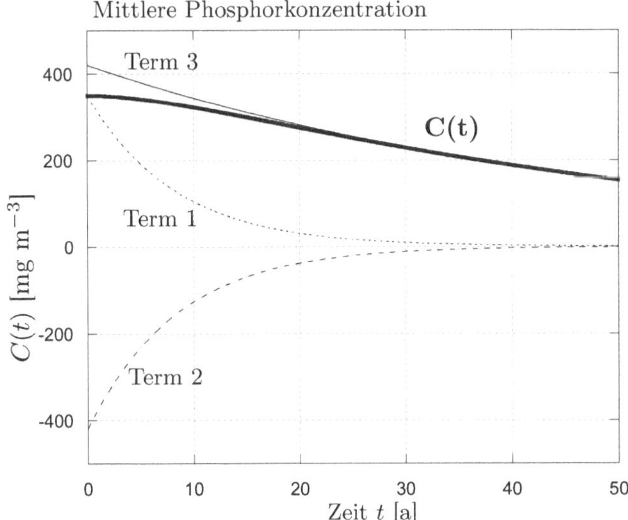

Abb. 4.7: *Verlauf der mittleren Phosphorkonzentration in einem See, indem der Phosphor-Input nur langsam gesenkt wird. Das zeitliche Verhalten wird vom 3.Term der Gleichung (4.62) bestimmt.*

Fall B: Rasch fallende externe Veränderung, d.h. $\beta' \gg k$

In diesem Fall kann k im Nenner von Gleichung (4.62) vernachlässigt werden; der erste und zweite Term sind geschwindigkeitsbestimmend. Wir erhalten dann für $t \gg \beta'^{-1}$:

$$C(t) \approx C^0 \, e^{-kt} + \frac{j_{in}(0)}{\beta'} \, e^{-kt} \tag{4.64}$$

Schauen wir uns als Beispiel wieder den obigen See an. Dieses Mal werden aber die Maßnahmen zur Seesanierung sehr schnell umgesetzt:

Beispiel 4.12 (schnelle Seesanierung)
Wie verändert sich die Phosphorkonzentration im See, wenn durch eine drastische Durchsetzung der Sanierungsmaßnahmen der Phosphor-Input exponentiell mit einer Rate $\beta' = 1\ \mathrm{a}^{-1}$ reduziert wird ?

In Abbildung 4.8 ist der aus Gleichung (4.62) berechnete Verlauf der Phosphorkonzentration und der Einfluss der einzelnen Terme dargestellt. Wie zu erwarten fällt Term 3 sehr schnell gegen null und ist zu vernachlässigen. Term 2 sinkt langsamer, ist aber insgesamt durch den Faktor $j_{in}(0)/\beta'$ sehr viel kleiner als Term 1 und kann ebenfalls vernachlässigt werden. Deshalb wird die mittlere Phosphorkonzentration im See durch den Verlauf von Term 1 bestimmt. Im Gegensatz zum Beispiel 4.10 wird hier der Erfolg der Sanierung nicht durch die Geschwindigkeit der Inputreduktion, sondern durch die Schnelligkeit der „Antwort" des Sees auf die abnehmende Belastung bestimmt. Von einem ökonomischen Standpunkt aus könnte man im Sinne der Nutzenmaximierung argumentieren, eine Inputreduktionsrate β', welche viel größer ist als die systemeigene Eliminationsrate k, sei nicht effizient.

Abb. 4.8: *Verlauf der mittleren Phosphorkonzentration in einem See, in dem der Phosphor-Input sehr schnell gesenkt wird. Das zeitliche Verhalten wird vom 1. Term der Gleichung (4.62) bestimmt.*

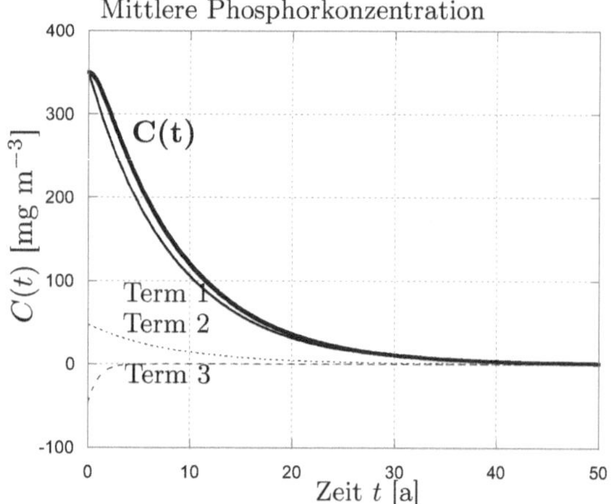

Der Vollständigkeit halber betrachten wir noch kurz den Spezialfall $k = \beta' \equiv -\beta$. Dann führt die Integration von Gleichung (4.56) nicht zu Gleichung (4.57), sondern lautet mit $\beta' = -k$:

$$C(t) = C(0)\,\mathrm{e}^{-kt} + \int_0^t \mathrm{e}^{-k(t-t')} j_{in}(0)\,\mathrm{e}^{-kt'}\mathrm{d}t'$$

$$= C(0)\,\mathrm{e}^{-kt} + \int_0^t \mathrm{e}^{-kt} j_{in}(0)\mathrm{d}t' \tag{4.65}$$

Tatsächlich hängt der Integrand nicht mehr von der Integrationsvariablen t' ab und Gleichung (4.65) wird zu:

$$C(t) = C(0)\,\mathrm{e}^{-kt} + t\,\mathrm{e}^{-kt}\,j_{in}(0) \qquad (4.66)$$

In diesem Fall sind die charakteristischen Raten des Systems und der äußeren Relation identisch.

4.3.3 Die periodische Störung eines Systems

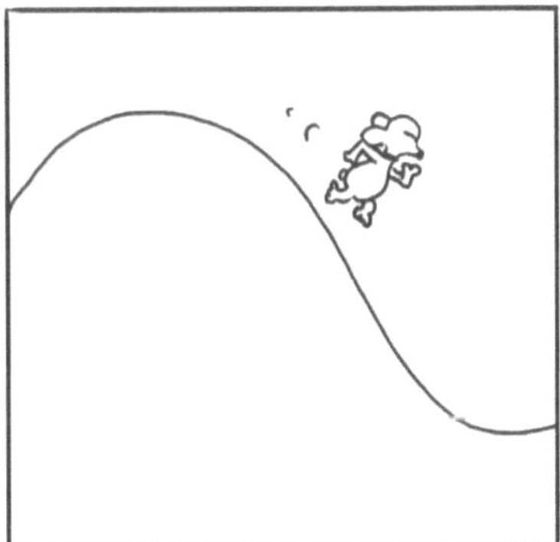

Viele natürliche Systeme sind periodischen Einflüssen ausgesetzt, beispielsweise dem Tag/Nacht-Zyklus, den Jahreszeiten oder den Gezeiten. Der Prototyp einer periodischen Schwankung ist die Sinus-Funktion. Durch die Überlagerung mehrerer Sinus-Funktionen mit unterschiedlichen Perioden und Amplituden können wir beliebige zeitvariable Kurven konstruieren. Wenn wir also das Verhalten eines linearen Systems unter dem Einfluss einer Prototyp-Funktion untersuchen, wie sie in Abbildung 4.9 dargestellt ist, haben wir damit ein Werkzeug, das sich auch für die Analyse anderer Inputfunktionen eignet. Wir benützen die Funktion:

$$j_{in}(t) = j_0 + j_1 \sin \omega t \qquad (4.67)$$

j_0 z.B. $[\mathrm{ML}^{-3}\mathrm{T}^{-1}]$ Mittlerer Input
j_1 z.B. $[\mathrm{ML}^{-3}\mathrm{T}^{-1}]$ Amplitude der Inputschwankung
ω $[\mathrm{T}^{-1}]$ Kreisfrequenz der Inputschwankung
  $\omega = \frac{2\pi}{T}$; $T\,[\mathrm{T}]$ Periode der Inputschwankung

Betrachten wir wieder den linearen Durchflussreaktor als Beispiel. Die mittlere Konzentration im Reaktor unter dem Einfluss eines periodisch variierenden Inputs wird durch folgende Differentialgleichung beschrieben:

$$\frac{\mathrm{d}C}{\mathrm{d}t} = j_{in}(t) - kC = j_0 + j_1 \sin \omega t - kC \qquad (4.68)$$

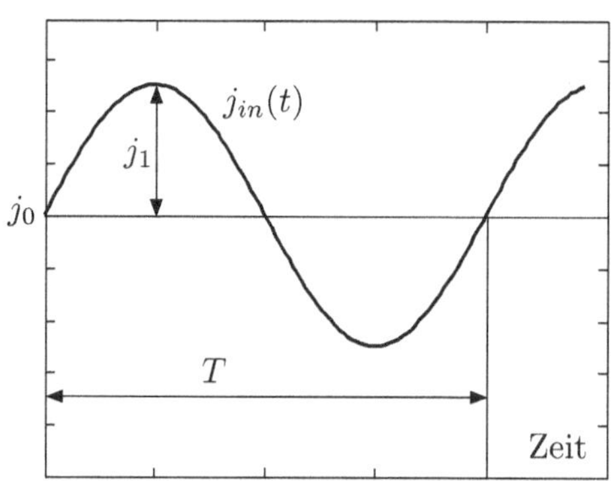

Abb. 4.9: *Periodisch schwankende Störung mit mittlerem Input j_0, Amplitude j_1 und Periode T.*

Die Lösung berechnen wir mit Gleichung (4.49). Setzen wir für $j_{in}(t)$ Gleichung (4.67) ein und spalten das Integral in zwei Teile auf, erhalten wir:

$$C(t) = C^0 e^{-kt} + j_0 \int_0^t e^{-k(t-t')}\mathrm{d}t' + j_1 \int_0^t \sin \omega t' e^{-k(t-t')}\mathrm{d}t' \qquad (4.69)$$

Das erste Integral ergibt:

$$\frac{j_0}{k}(1 - e^{-kt}) \qquad (4.70)$$

Das zweite Integral schauen wir am besten in einem mathematischen Handbuch nach und finden die Lösung:

$$\frac{j_1}{\sqrt{k^2 + \omega^2}} \sin(\omega t - \eta) + \frac{j_1\omega}{k^2 + \omega^2} e^{-kt} \qquad \text{mit} \quad \eta = \arctan\frac{\omega}{k} \qquad (4.71)$$

Insgesamt hat die Konzentration im Durchflussreaktor mit periodisch schwankendem Input die Form:

$$C(t) = \underbrace{\frac{j_0}{k}}_{1} + \underbrace{(C_0 - \frac{j_0}{k})e^{-kt}}_{2} + \underbrace{\frac{j_1}{\sqrt{\omega^2 + k^2}} \sin(\omega t - \eta)}_{3} + \underbrace{\frac{j_1\omega}{k^2 + \omega^2} e^{-kt}}_{4}$$
$$(4.72)$$

Sie besteht aus vier Bestandteilen: Die Terme 1 und 2 entsprechen dem dynamischen Verhalten eines linearen Systems mit konstantem Input j_0, siehe Gleichung (4.15). Für große Zeiten, d.h. für $kt \gg 1$, bleibt nur Term 1 übrig. Analog verhält es sich mit den Termen 3 und 4; sie beschreiben den Einfluss der fluktuierenden Komponente des Inputs ($j_1 \sin \omega t$). Für $kt \gg 1$ verschwindet der letzte Term. Insgesamt reduziert sich Gleichung (4.72) somit für $kt \gg 1$ auf folgenden Ausdruck:

$$C(t) \approx \frac{j_0}{k} + \frac{j_1}{\sqrt{k^2 + \omega^2}} \sin(\omega t - \eta), \qquad \text{für} \quad kt \gg 1 \qquad (4.73)$$

Vergleichen wir ihn mit dem zeitlich variierenden Stationärzustand $C^\infty(t)$, der zum momentanen Input $j(t)$ gehört,

$$C^\infty(t) = \frac{j(t)}{k} = \frac{j_0}{k} + \frac{j_1}{k}\sin\omega t \qquad (4.74)$$

so stellen wir folgendes fest:

1. Die Amplitude des periodischen Teils von Gleichung (4.73) ist gegenüber der Amplitude von Gleichung (4.74) um den Faktor $\frac{k}{\sqrt{k^2+\omega^2}}$ verkleinert.

2. Die Variation von (4.73) ist gegenüber Gleichung (4.74) um die Phase η verzögert.

Das Verhältnis zwischen $C(t)$ und $C^\infty(t)$ wird auch hier vom Größenverhältnis der das System charakterisierenden Größen bestimmt, d.h. von k und ω. Wir betrachten wiederum zwei Extremfälle:

Fall A: Langsam schwankende Störung $\omega \ll k$
Die Variation der Störung verläuft langsam gegenüber der mittleren Aufenthaltszeit k^{-1} eines Stoffes im System. Der Nenner des zweiten Terms in Gleichung (4.73) kann durch $(k^2 + \omega^2)^{1/2} \approx (k^2)^{1/2} = k$ approximiert werden. Die Phasendifferenz $\eta = \arctan\frac{\omega}{k}$ wird sehr klein und lässt sich somit im Sinus vernachlässigen. Somit folgt aus den Gleichungen (4.73) und (4.74):

$$C(t) \approx \frac{j_0}{k} + \frac{j_1\sin(\omega t)}{k} = C^\infty(t), \qquad \text{für} \quad kt \gg 1 \quad \text{und} \quad \omega \ll k \quad (4.75)$$

In diesem Fall folgt die mittlere Konzentration im Reaktor dem Stationärzustand, der zum aktuellen Input $j(t) = j_0 + j_1\sin\omega t$ gehört. Die langsame Variation der äußeren Relation entspricht somit einer adiabatischen Störung.

Schauen wir uns das folgende Beispiel an:

Beispiel 4.13 (Periodisch schwankender Stoffeintrag im Jahresrhythmus)
In einem kleinen Bergsee schwankt der Nährstoffeintrag durch die frühsommerliche Schneeschmelze im Jahresrhythmus. Die Kreisfrequenz ω für den periodischen Stoff-Input beträgt daher:

$$\omega = \frac{2\pi}{T} = \frac{2\pi}{365\ \text{d}} = 0.0172\ \text{d}^{-1}$$

Die Variation des Stoffeintrags in den See wollen wir mit der folgenden Gleichung beschreiben:

$$j_{in}(t) = 6 \times 10^{-3}\,\mu\text{mol m}^{-3}\text{d}^{-1}(1 + \sin \omega t)$$

d.h. $j_0 = j_1 = 0.006$ μmol m^{-3}d^{-1}. Die totale spezifische Eliminationsrate des Stoffes im See betrage

$$k = 0.01 \text{ d}^{-1}$$

In Abbildung 4.10 sind der Stoffeintrag j_{in} (oberes Diagramm) und die mittlere Konzentration des Stoffes $C(t)$ im See dargestellt (unteres Diagramm, schwarze Kurve). Die graue Kurve zeigt die adiabatische Näherung, d.h. die Konzentration, die mit dem aktuellen Input im Gleichgewicht stünde. Da k und ω von ähnlicher Größe sind, gibt die adiabatische Näherung den wirklichen Konzentrationsverlauf nicht korrekt wieder. Tatsächlich ist die Amplitude um den Faktor 0.5 verkleinert und um $\eta = \arctan(\frac{0.0172}{0.01}) = 1.04$ verzögert. Um die Verzögerung in eine Zeit umzurechnen müssen wir η mit der vollen Periode der Sinusfunktion ($2\pi = 6.28$) vergleichen und mit der Periode der Variation $T = 365$ d multiplizieren:

$$\Delta T = \frac{\eta}{2\pi}T = \frac{1.04}{6.28}365 \text{ d} = 60 \text{ d}$$

Fall B: Schnell schwankende Störung $\omega \gg k$

In diesem Fall ist die Variation der äußeren Relation rasch gegenüber der Reaktionszeit des Systems. Für $\omega \gg k$ lässt sich $(k^2 + \omega^2)^{1/2}$ in Gleichung (4.73) durch ω approximieren. Die Phasendifferenz $\eta = \arctan \frac{\omega}{k}$ geht für $\frac{\omega}{k} \to \infty$ gegen $\frac{\pi}{2}$. Somit folgt als Näherungslösung für $kt \gg 1$:

$$C(t) \approx \frac{j_0}{k} + \frac{j_1}{\omega} \sin\left(\omega t - \frac{\pi}{2}\right), \qquad \text{für} \quad kt \gg 1 \quad \text{und} \quad \omega \gg k \qquad (4.76)$$

Ein lineares System filtert externe Schwankungen, welche wesentlich schneller sind als die systemeigene Reaktionszeit, aus dem System heraus.

Der aktuelle Systemzustand $C(t)$ hinkt hinter der aktuellen Störung j_{in} um eine Viertel-Periode ($\frac{\pi}{2}$) nach; die Amplitude der Systemschwankung ($\frac{j_1}{\omega}$) ist gegenüber der Amplitude des Stationärzustandes ($\frac{j_1}{k}$, s. Gl. 4.74) um den Faktor $\frac{k}{\omega} \ll 1$ reduziert. Das System verharrt also nahe beim mittleren Stationärzustand $\frac{j_0}{k}$. Ein lineares System filtert externe Schwankungen, welche wesentlich schneller sind als die systemeigene Reaktionszeit k^{-1}, aus dem System heraus.

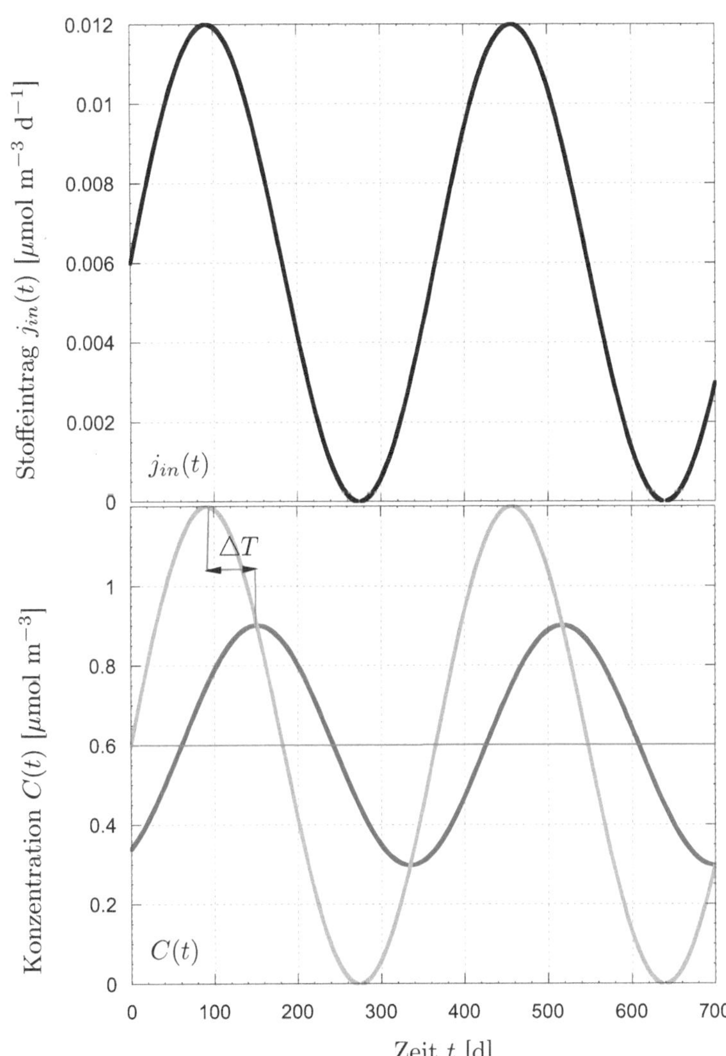

Abbildung 4.10: *Zeitlicher Verlauf der mittleren Konzentration $C(t)$ eines Stoffes in einem See unter dem Einfluss eines im Jahresrhythmus periodisch schwankenden Stoffeintrags j_{in}. Die totale Eliminationsrate ist $k = 0.01$ d^{-1}, die Kreisfrequenz der Jahresperiode $\omega = 0.0172$ d^{-1}. Schwarze Kurve: exakte Lösung; graue Kurve: adiabatische Näherung. ΔT ist die Verzögerung von $C(t)$ gegenüber der Variation des Inputs.*

Schauen wir uns auch hierzu ein Beispiel an:

Beispiel 4.14 (Periodisch schwankender Stoffeintrag im Wochenrhythmus)

Durch die Einleitung von Abwasser aus einer Fabrik schwankt der Stoffeintrag in einen See im Wochenrhythmus. Die Kreisfrequenz ω für den periodischen Stoff-Input beträgt daher:

$$\omega = \frac{2\pi}{T} = \frac{2\pi}{7\,\mathrm{d}} = 0.90\ \mathrm{d}^{-1}$$

Die Variation des Stoffeintrags in den See kann wie im obigen Beispiel mit der folgenden Gleichung beschrieben werden:

$$j_{in}(t) = 6 \times 10^{-3} \mu\mathrm{mol}\ \mathrm{m}^{-3}\mathrm{d}^{-1}(1 + \sin \omega t)$$

Die totale Rate des Stoffes im See sei ebenfalls $k = 0.01\ \mathrm{d}^{-1}$. In Abbildung 4.11 sind der Stoffeintrag j_{in} (oberes Diagramm) und die mittlere Konzentration $C(t)$ (unteres Diagramm) des Sees dargestellt. Die Konzentration schwankt nur geringfügig um den Mittelwert, obschon die Amplitude der Inputschwankung gleich groß ist wie in Abbildung 4.10.

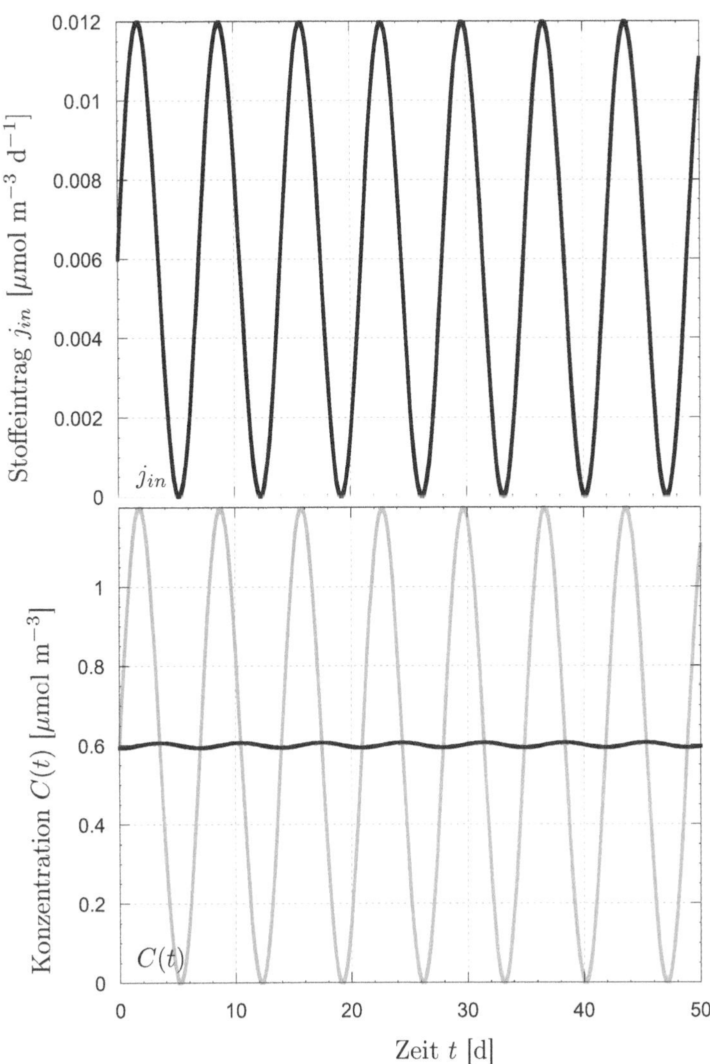

Abbildung 4.11: *Zeitlicher Verlauf der mittleren Konzentration $C(t)$ eines Stoffes in einem See unter dem Einfluss eines wochenperiodischen Stoffeintrags ($\omega = 0.90\,\mathrm{d}^{-1}$, $k = 0.01\,\mathrm{d}^{-1}$). Die Konzentration im See reagiert kaum auf Inputschwankungen, da die Störung relativ zur Reaktionszeit des Systems zu schnell schwankt. Die graue Kurve zeigt die adiabatische Näherung. Offensichtlich wäre sie für diesen Fall eine denkbar schlechte Approximation.*

4.4 Fragen und Aufgaben

Frage 4.1 *Welche speziellen Eigenschaften haben die Lösungen von linearen Differentialgleichungen?*

Frage 4.2 *Wie unterscheiden sich homogene und inhomogene lineare Differentialgleichungen?*

Frage 4.3 *Notiere die allgemeinste Form einer linearen inhomogenen Differentialgleichung erster Ordnung.*

Frage 4.4 *Was ist die Voraussetzung dafür, dass eine Differentialgleichung erster Ordnung einen endlichen Stationärzustand besitzt?*

Frage 4.5 *Welche Dimensionen haben die in den Gleichungen (4.17) und (4.22) auftretenden Größen?*

Frage 4.6 *Was versteht man unter Anpassungszeit eines linearen Modells? Wieso ist diese Zeit nicht natürlicherweise eindeutig definiert, sondern benötigt die Festlegung einer bestimmten Konvention? Nenne eine solche Konvention.*

Frage 4.7 *Versuche Gleichung (4.57) durch Integration von Gleichung (4.56) herzuleiten.*

Frage 4.8 *Wir messen den Anstieg der molekularen Sauerstoffkonzentration in einem oben geöffneten und konstant gerührten Becherglas, dessen Wasser vorher vollständig entgast worden ist. Wie lässt sich abschätzen, ob die Daten mittels eines linearen Modells zu beschreiben sind?*

Frage 4.9 *Was versteht man physikalisch unter einer adiabatischen Störung eines linearen Modells? Gib ein Beispiel.*

Frage 4.10 *Der inhomogene Term eines linearen Modells schwankt mit einer Periode von einer Stunde um einen Mittelwert. Die Systemvariable bleibt praktisch konstant. Was lässt sich daraus schließen?*

Aufgabe 4.1 (Anpassungsverhalten) *Wie schaut Abbildung 4.3 (Einwachskurve, Auswaschkurve, $C(t)$) für einen See aus, in dem ausgehend vom Stationärzustand, die Stoffzufuhr plötzlich halbiert wird?*

Aufgabe 4.2 (Radioaktiver Zerfall) *Der Zerfall eines radioaktiven Isotops ist eine Reaktion erster Ordnung. Oft wird sie mittels der Halbwertszeit quantifiziert.*

a) *Formuliere ein Modell für das radioaktive Gas Radon-222 (^{222}Rn), das eine Halbwertszeit von 3.8 Tagen hat und aus dem ebenfalls radioaktiven Radium-226 (^{226}Ra, Halbwertszeit 1600 Jahre) durch einen α-Zerfall entsteht. Die Anfangskonzentrationen von ^{222}Rn und ^{226}Ra seien $N_{Ra} = 1 \times 10^8$ Atome/Liter bzw. $N_{Rn} = 5 \times 10^4$ Atome/Liter. Vernachlässige die Abnahme der ^{226}Ra-Konzentration während der betrachteten Zeitdauer von einigen Wochen. Wieso ist das gerechtfertigt?*

b) *Statt der Konzentration eines radioaktiven Isotops wird oft dessen Aktivität A angegeben, d.h. die Anzahl Zerfälle, welche pro Zeit und Volumen registriert werden. Wie hängen N und A zusammen? Forme das oben für N aufgestellte Modell für Aktivitäten um.*

Aufgabe 4.3 (Autos in einem Parkhaus) *In ein Parkhaus fahren pro Stunde 300 Autos. 15% davon verlassen das Parkhaus sofort wieder, weil sie keinen freien Platz finden. Die individuelle Verweildauer der abgestellten Autos ist unterschiedlich. Ein Beobachter stellt fest, dass pro Minute 1% der abgestellten Fahrzeuge das Parkhaus verlassen.*

a) *Wie viele Plätze hat das Parkhaus?*

b) *Wie lange bleibt ein Auto im Mittel im Parkhaus (die 15% nicht erfolgreichen Besucher nicht mitgezählt)?*

c) *Nehmen wir an, das Parkhaus werde morgens um 6 Uhr geöffnet und sei dann vollkommen leer. Sonst sei das Verhalten völlig gleich wie vorher beschrieben: 300 Autos fahren pro Stunde ins Parkhaus (anfänglich finden natürlich alle einen Platz), 1% der abgestellten Wagen fährt in jeder Minute wieder hinaus. Wann ist das Parkhaus voll?*

Aufgabe 4.4 (Phosphor im See mit Sedimentation) *Ein See wird jährlich mit 10 Tonnen Phosphor belastet. Der Phosphor wird im See einerseits proportional zur Konzentration im See im Sediment eingelagert, andererseits mit dem Abfluss aus dem See gespült. Wie groß wird die stationäre P-Konzentration im See, wenn die jährliche Phosphorbelastung auf 6 Tonnen pro Jahr reduziert wird? Wie lange würde es dauern, bis der neue Stationärzustand bis auf eine Differenz von 5% erreicht ist?*

Folgendes ist über den See bekannt:

Volumen	$V = 0.2\ km^3$
Durchfluss	$Q = 0.1\ km^3 a^{-1}$
Sedimentation	$S = k_s M\ [mg\,a^{-1}]$
Sedimentationsrate	$k_s = 0.75\,a^{-1}$
Mittlere totale P-Konzentration	
vor der Belastungsreduktion	$C^0 = 40\ mg\,P\,m^{-3}$

Aufgabe 4.5 (Exponentielle Zuwanderung) *In eine Stadt wandern aus der Umgebung laufend neue Bewohner zu. Von 1975 bis 1990 lässt sich die*

totale Zuwanderung durch eine Exponentialfunktion annähern (Wachstumsrate $\beta = 6.25\%$ pro Jahr). Die Geburtenrate (g) in der Stadt beträgt 2.3% und die Sterberate (s) 0.5% der Bevölkerung pro Jahr. Effekte, die durch die Altersstruktur der Bevölkerung bedingt sind, werden vernachlässigt. Eine Volkszählung hat ergeben, dass 1975 10.9 Millionen Personen in der Stadt wohnten, 0.25 Mio Personen sind im selben Jahr zugewandert. Wie groß ist die Bevölkerung der Stadt im Jahr 2000, wenn das Wachstum im gleichen Maße anhält?

Aufgabe 4.6 (Seewassertemperatur) *Die mittlere Wassertemperatur T eines flachen Sees kann man unter Vernachlässigung der Zu- und Abflüsse durch die lineare Gleichung*

$$\frac{\mathrm{d}T}{\mathrm{d}t} = k_{ex}(T_{eq} - T) \tag{4.77}$$

beschreiben, welche den Wärmeaustausch an der Wasseroberfläche wiedergibt.

a) *Welche Dimension hat k_{ex}? Wieso nennt man k_{ex} die spezifische thermische Austauschrate des Sees?*

b) *Wieso nennt man T_{eq} die Gleichgewichtstemperatur?*

c) *Die Gleichgewichtstemperatur hängt von der Jahreszeit und dem Wetter ab und ist somit sehr variabel. In erster Näherung kann man alle kurzfristigen Wetterschwankungen vernachlässigen und T_{eq} als eine jahresperiodische Funktion schreiben, welche proportional zur mittleren solaren Einstrahlung pro Tag ist:*

$$T_{eq}(t) = \overline{T}_{eq} + T_{eq}^1 \sin(2\pi t/\tau)$$

mit den folgenden Werten:

$$\overline{T}_{eq} = 10°\,C$$
$$T_{eq}^1 = 12°\,C$$
$$\tau = 365\ d$$
$$t = Zeit\ [d], \quad \textit{gemessen ab jenem Zeitpunkt im Frühling,}$$
$$\textit{wo } T_{eq} = \overline{T}_{eq} \textit{ ist.}$$

Messungen zeigen, dass der Zeitpunkt der maximalen Wassertemperatur im See gegenüber dem Zeitpunkt der maximalen solaren Einstrahlung um 40 Tage verzögert ist. Bestimme mit Hilfe dieser Angaben die spezifische Austauschrate k_{ex} und die maximale bzw. minimale Wassertemperatur im See. Gefriert der See?

d) *Tatsächlich hat der See auch einen Zu- und Abfluss. Der Durchfluss beträgt $Q_{in} = Q_{out} = 4000\ m^3 d^{-1}$. Das Volumen des Sees ist $V = 2 \times 10^6\ m^3$. Wie verändert sich Gleichung (4.77), wenn man annimmt, dass die Temperatur des zufließenden Wassers $T_{eq}(t)$ und die des abfließenden Wassers $T(t)$ ist. Ändert diese neue Betrachtung das numerische Resultat von c) wesentlich?*

Aufgabe 4.7 (Farbstoff in einem Brunnen) *In den Brunnentrog eines Laufbrunnens schüttet ein Spassvogel 1g eines fluoreszierenden Farbstoffes (Fluoreszin). Der Farbstoff wird fotochemisch mit einer Reaktion erster Ordnung abgebaut mit der Reaktionsrate $k_r = 0.1\ h^{-1}$. Der Brunnentrog wird kontinuierlich mit einer Wassermenge $Q = 2\ L/min$ durchspült und hat ein Volumen von $V = 2\ m^3$.*

> a) *Zeichne für die Massenbilanz des Farbstoffes ein Boxschema und stelle die dynamische Gleichung für die Farbstoffkonzentration im Brunnen auf.*

> b) *Der Farbstoff bleibt bis zu einer Konzentration von $C_{krit} = 10^{-5}\ g/L$ im Brunnenwasser sichtbar. Wie lange dauert es bis das Brunnenwasser wieder farblos erscheint?*

> c) *Nehme nun an, der Brunnen würde im Kreislauf betrieben, d.h. das zufließende Wasser bestehe zu 100% aus dem abfließenden. Wie lautet nun die entsprechende dynamische Gleichung? Berechne wieder die Zeit t_{krit} bis das Brunnenwasser farblos erscheint.*

Aufgabe 4.8 (Abbauprozess in Kläranlage) *Im Zulauf einer Kläranlage wird die Konzentration C_{in} eines Stoffes A gemessen. Hält man die Zulaufkonzentration C_{in} genügend lange konstant, findet man nach einer gewissen Zeit im Ablauf der Kläranlage die konstante Konzentration C_{aus}. Die Tabelle gibt C_{aus} für vier verschiedene Zulaufkonzentrationen des Stoffes A:*

C_{in} (mg/L)	20	50	80	130
C_{aus} (mg/L)	1.0	2.5	4.0	6.5

Betrachte die Kläranlage als völlig durchmischten Reaktor mit konstantem Durchfluss Q. Die mittlere Wasseraufenthaltszeit in der Kläranlage beträgt $\tau_w = 2\ d$.

> a) *Zeichne ein Boxschema für die Massenbilanz und stelle eine dynamische Gleichung für die Konzentration des Stoffes A in der Kläranlage auf.*

> b) *Gib eine mathematische Beziehung für die Eliminationsrate R [mg $L^{-1}\ d^{-1}$] des Stoffes A als Funktion der Konzentration in der Kläranlage C an.*

> c) *Berechne die spezifische Eliminationsrate k_r [d^{-1}] des Stoffes A in der Kläranlage unter der Annahme, dass der Abbauprozess linear ist.*

> d) *Wie lange geht es, ausgehend vom Stationärzustand $C_{in} = 80\ mg/L$ und $C_{aus} = 4.0\ mg/L$, bis die Konzentration C in der Kläranlage auf 5% des ursprünglichen Wertes gefallen ist, falls zur Zeit $t = 0\ C_{in}$ schlagartig Null wird?*

> e) *Wie lautet die Antwort zur Frage d), falls man vom Stationärzustand mit $C_{in} = 20\ mg/L$ und $C_{aus} = 1.0\ mg/L$ ausgeht? Begründe deine Antwort!*

Aufgabe 4.9 (Kupferakkumulation auf landwirtschaftlicher Fläch
Auf die landwirtschaftlichen Flächen gelangen durch atmosphärische Deposition und Düngeraustrag 42 mg Kupfer pro Quadratmeter und Jahr. Über Auswaschungsprozesse und über den Ernteertrag verliert der Boden jährlich 6 Promille seines Kupfergehalts.

a) *Stelle die Differentialgleichung für die Veränderung der Kupferkonzentration C im Boden auf.*

b) *Wie groß ist die Kupferkonzentration im Boden im Stationärzustand?*

c) *Wie lange dauert es bis der Boden den in b) errechneten Stationärzustand bis auf 5% erreicht, wenn man von einer Konzentration von 0 mg Kupfer pro Quadratmeter ausgeht?*

d) *Tatsächlich misst man im landwirtschaftlichen Boden eine mittlere Kupferkonzentration von $C_{gemessen} = 6000$ mg m^{-2}. Wie groß wäre die totale Rate k_{tot} eines linearen Prozesses, der dem Boden Kupfer entzieht, falls $C_{gemessen}$ einem Stationärzustand entspricht und der jährliche Input 42 mg m^{-2} a^{-1} beträgt?*

e) *Ist es vernünftig, den Kupfergehalt des Bodens mittels eines stationären Ansatzes zu interpretieren, wenn man weiß, dass der Kupfereintrag jährlich um 1% steigt und die Kupferkonzentration im Boden nur auf 10% genau gemessen werden kann? Begründe deinen Entscheid mit einer kurzen Rechnung.*

Aufgabe 4.10 (Tritium im See) *Ein See mit dem konstanten Volumen $V = 3\,km^3$ besitzt einen konstanten Zufluss bzw. Abfluss $Q = 300 \times 10^6\,m^3\,a^{-1}$ Im Zufluss wird ständig und bereits seit mehreren Jahrzehnten das radioaktive Tritium (Zerfallskonstante $k_\lambda = 0.058\,a^{-1}$) mit einer Konzentration $C_{in} = 1\,Bq/L$ zugeführt. Die im See gemessene mittlere Tritiumkonzentration beträgt $C = 0.44\,Bq/L$.*

a) *Stelle die Massenbilanz auf für den Fall, der See könne für Tritium als vollständig durchmischtes System mit den Prozessen „Zufluss" „Abfluss" und „radioaktiver Zerfall" beschrieben werden.*

b) *Beantworte anhand der im See gemessenen Tritiumkonzentration die Frage, ob neben dem radioaktiven Zerfall noch ein weiterer Prozess Tritium aus dem See entfernt. Wenn ja: Berechne die Reaktionsrate dieses Prozesses als 1. Ordnungskonstante k_r.*

c) *Was geschieht, falls zum Zeitpunkt t_0 der Tritiuminput jährlich um 2% wächst? Wie groß ist die Tritiumkonzentration im See zum Zeitpunkt $t_0 + 10$ Jahre? (Die Anwendung einer Näherung genügt!)*

d) *Beantworte die Frage c) für den Fall eines jährlichen Inputwachstums von 20%.*

Kapitel 5

Lineare Modelle mit mehreren Variablen

Bis jetzt haben wir uns mit Modellen befasst, welche durch eine einzige Systemvariable beschrieben werden. Solche Modelle haben wir eindimensional genannt. Oft benötigen wir aber in einem System mehrere Systemvariablen, die miteinander in Wechselwirkung stehen. Dafür brauchen wir mehrdimensionale Modelle.

Es gibt zwei Möglichkeiten, ausgehend von einem Modell mit *einer* Systemvariablen ein mehrdimensionales Modell zu konstruieren: Erstens könnte es sich als nützlich erweisen, die Systemvariable V in Unterkomponenten aufzuteilen. Beispielsweise wollen wir die totale Phosphorkonzentration in einem See in die gelöste und die an Partikeln gebundene Form aufspalten. Oder wir interessieren uns für zwei Stoffe A und B, welche durch eine chemische Transformation ineinander überführt werden können. In beiden Fällen müssen wir in unserem Modell *stofflich differenzieren*.

Im Gegensatz dazu könnte sich zweitens eine *räumliche Differenzierung* aufdrängen, etwa die Unterteilung der mittleren Phosphorkonzentration des ganzen Sees in eine mittlere Oberflächenwasser- bzw. Tiefenwasserkonzentration. In diesem Fall sprechen wir von einem Zweibox-Modell, da im Modell zwei räumlich getrennte „Boxen" auftreten. Man könnte diesen Ausdruck aber auch für den Fall der stofflichen Differenzierung gebrauchen; die Boxen wären dann nicht als räumliche, sondern als stoffliche Kompartimente zu verstehen. Mathematisch betrachtet macht es keinen Unterschied, ob wir räumlich oder stofflich unterscheiden. Beide Fälle führen zu einem System von zwei oder mehr gekoppelten Differentialgleichungen.

5.1   Lineare Modelle mit zwei Systemvariablen

5.1.1   Das lineare Differentialgleichungssystem und seine Eigenwerte

Wir wollen uns in diesem Abschnitt auf *zweidimensionale* lineare Modelle erster Ordnung mit konstanten Koeffizienten[1] beschränken. Solche Modelle lassen sich mathematisch durch das folgende System von Differentialgleichungen beschreiben:

$$\frac{\mathrm{d}\mathcal{V}_1}{\mathrm{d}t} = \mathcal{R}_1 + p_{1,1}\mathcal{V}_1 + p_{1,2}\mathcal{V}_2$$

$$\frac{\mathrm{d}\mathcal{V}_2}{\mathrm{d}t} = \mathcal{R}_2 + p_{2,1}\mathcal{V}_1 + p_{2,2}\mathcal{V}_2 \tag{5.1}$$

Dabei bedeuten:

    $\mathcal{V}_i$ i-te Systemvariable

    $\mathcal{R}_i$ inhomogener Term (Input) der i-ten Systemvariablen, konstant

    $p_{i,j}$ Modellparameter, konstant

Gleichung (5.1) kann auch in Matrixschreibweise dargestellt werden:

$$\begin{pmatrix} \frac{\mathrm{d}\mathcal{V}_1}{\mathrm{d}t} \\ \frac{\mathrm{d}\mathcal{V}_2}{\mathrm{d}t} \end{pmatrix} = \begin{pmatrix} \mathcal{R}_1 \\ \mathcal{R}_2 \end{pmatrix} + \begin{pmatrix} p_{1,1} & p_{1,2} \\ p_{2,1} & p_{2,2} \end{pmatrix} \begin{pmatrix} \mathcal{V}_1 \\ \mathcal{V}_2 \end{pmatrix} \tag{5.2}$$

oder

$$\frac{\mathrm{d}\mathcal{V}}{\mathrm{d}t} = \mathbf{R} + \mathbf{P} \cdot \mathcal{V} \tag{5.3}$$

Das System besteht dann aus dem Inputvektor[2] $\mathbf{R}$, der Koeffizientenmatrix $\mathbf{P}$ und dem Vektor der Systemvariablen $\mathcal{V}$.

> **Beispiel 5.1 (Chemische Reaktion in einem Reaktor)**
> Wir betrachten einen vollständig durchmischten Reaktor mit Volumen V und konstanter Durchflussrate Q. Im Zufluss wird kontinuierlich der Stoff A mit der Konzentration C_{in} zugeführt ($J_A = QC_{in}$). Im Reaktor findet eine lineare Reaktion zwischen den Stoffen A und B statt. Als Beispiel könnte man sich die Hydrolisierung des Stoffes A zu B $\equiv$ AH$^+$ und zurück vorstellen. Die spezifischen Raten der Vorwärts- bzw. Rückwärtsreaktion sind k_A und k_B. Beide Stoffe verlassen den Reaktor durch den Abfluss. Wie lauten die dynamischen Gleichungen für C_A und C_B im Reaktor?

Wie in Beispiel 4.4 beginnen wir mit dem Aufstellen der Massenbilanz, diesmal für beide Stoffe A und B, wobei M_A und M_B die Massen der Stoffe

---

[1] Modelle mit konstanten Koeffizienten haben wir in Kapitel 4 als autonome Modelle bezeichnet.

[2] Fett gedruckte Variablen beschreiben Vektoren oder Matrizen.

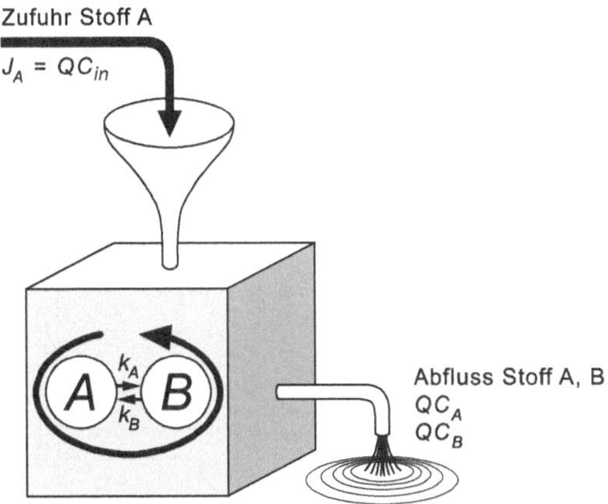

Abb. 5.1: *Lineare Reaktion in einem durchflossenen und vollständig durchmischten Reaktor.*

im Reaktor sind:[3]

$$\frac{\mathrm{d}M_A}{\mathrm{d}t} = QC_{in} - k_A M_A + k_B M_B - QC_A$$

$$\frac{\mathrm{d}M_B}{\mathrm{d}t} = k_A M_A - k_B M_B - QC_B \tag{5.4}$$

Dividieren wir beide Gleichungen durch das konstante Reaktorvolumen V, erhalten wir analog zu Gleichung (4.22):

$$\frac{\mathrm{d}C_A}{\mathrm{d}t} - k_w C_{in} - k_A C_A + k_B C_B - k_w C_A$$

$$\frac{\mathrm{d}C_B}{\mathrm{d}t} = k_A C_A - k_B C_B - k_w C_B \tag{5.5}$$

mit $k_w = Q/V$, $C_A = M_A/V$ und $C_B = M_B/V$.

Wir müssen die Gleichungen (5.5) nur noch etwas umschreiben, um sie mit (5.1) zu vergleichen und die dort eingeführten Parameter zu identifizieren:

$$\frac{\mathrm{d}C_A}{\mathrm{d}t} = k_w C_{in} - (k_A + k_w)C_A + k_B C_B$$

$$\frac{\mathrm{d}C_B}{\mathrm{d}t} = k_A C_A - (k_B + k_w)C_B \tag{5.6}$$

Also:

$$\mathcal{R}_1 \rightarrow k_w C_{in}, \qquad \mathcal{R}_2 \rightarrow 0$$
$$p_{1,1} \rightarrow -(k_A + k_w), \quad p_{1,2} \rightarrow k_B$$
$$p_{2,1} \rightarrow k_A, \qquad p_{2,2} \rightarrow -(k_B + k_w)$$

Wie wir sehen werden, spielt die Koeffizientenmatrix $\mathbf{P}$ eine zentrale Rolle bei der Lösung von linearen Differentialgleichungssystemen, dies übrigens nicht nur bei den zweidimensionalen, sondern erst recht bei den höher

---

[3]Streng genommen handelt es sich für Modelle, bei denen chemische Umwandlungsprozesse involviert sind, um eine Atom-Bilanz. Die Konzentrationen sollten daher in molaren Einheiten ausgedrückt werden.

dimensionalen Systemen. Wir wollen daher vier charakteristische Größen der Matrix $\mathbf{P}$ einführen (s. auch Anhang D):

1. Die Determinante von $\mathbf{P}$:

$$\det(\mathbf{P}) = p_{1,1}p_{2,2} - p_{1,2}p_{2,1} \tag{5.7}$$

2. Die Spur von $\mathbf{P}$:

$$\mathrm{Sp}(\mathbf{P}) = p_{1,1} + p_{2,2} \tag{5.8}$$

3. Die Diskriminante von $\mathbf{P}$:

$$\begin{aligned}
\Delta(\mathbf{P}) &= \mathrm{Sp}(\mathbf{P})^2 - 4\det(\mathbf{P}) \\
&= (p_{1,1} + p_{2,2})^2 - 4p_{1,1}p_{2,2} + 4p_{1,2}p_{2,1} \\
&= (p_{1,1} - p_{2,2})^2 + 4p_{1,2}p_{2,1}
\end{aligned} \tag{5.9}$$

4. Die beiden Eigenwerte von $\mathbf{P}$:

$$\lambda_i = \frac{1}{2}\left[\mathrm{Sp}(\mathbf{P}) \pm \sqrt{\Delta(\mathbf{P})}\right], \qquad i = 1,2 \tag{5.10}$$

Sie sind die Lösungen der charakteristischen Gleichung

$$\begin{aligned}
\lambda^2 - \lambda(p_{1,1} + p_{2,2}) + p_{1,1}p_{2,2} - p_{1,2}p_{2,1} &= \\
\lambda^2 - \lambda\mathrm{Sp}(\mathbf{P}) + \det(\mathbf{P}) &= 0
\end{aligned} \tag{5.11}$$

Falls die Koeffizientenmatrix $\mathbf{P}$ zwei verschiedene Eigenwerte λ_i ($i = 1,2$) hat, d.h. falls $\Delta(\mathbf{P}) \neq 0$ ist, hat das zweidimensionale Differentialgleichungssystem (5.1) mit konstanten Koeffizienten $\mathcal{R}_i$ und $p_{i,j}$ Lösungen von der Form:

$$\begin{aligned}
\mathcal{V}_1(t) &= a_{1,0} + a_{1,1}\mathrm{e}^{\lambda_1 t} + a_{1,2}\mathrm{e}^{\lambda_2 t} \\
\mathcal{V}_2(t) &= a_{2,0} + a_{2,1}\mathrm{e}^{\lambda_1 t} + a_{2,2}\mathrm{e}^{\lambda_2 t}
\end{aligned} \tag{5.12}$$

Die beiden Eigenwerte $\lambda_i(i = 1,2)$ haben die Dimension einer spezifischen Rate, $[\mathrm{T}]^{-1}$. Die sechs Koeffizienten $a_{i,j}(i = 1,2;\ j = 0,1,2)$ bestimmen sich aus den Koeffizienten $p_{i,j}$ sowie aus den beiden Anfangszuständen $\mathcal{V}_1^0$ und $\mathcal{V}_2^0$. Im Anhang D wird der Weg von der Differentialgleichung (5.1) bis zur Lösung (5.12) ausführlicher diskutiert.

Falls beide Eigenwerte reell und negativ sind, gehen für $t \to \infty$ alle Exponentialfunktionen in Gleichung (5.12) gegen null. Tabelle 5.1 gibt Auskunft darüber, welche Eigenschaften die Matrix $\mathbf{P}$ haben muss, damit diese Bedingung erfüllt ist. Für diesen Fall sind die Koeffizienten $a_{1,0}$ und $a_{2,0}$ identisch mit den entsprechenden Stationärzuständen $\mathcal{V}_1^\infty$ und $\mathcal{V}_2^\infty$ des Systems. Man findet die Stationärzustände durch null setzen der linken Seiten von (5.1) und Auflösung des entsprechenden Gleichungssystems nach den zwei Unbekannten $\mathcal{V}_1$ und $\mathcal{V}_2$, die wir dann $\mathcal{V}_1^\infty$ und $\mathcal{V}_2^\infty$ nennen:

$$a_{1,0} = \mathcal{V}_1^\infty = \frac{p_{1,2}\mathcal{R}_2 - p_{2,2}\mathcal{R}_1}{p_{1,1}p_{2,2} - p_{1,2}p_{2,1}} = \frac{p_{1,2}\mathcal{R}_2 - p_{2,2}\mathcal{R}_1}{\det(\mathbf{P})}$$

$$a_{2,0} = \mathcal{V}_2^\infty = \frac{p_{2,1}\mathcal{R}_1 - p_{1,1}\mathcal{R}_2}{p_{1,1}p_{2,2} - p_{1,2}p_{2,1}} = \frac{p_{2,1}\mathcal{R}_1 - p_{1,1}\mathcal{R}_2}{\det(\mathbf{P})} \tag{5.13}$$

Die vier anderen Konstanten $a_{i,j}$ in Gleichung (5.12) bleiben übersichtlicher, wenn wir sie nicht mittels $\mathcal{R}_1$ und $\mathcal{R}_2$, sondern durch die Konstanten $a_{1,0}$ und $a_{2,0}$ von Gleichung (5.13) ausdrücken (für λ_1, λ_2 reell und negativ und $\lambda_1 \neq \lambda_2$):

$$a_{1,1} = q \cdot \left[(p_{1,1} - \lambda_2)(\mathcal{V}_1^0 - a_{1,0}) + p_{1,2}(\mathcal{V}_2^0 - a_{2,0})\right]$$

$$a_{1,2} = -q \cdot \left[(p_{1,1} - \lambda_1)(\mathcal{V}_1^0 - a_{1,0}) + p_{1,2}(\mathcal{V}_2^0 - a_{2,0})\right]$$

$$a_{2,1} = q \cdot \left[p_{2,1}(\mathcal{V}_1^0 - a_{1,0}) + (p_{2,2} - \lambda_2)(\mathcal{V}_2^0 - a_{2,0})\right]$$

$$a_{2,2} = -q \cdot \left[p_{2,1}(\mathcal{V}_1^0 - a_{1,0}) + (p_{2,2} - \lambda_1)(\mathcal{V}_2^0 - a_{2,0})\right]$$

$$q = \tfrac{1}{\lambda_1 - \lambda_2} = \tfrac{1}{\sqrt{\Delta(\mathbf{P})}} = \left[(p_{1,1} - p_{2,2})^2 + 4\,p_{1,2}p_{2,1}\right]^{-\frac{1}{2}}$$

(5.14)

Die Lösungen des Gleichungssystems (5.1) werden wir in den wenigsten Fällen explizit von Hand berechnen. Dazu benutzt man besser ein geeignetes Computerprogramm. Wir können uns aber einen Überblick über das Verhalten des Systems verschaffen, wenn wir die Eigenwerte der Koeffizientenmatrix $\mathbf{P}$ kennen. Diese sind, wie Gleichung (5.10) zeigt, relativ einfach zu ermitteln, wenigstens für ein zweidimensionales System.

Beispiel 5.2 (Chemische Reaktion in einem Reaktor, 1. Fortsetzung)

Im Beispiel 5.1 haben wir das Modell eines chemischen Reaktors analysiert. Wie groß darf die Durchflussrate Q maximal sein, damit mindestens 90% der zugeführten Substanz im Abfluss in der modifizierten Form B vorhanden ist?

Zahlen:

Reaktorvolumen	$V = 10 \ \mathrm{m}^3$
Reaktionskonstanten	$k_A = 0.5 \ \mathrm{h}^{-1}$
	$k_B = 0.01 \ \mathrm{h}^{-1}$

Wird der Reaktor genügend lange bei konstanten Bedingungen betrieben, nehmen die Konzentrationen C_A und C_B im Reaktor (und damit auch im Abfluss) die stationären Werte C_A^∞ und C_B^∞ an. Die Umwandlungsbedingung von 90% lautet somit:

$$0.9 \leq \frac{C_B^\infty}{C_A^\infty + C_B^\infty} = \frac{1}{C_A^\infty/C_B^\infty + 1}$$

bzw. aufgelöst nach C_A^∞/C_B^∞:

$$C_A^\infty/C_B^\infty \leq (1/9) = 0.11$$

Bevor wir zur Berechnung von C_A^∞ und C_B^∞ Gleichung (5.13) benützen, müssen wir uns vergewissern, dass die Eigenwerte reell und negativ sind und die Determinante $\det(\mathbf{P}) \neq 0$ ist. Nach Beispiel 5.1 gilt:

$$\begin{aligned}
\det(\mathbf{P}) &= (k_A + k_w)(k_B + k_w) - k_A k_B \\
&= k_w^2 + k_w(k_A + k_B) > 0,
\end{aligned}$$

da alle Koeffizienten $k_w, k_A, k_B > 0$ sind. Leser und Leserin überzeugen sich ferner, dass die Eigenwerte dem Fall 1 von Tabelle 5.1 entsprechen.

Also berechnen wir das Verhältnis C_A^∞/C_B^∞ aus Gleichung (5.13) und benützen ferner die Tatsache, dass $\mathcal{R}_2 = 0$ ist (s. Beispiel 5.1):

$$\frac{C_A^\infty}{C_B^\infty} = \frac{-p_{2,2}\mathcal{R}_1}{p_{2,1}\mathcal{R}_1} = \frac{k_B + k_w}{k_A} \leq 0.11$$

Auflösen nach $k_w = Q/V$ ergibt:

$$\begin{aligned}
k_w = \frac{Q}{V} &\leq 0.11 k_A - k_B \\
&= 0.11 \times 0.5 \text{ h}^{-1} - 0.01 \text{ h}^{-1} \\
&= 0.045 \text{ h}^{-1}
\end{aligned}$$

bzw.

$$Q \leq 10 \text{ m}^3 \times 0.045 \text{ h}^{-1} = 0.45 \text{ m}^3\text{h}^{-1}$$

Die Durchflussrate Q darf also nicht größer als $0.45 \text{ m}^3\text{h}^{-1}$ werden.

Tabelle 5.1: Bedeutung der Eigenwerte λ_i

	Eigenwerte[a] $\lambda_i = \frac{1}{2}[\mathrm{Sp} \pm (\Delta)^{1/2}]$	Bedingung	Eigenschaften	skizzierte Lösung
(1)	reell, beide negativ	$\mathrm{Sp} < 0, \Delta > 0$ $0 < \Delta^{1/2} < -\mathrm{Sp}$	Lösung mit Stationärzustand	
(2)	reell, $\lambda_1 = 0$, $\lambda_2 < 0$	$\mathrm{Sp} < 0, \Delta > 0$ $\Delta^{1/2} = -\mathrm{Sp}$ (entspricht det $= 0$)	Lösung mit Stationärzustand	
(3)	reell, mindestens einer positiv	$\mathrm{Sp} > 0, \Delta > 0$	Lösung $\to \infty$, (unbegrenzte Lösung)[b]	
(4)	beide rein imaginär	$\mathrm{Sp} = 0, \Delta < 0$	ungedämpfte Oszillation	
(5)	konjugiert komplex mit negativem Realteil	$\mathrm{Sp} < 0, \Delta < 0$	gedämpfte Oszillation	
(6)	konjugiert komplex mit positivem Realteil	$\mathrm{Sp} > 0, \Delta < 0$	Oszillation $\to \pm\infty$	

[a]Zur Vereinfachung der Schreibweise wird bei Δ, Sp und det das Argument (**P**) weggelassen. Der Fall $\Delta = 0(\lambda_1 = \lambda_2)$ wird in dieser Aufstellung nicht betrachtet; er ist höchstens als Spezialfall relevant.

[b]Falls nur *ein* $\lambda_i > 0$ ist, können die Randbedingungen trotzdem zu endlichen Lösungen führen, falls in Gleichung (5.12) der zum positiven λ_i gehörende Koeffizient $a_{i,j}$ null ist.

5.1.2 Die Bedeutung der Eigenwerte eines linearen Differentialgleichungssystems

Eigenwerte

Die Eigenwerte eines linearen Systems bestimmen dessen zeitliches Verhalten.

Falls die beiden Eigenwerte $\lambda_i (i = 1, 2)$ verschieden sind, sehen alle Lösungen eines zweidimensionalen linearen Differentialgleichungssystems formal ziemlich gleich aus (s. Gl. 5.12). Maximal besteht $\mathcal{V}_i(t)$ aus drei Termen, nämlich einer Konstanten und zwei Exponentialfunktionen. Einzelne Terme können im besonderen Fall auch verschwinden. Übrigens — und kaum sehr überraschend — enthalten die Lösungen eines dreidimensionalen Systems eine zusätzliche (dritte) Exponentialfunktion. Entsprechend gibt es einen dritten Eigenwert und so weiter für vier-, fünf- und n-dimensionale Systeme.

Es sind die Eigenwerte λ_i, welche doch noch etwas Abwechslung in die Lösungen (5.12) bringen. Tabelle 5.1 gibt einen Überblick über die möglichen Eigenwert-Typen und vermittelt zusammen mit den Abbildungen einen qualitativen Eindruck der entsprechenden Lösungen. Es gilt zu beachten, dass die inhomogenen Terme $\mathcal{R}_1$ und $\mathcal{R}_2$ keinen Einfluss auf die Eigenwerte haben.

Die Fälle (4) bis (6) von Tab. 5.1 verlangen nach einer zusätzlichen Erklärung: Ist die Diskriminante $\Delta(\mathbf{P})$ der quadratischen Gleichung kleiner null, so sind die Eigenwerte nichtreell. Um die Lösung (Gl. 5.12) interpretieren zu können, müssen wir uns an die Bedeutung einer Exponentialfunktion mit einem komplexen Argument, $\lambda_i = a + \mathrm{i}\,b$, erinnern:[4]

$$\mathrm{e}^{\lambda_i t} = \mathrm{e}^{(a+\mathrm{i}b)t} = \mathrm{e}^{at}\mathrm{e}^{\mathrm{i}bt} = \mathrm{e}^{at}(\cos bt + \mathrm{i}\sin bt) \qquad (5.15)$$

Ein nichtreeller Eigenwert führt also zu einer oszillierenden Funktion. Ist der Realteil von λ_i, $\mathrm{Re}(\lambda_i) = a$ negativ, so wird ihre Amplitude immer kleiner. Ist hingegen $\mathrm{Re}(\lambda_i) = a$ positiv, so wächst die Amplitude ins Unendliche. Für den Fall eines rein imaginären Eigenwertes $(a = 0)$ haben wir es mit einer periodischen Funktion mit konstanter Amplitude, d.h. mit

---

[4]Siehe Anhang C.4.

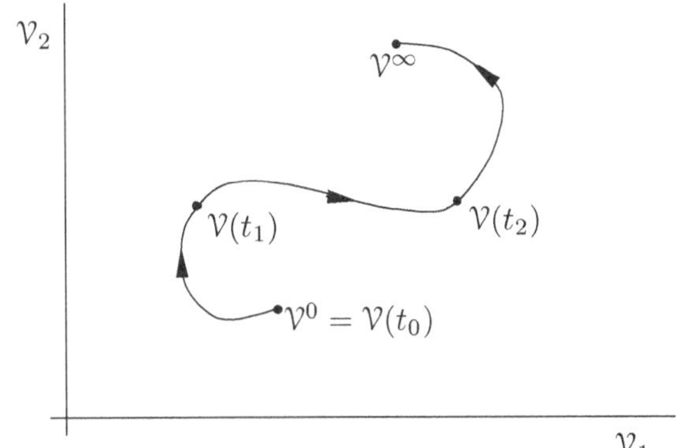

Abb. 5.2:
Zustandsdiagramm für ein zweidimensionales Modell. Die Trajektorie ist die Linie, auf der sich das Modell bewegt. Die Trajektorie wird durch den Anfangszustand und die Modellgleichungen bestimmt.

einer ungedämpften Schwingung zu tun. Wir werden im Kapitel 5.1.6 auf diesen Fall ausführlich zu sprechen kommen.

In den folgenden Abschnitten diskutieren wir Beispiele für die verschiedenen Typen von Eigenwerten. Vorher wollen wir aber noch ein wichtiges Hilfsmittel für die Analyse von mehrdimensionalen Modellen einführen, den Zustandsraum.

5.1.3 Der Zustandsraum

Eine Möglichkeit, Lösungen von Modellen mit mehreren Variablen darzustellen, ist das Zustandsdiagramm. Darin wird der momentane Zustand des Systems durch einen Punkt im durch die Systemvariablen aufgespannten Zustandsraum dargestellt (s. Abb. 5.2). Die zeitliche Entwicklung des Systems wird im Zustandsraum durch eine Kurve dargestellt. Sie wird Trajektorie genannt. Das System bewegt sich während der Zeit t entlang dieser Trajektorie. Erreicht das System einen Stationärzustand, so bleibt es an diesem Punkt stehen. An Trajektorien ist charakteristisch, dass sie sich nicht kreuzen können und dass sie eine *Richtung* haben, welche den Verlauf der zeitlichen Entwicklung anzeigt. Im Kapitel 6 über nichtlineare Modelle werden wir weitere Zustandsdiagramme kennen lernen.

5.1.4 Lineare Modelle mit reellen, nicht positiven Eigenwerten

Reelle negative Eigenwerte (Fall 1 in Tab. 5.1) treten insbesondere in linearen Modellen auf, welche auf dem Prinzip der Massenbilanz eines Systems beruhen. Die Idee der Massenbilanz wollen wir anhand von Abbildung 5.3 erläutern. Erstens nehmen wir an, dass der Stoff *nicht* durch einen Prozess erster Ordnung entsteht, sondern nur von außen zugeführt wird (inhomogene Terme J_1 und J_2). Zweitens seien die Eliminationsprozesse erster Ordnung und führen entweder in die Nachbarbox ($k_1 M_1$, $k_2 M_2$) oder aus dem System hinaus ($k_3 M_1$, $k_4 M_2$). Alle k_i sind positiv.

Für das Modell in Abbildung 5.3 nehmen die Modellparameter $p_{i,j}$ von Gleichung (5.1) folgende Werte an:

$$p_{1,1} = -(k_1 + k_3); \quad p_{1,2} = k_2$$
$$p_{2,1} = k_1; \quad\quad\quad p_{2,2} = -(k_2 + k_4) \ .$$

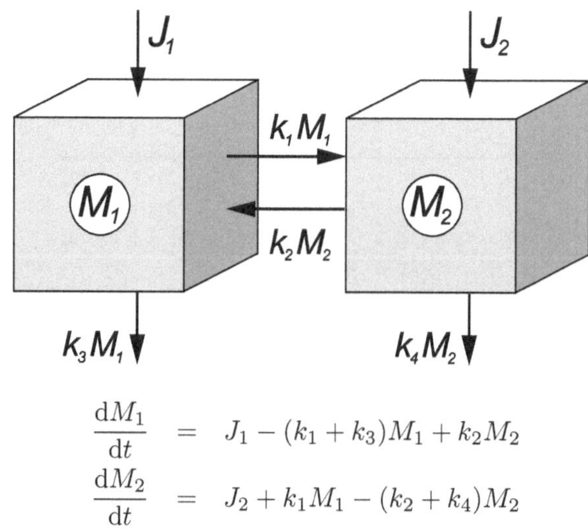

Abb. 5.3: *Lineare Systeme, in denen ein Stoff nicht durch einen Prozess erster Ordnung entstehen kann, sondern nur von außen oder von einer benachbarten Box zugeführt wird, führen zu Differentialgleichungssystemen mit reellen, nicht positiven Eigenwerten. Alle k_i seien positiv*

$$\frac{\mathrm{d}M_1}{\mathrm{d}t} = J_1 - (k_1 + k_3)M_1 + k_2 M_2$$
$$\frac{\mathrm{d}M_2}{\mathrm{d}t} = J_2 + k_1 M_1 - (k_2 + k_4)M_2$$

Man kann sich überzeugen, dass die Koeffizienten in der Matrix $\mathbf{P}$ unter diesen Voraussetzungen immer die folgenden Eigenschaften haben:

a) Die Elemente außerhalb der Diagonalen $p_{1,2}$ und $p_{2,1}$ sind positiv. Die Diskriminante Δ der charakteristischen Gleichung ist daher größer als null (Gl. (5.9)). Die Eigenwerte sind folglich reell.

b) Die Diagonalelemente $p_{1,1}$ und $p_{2,2}$ sind negativ und es gilt außerdem $-p_{1,1} \geq p_{2,1}$ und $-p_{2,2} \geq p_{1,2}$. Die Eigenwerte sind daher negativ (und reell). Das Modell strebt tatsächlich dem Stationärzustand zu, wobei die Anpassungszeit τ durch den betragsmäßig kleineren Eigenwert bestimmt wird. Analog zum eindimensionalen System beträgt die 5%-Anpassungszeit:

$$\tau_{5\%} \approx \frac{3}{\min |\lambda_i|} = \frac{6}{-\mathrm{Sp}(\mathbf{P}) - \sqrt{\Delta(\mathbf{P})}} \tag{5.16}$$

für $\lambda_i \neq 0, \Delta(\mathbf{P}) > 0$ und $\mathrm{Sp}(\mathbf{P}) < 0$. Allerdings darf Gleichung (5.16) nicht mit der gleichen Stringenz interpretiert werden wie ihr eindimensionales Gegenstück, Gleichung (4.42). Einzelne Variablen eines mehrdimensionalen linearen Gleichungssystems können unter Umständen viel rascher reagieren, dann nämlich, wenn die Koeffizienten $a_{i,j}$, welche zum kleinsten Eigenwert gehören, für die betreffende Variable klein oder gar null sind. Daher soll Gleichung (5.16) immer nur als erste grobe Abschätzung gelten; eine differenzierte Betrachtung würde die Kenntnis der expliziten Lösung voraussetzen.

c) Ein Spezialfall ergibt sich dann, wenn das System bzgl. der Massenbilanz konservativ ist. Dann gibt es weder interne Quellen noch Senken, die Summe der beiden Variablen ist konstant, und einer der beiden Eigenwerte ist null. Für die Koeffizientenmatrix gilt dann: $-p_{1,1} = p_{2,1}$ und $-p_{2,2} = p_{1,2}$. Die erste Zeile der Matrix $\mathbf{P}$ ist bis auf das Vorzeichen identisch mit der zweiten Zeile. Eine solche Matrix heißt singulär; ihre Determinante ist null, $\det(\mathbf{P}) = 0$. Singuläre Matrizen haben mindestens einen Eigenwert, der null ist.

Beispiel 5.3 (Chemische Reaktion in einem Reaktor, 2. Fortsetzung)

In den Beispielen 5.1 (Abb. 5.1) und 5.2 haben wir einen Reaktor analysiert, in dem eine chemische Reaktion zwischen zwei Substanzen A und B abläuft. Wir möchten nun wissen, wie lange es dauert, bis der Reaktor im Stationärzustand ist.

Um die Rechnung durchzuführen, fixieren wir den Durchfluss Q bei $0.4 \text{ m}^3\text{h}^{-1}$. Dann ist $k_w = Q/V = 0.4 \text{ m}^3\text{h}^{-1}/10 \text{ m}^3 = 0.04 \text{ h}^{-1}$. Das System und somit die Koeffizientenmatrix haben übrigens die gleiche Struktur wie das Modell in Abbildung 5.3. Die Koeffizientenmatrix lautet:

$$\begin{aligned}
p_{1,1} &= -(k_A + k_w) = -(0.5 + 0.04) \text{ h}^{-1} = -0.54 \text{ h}^{-1} \\
p_{1,2} &= k_B = 0.01 \text{ h}^{-1} \\
p_{2,1} &= k_A = 0.5 \text{ h}^{-1} \\
p_{2,2} &= -(k_B + k_w) = -(0.01 + 0.04) \text{ h}^{-1} = -0.05 \text{ h}^{-1}
\end{aligned}$$

Nach Gleichung (5.7) bis (5.10) gilt dann:

$$\begin{aligned}
\det(\mathbf{P}) &= (0.54 \times 0.05) \text{ h}^{-2} - (0.01 \times 0.5) \text{ h}^{-2} = 2.2 \times 10^{-2} \text{ h}^{-2} \\
\text{Sp}(\mathbf{P}) &= -(0.54 + 0.05) \text{ h}^{-1} = -0.59 \text{ h}^{-1} \\
\Delta(\mathbf{P}) &= \text{Sp}(\mathbf{P})^2 - 4\det(\mathbf{P}) = 0.260 \text{ h}^{-2} \\
\lambda_i &= \frac{1}{2}[-0.59 \text{ h}^{-1} \pm (0.260)^{1/2} \text{ h}^{-1}] \\
\lambda_1 &= -0.040 \text{ h}^{-1}; \qquad \lambda_2 = -0.55 \text{ h}^{-1}
\end{aligned}$$

Wenn das System in einem beliebigen Zustand initiiert wird, beträgt die totale 5%-Anpassungszeit nach Gleichung (5.16):

$$\tau_{5\%} = \frac{3}{|\lambda_1|} = \frac{3}{0.04 \text{ h}^{-1}} = 75 \text{ h}$$

Diese Zeit wird praktisch nur von der mittleren Aufenthaltszeit des Wassers im Reaktor ($\tau_w = V/Q = 25 \text{ h}$; $\tau_{5\%} \sim 3\tau_w$) und weniger von der Einstellung eines Gleichgewichts zwischen den beiden Phasen A und B bestimmt. Letztere hängt, wie im Beispiel 5.4 gezeigt werden wird, von der inneren

Summe der beiden Raten, $(k_A + k_B)^{-1} \approx 2$ h ab. Es genügt somit, wenn mindestens eine spezifische Rate (in unserem Fall $k_A = 0.5$ h^{-1}) groß ist.

Im nächsten Beispiel betrachten wir ein System, dessen Systemmatrix singulär ist, d.h. $\det(\mathbf{P}) = 0$. Solche Systeme haben nur dann einen Stationärzustand, wenn sie homogen sind, d.h. $\mathcal{R}_1 = \mathcal{R}_2 = 0$.

Beispiel 5.4 (Chemische Reaktion zweier Substanzen)
Wir betrachten die Hin- und Rückreaktion zwischen zwei chemischen Substanzen der Masse M_1 und M_2. Beispielsweise könnte es sich um ein Säure-Base-Gleichgewicht der Säure AH und der zugehörigen Base A$^-$ handeln:

$$AH + H_2O \rightleftharpoons H_3O^+ + A^-$$

also kurz:

$$M_1 \underset{k_2}{\overset{k_1}{\rightleftharpoons}} M_2$$

Nimmt man an, dass die Geschwindigkeiten von Hin- und Rückreaktion proportional zu den Massen der jeweiligen Ausgangsstoffe sind (Reaktion erster Ordnung), wobei k_1 und k_2 die Reaktionsgeschwindigkeiten der Hin- bzw. Rückreaktion sind, so ergibt die Massenbilanz:

$$\frac{\mathrm{d}M_1}{\mathrm{d}t} = -k_1 M_1 + k_2 M_2$$

$$\frac{\mathrm{d}M_2}{\mathrm{d}t} = k_1 M_1 - k_2 M_2 \tag{5.17}$$

Die Koeffizientenmatrix für dieses System lautet:

$$\mathbf{P} = \begin{pmatrix} -k_1 & k_2 \\ k_1 & -k_2 \end{pmatrix} \tag{5.18}$$

Die beiden Gleichungen (5.17) sind linear abhängig. Die Matrix ist somit singulär ($\det(\mathbf{P}) = 0$). Nach Tabelle 5.1, Fall 2, ist dann einer der Eigenwerte null: $\lambda_1 = 0$. Was bedeutet das für das modellierte System?

Schauen wir uns dazu die Massenbilanz des Systems an: Die totale Masse $M_{tot} = M_1 + M_2$ im System bleibt konstant, wobei M_{tot} durch die totale Masse des Anfangzustandes $M_{tot}^0 = M_1^0 + M_2^0$ bestimmt ist:

$$\frac{\mathrm{d}M_{tot}}{\mathrm{d}t} = \frac{\mathrm{d}M_1}{\mathrm{d}t} + \frac{\mathrm{d}M_2}{\mathrm{d}t} = 0 \tag{5.19}$$

Tatsächlich weist ein Eigenwert, der null ist, in einem linearen System immer auf eine *Erhaltungsgröße* hin; hier ist dies die totale Masse M_{tot}. Der zweite Eigenwert hat nach Gleichung (5.10) den Wert (beachte $-\mathrm{Sp}(\mathbf{P}) = \Delta(\mathbf{P})^{1/2}$):

$$\lambda_2 = \mathrm{Sp}(\mathbf{P}) = -(k_1 + k_2) \tag{5.20}$$

Den Stationärzustand des Modells berechnen wir, indem wir in Gleichung (5.17) $\frac{\mathrm{d}M_i}{\mathrm{d}t} = 0$ setzen. Da die beiden Gleichungen voneinander linear abhängig sind, ergibt sich in beiden Fällen die gleiche Beziehung:

$$M_2^\infty = \frac{k_1}{k_2} M_1^\infty = K M_1^\infty \tag{5.21}$$

Anstelle eines eindeutigen Stationärzustandes bzw. Fixpunktes erhalten wir also die Gleichung einer Geraden, die so genannte Fixpunktgerade. Sie entspricht dem thermodynamischen Gleichgewicht der Reaktion mit der Gleichgewichtskonstante $K = \frac{k_1}{k_2}$.

Wir können ohne komplizierte Rechnung herausfinden, auf welchen Punkt der Fixpunktgerade das Modell tatsächlich zustrebt. Dazu müssen wir uns nur daran erinnern, dass das Modell einem Erhaltungssatz gehorcht. Abbildung 5.4 zeigt das Phasendiagramm der homogenen Gleichgewichtsreaktion (5.17). Einerseits bedeutet die Massenerhaltung, dass sich das System nur entlang einer Geraden mit der Steigung (-1) bewegen kann, welche die M_1- bzw. M_2-Achse bei $M_{tot}^0 = M_1^0 + M_2^0$ schneidet. Dies ist die Trajektorie des Systems. Sie ist in Abbildung 5.4 mit A bezeichnet. Andererseits sagt Gleichung (5.21), dass alle Stationärzustände auf einer Geraden durch den Nullpunkt mit der Steigung $(\frac{k_1}{k_2})$ liegen müssen. Dies ist die Fixpunktgerade des Systems. Sie ist in Abbildung 5.4 mit B bezeichnet. Der Stationärzustand, der zur Anfangsbedingung (M_1^0, M_2^0) gehört, liegt im Schnittpunkt der beiden Geraden im Punkt S.

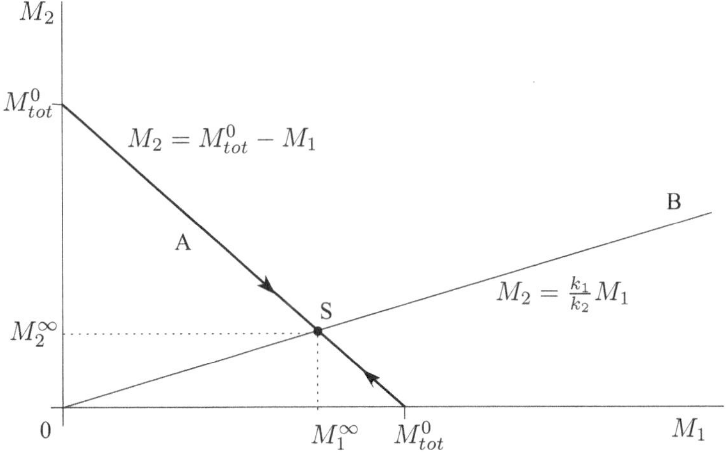

Abb. 5.4:
Zustandsdiagramm der homogenen chemischen Gleichgewichtsreaktion (Gl. 5.17). Die Pfeile auf der Trajektorie (Gerade A) geben die Richtung an, in der sich das Modell bewegt. Siehe Text für weitere Erklärungen.

Es bleibt uns noch der Nachweis, dass sich das Modell tatsächlich auf die Fixpunktgerade zubewegt. Dazu lösen wir das Gleichungssystem (5.17), indem wir in der ersten Gleichung M_2 durch $M_{tot}^0 - M_1$ ersetzen. Es ergibt sich dann für M_1:

$$\frac{\mathrm{d}M_1}{\mathrm{d}t} = k_2 M_{tot}^0 - (k_1 + k_2)M_1 \qquad (5.22)$$

Gleichung (5.22) ist eine inhomogene lineare Differentialgleichung erster Ordnung mit der Variablen M_1. Die Lösung dafür ist uns bereits aus Kapitel 4 mit Gleichung (4.6) bzw. (4.33) bekannt. Sie lautet:

$$M_1(t) = M_1^\infty + (M_1^0 - M_1^\infty)\, \mathrm{e}^{-(k_1+k_2)t} \qquad (5.23)$$

Der Stationärzustand lautet:

$$M_1^\infty = \frac{k_2}{k_1 + k_2} M_{tot}^0 \qquad (5.24)$$

Weil die totale Rate $(-[k_1 + k_2])$ negativ ist, strebt das System tatsächlich gegen diesen Stationärzustand.

Die Lösung für $M_2(t)$ ergibt sich entweder aus $M_2 = M_{tot}^0 - M_1$, oder in Analogie zu (5.23):

$$M_2(t) = M_2^\infty + (M_2^0 - M_2^\infty)\, \mathrm{e}^{-(k_1+k_2)t} \qquad (5.25)$$

mit dem Stationärzustand

$$M_2^\infty = \frac{k_1}{k_1 + k_2} M_{tot}^0 \qquad (5.26)$$

Wie wir schon anfangs bemerkt haben, ist *ein* Eigenwert der Koeffizientenmatrix null. Der zweite Eigenwert ist $\lambda_2 = -(k_1 + k_2)$. Das erklärt, wieso im Gegensatz zu Gleichung (5.12) die Lösungen (5.23) und (5.25) nur aus *einer* Exponentialfunktion bestehen.

Schauen wir uns nun ein zweites Beispiel an, das wieder zu einem homogenen Gleichungssystem führt. Diesmal ist das System nicht konservativ, d.h. $\det(\mathbf{P}) \neq 0$:

> **Beispiel 5.5 (radioaktive Zerfallskette)**
>
> Bei der Altersbestimmung von Gesteinen werden oft radioaktive Isotope benutzt, die einen natürlichen Bestandteil dieser Gesteine bilden. Aus dem Aktivitätsverhältnis[a] zwischen Mutter- und Tochterisotop kann man dann auf das Entstehungsalter des Gesteins schließen. Die Anzahl der Mutterisotope N_1 und die Anzahl der Tochterisotope N_2 lassen sich mit dem folgenden Differentialgleichungssystem beschreiben:
>
> $$\begin{aligned} \frac{\mathrm{d}N_1}{\mathrm{d}t} &= -k_{\lambda,1}N_1 \\ \frac{\mathrm{d}N_2}{\mathrm{d}t} &= k_{\lambda,1}N_1 - k_{\lambda,2}N_2 \end{aligned} \qquad (5.27)$$
>
> $k_{\lambda,i}$ ist die Zerfallskonstante des Isotops i; sie hängt mit der Halbwertszeit durch folgende Beziehung zusammen: $k_{\lambda,i} = \ln 2/\tau_{1/2,i}$.
>
> ---
>
> [a]Die Aktivität einer radioaktiven Substanz ist definiert als Produkt der Anzahl vorhandener Isotope und der Zerfallskonstanten k_λ. Die Aktivität wird gemessen als die Anzahl Zerfälle pro Zeit mit der Einheit 1 Bq = 1 Becquerel = 1 Zerfall pro Sekunde.

Schauen wir uns dieses Gleichungssystem genauer an. Wir stellen fest, dass zwar N_2 von N_1 abhängt, aber N_1 nicht von N_2. Ein solches System nennen wir hierarchisch. Die Hierarchie des Systems äußert sich in der so genannten Dreiecksform der Koeffizientenmatrix, in der oberhalb der Diagonalen alle Elemente null sind:[5]

$$\mathbf{P} = \begin{pmatrix} -k_{\lambda,1} & 0 \\ k_{\lambda,1} & -k_{\lambda,2} \end{pmatrix} \qquad (5.28)$$

Damit wird die Bestimmung der Eigenwerte und auch die Lösung des Gleichungssystem besonders einfach. Aus der charakteristischen Gleichung (5.11) folgt, dass die Eigenwerte identisch mit den Diagonalelementen sind:

$$\begin{aligned} \lambda^2 + \lambda(k_{\lambda,1} + k_{\lambda,2}) + k_{\lambda,1}k_{\lambda,2} &= 0 \\ (\lambda + k_{\lambda,1})(\lambda + k_{\lambda,2}) &= 0 \\ \Rightarrow \lambda_1 &= -k_{\lambda,1} \\ \lambda_2 &= -k_{\lambda,2} \end{aligned}$$

Ein hierarchisches Gleichungssystem können wir iterativ, d.h. „von oben her" lösen, indem wir zuerst aus der ersten Gleichung $N_1(t)$ bestimmen und das Ergebnis in die zweite Gleichung einsetzten. Die erste Differentialgleichung hat die aus Kapitel 4 (Gl. 4.8) bekannte Lösung:

$$N_1(t) = N_1^0 \mathrm{e}^{-k_{\lambda,1}t} \qquad (5.29)$$

Setzen wir nun die Lösung für N_1 in die zweite Differentialgleichung ein, so erhalten wir:

$$\frac{\mathrm{d}N_2}{\mathrm{d}t} = k_{\lambda,1}N_1^0 \mathrm{e}^{-k_{\lambda,1}t} - k_{\lambda,2}N_2 \qquad (5.30)$$

---

[5]Bei anderer Anordnung der Systemvariablen N_1 könnte sich die Dreiecksform der Matrix auch darin äußern, dass die Elemente *unterhalb* der Diagonalen null sind.

Zur Lösung dieser Differentialgleichung können wir die uns bereits bekannte Lösung für das lineare Einbox-Modell mit exponentiell variierendem Input anwenden. Hierzu betrachten wir den ersten Term auf der rechten Seite der Gleichung als die mit $k_{\lambda,1}$ exponentiell sinkende Inputfunktion der Systemvariablen N_2. Die Grundlast der Inputfunktion ist dann $j_0 = k_{\lambda,1} N_1^0$. Wenden wir nun Gleichung (4.57) an, erhalten wir mit der Anfangsbedingung $N_2^0 = 0$:

$$
\begin{aligned}
N_2(t) &= \frac{k_{\lambda,1}}{k_{\lambda,2} - k_{\lambda,1}} N_1^0 \mathrm{e}^{-k_{\lambda,1}t} - \frac{k_{\lambda,1}}{k_{\lambda,2} - k_{\lambda,1}} N_1^0 \mathrm{e}^{-k_{\lambda,2}t} \\
&= \frac{k_{\lambda,1}}{k_{\lambda,2} - k_{\lambda,1}} N_1^0 \cdot (\mathrm{e}^{-k_{\lambda,1}t} - \mathrm{e}^{-k_{\lambda,2}t})
\end{aligned} \tag{5.31}
$$

Wir sehen, dass die Lösungen für $N_1(t)$ und $N_2(t)$ wieder eine Summe von Exponentialfunktionen sind. Die Exponentialkoeffizienten sind dabei die Eigenwerte der Koeffizientenmatrix. Da das System hierarchisch ist, kommt in der Lösung $N_1(t)$ die zweite Exponentialfunktion (mit $k_{\lambda,2}$) nicht vor. Erst in der Lösung von $N_2(t)$ tauchen beide Zerfallskonstanten bzw. Eigenwerte auf. Schließlich stellen wir fest, dass der Stationärzustand des homogenen Systems (5.27) mit negativen Eigenwerten null ist.

Fassen wir zusammen, was wir anhand dieses Beispiels gelernt haben: Ein hierarchisches System erkennen wir an der Dreiecksform der Koeffizientenmatrix. Die Eigenwerte sind dann identisch mit den Diagonalelementen dieser Matrix. Das Gleichungssystem kann iterativ gelöst werden. Im nächsten Beispiel wollen wir uns ein weiteres hierarchisches System anschauen, das aus zwei räumlich getrennten Boxen besteht:

Beispiel 5.6 (Transport eines radioaktiven Isotops durch zwei Seen)
In zwei benachbarte Seen gelangt ein radioaktives Isotop mit der Zerfallskonstanten k_λ. Der Abfluss des einen Sees mündet in den zweiten See. Beide Seen können jeweils als vollständig durchmischte Durchflussreaktoren betrachtet werden. Abbildung 5.5 zeigt das Boxschema des Systems. Der Input des Isotops J_i erfolgt via Zuflüsse oder direkt in den See. Der Abfluss des zweiten Sees (Q_2) kann größer sein als derjenige des ersten Sees ($Q_{1,2}$), wenn Zuflüsse Wasser direkt in den zweiten See bringen. Ein solches Zweibox-Modell wurde von Lerman (1972) zur Beschreibung von Strontium-90 in den Großen Seen Nordamerikas benutzt.

Stellen wir als erstes die Massenbilanz für die beiden Boxen auf: M_i bezeichnet die totale Masse des Isotops im See i. Die externe Zufuhr der Isotope ist durch die Inputfunktionen J_i $[\mathrm{MT}^{-1}]$ gegeben, der radioaktive Zerfall wird durch $-k_\lambda M_i$ beschrieben. Als Transportprozesse sind der Fluss vom ersten See in den zweiten und der Abfluss des zweiten Sees zu berücksichtigen. Wir erhalten das folgende Differentialgleichungssystem:

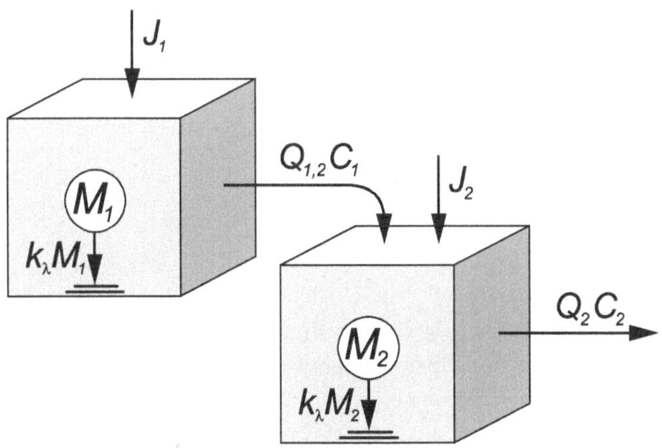

Abb. 5.5: *Transport eines radioaktiven Isotops durch eine Seenkette als Boxschema dargestellt.*

$$
\begin{aligned}
\frac{\mathrm{d}M_1}{\mathrm{d}t} &= \left\{\begin{matrix}\text{Input in}\\\text{See 1}\end{matrix}\right\} - \left\{\begin{matrix}\text{Fluss in}\\\text{See 2}\end{matrix}\right\} - \left\{\begin{matrix}\text{radioaktiver}\\\text{Zerfall}\end{matrix}\right\} \\
&= J_1 - Q_{1,2}C_1 - k_\lambda M_1 \\
\frac{\mathrm{d}M_2}{\mathrm{d}t} &= \left\{\begin{matrix}\text{Input in}\\\text{See 2}\end{matrix}\right\} + \left\{\begin{matrix}\text{Fluss aus}\\\text{See 1}\end{matrix}\right\} \\
&\quad - \left\{\begin{matrix}\text{Abfluss aus}\\\text{See 2}\end{matrix}\right\} - \left\{\begin{matrix}\text{radioaktiver}\\\text{Zerfall}\end{matrix}\right\} \\
&= J_2 + Q_{1,2}C_1 - Q_2 C_2 - k_\lambda M_2
\end{aligned}
\tag{5.32}
$$

Wiederum bedeutet $C_i = M_i/V_i$ die Konzentration im See i. Für die Konzentrationen lauten die dynamischen Gleichungen entsprechend:

$$
\begin{aligned}
\frac{\mathrm{d}C_1}{\mathrm{d}t} &= \frac{J_1}{V_1} - \frac{Q_{1,2}}{V_1}C_1 - k_\lambda C_1 \\
&= \frac{J_1}{V_1} - \left(\frac{Q_{1,2}}{V_1} + k_\lambda\right)C_1 \\
\frac{\mathrm{d}C_2}{\mathrm{d}t} &= \frac{J_2}{V_2} + \frac{Q_{1,2}}{V_2}C_1 - \frac{Q_2}{V_2}C_2 - k_\lambda C_2 \\
&= \frac{J_2}{V_2} + \frac{Q_{1,2}}{V_2}C_1 - \left(\frac{Q_2}{V_2} + k_\lambda\right)C_2
\end{aligned}
\tag{5.33}
$$

Die Koeffizientenmatrix hat die Form:

$$
\mathbf{P} = \begin{pmatrix} -\left(\frac{Q_{1,2}}{V_1} + k_\lambda\right) & 0 \\ \frac{Q_{1,2}}{V_2} & -\left(\frac{Q_2}{V_2} + k_\lambda\right) \end{pmatrix}
\tag{5.34}
$$

Das System ist also hierarchisch; es hat folglich die Eigenwerte:

$$
\lambda_1 = -\left(\frac{Q_{1,2}}{V_1} + k_\lambda\right) \qquad \lambda_2 = -\left(\frac{Q_2}{V_2} + k_\lambda\right)
\tag{5.35}
$$

Für die Lösung des Gleichungssystems gehen wir gleich vor wie in Beispiel 5.5 und überlassen die Nachprüfung der einzelnen Schritte dem Leser und der Leserin. Die Lösung für $C_1(t)$ von Gleichung (5.33) lautet:

$$C_1(t) = C_1^\infty + (C_1^0 - C_1^\infty) \cdot e^{\lambda_1 t} \tag{5.36}$$

mit dem Stationärzustand

$$C_1^\infty = \frac{J_1}{(-\lambda_1)V_1} = \frac{J_1}{Q_{1,2} + V_1 k_\lambda} \tag{5.37}$$

Wegen der Hierarchie des Systems kommt in Gleichung (5.36) nur die Exponentialfunktion mit dem ersten Eigenwert (λ_1) vor.

Wiederum wird das Resultat (5.36) in Gleichung (5.33) eingesetzt und die entstehende Differentialgleichung mit zeitabhängigem inhomogenen Term nach dem Rezept von Gleichung (4.57) gelöst. Das Resultat kann schließlich in jene aus drei Termen bestehende Form gebracht werden, die wir schon aus Gleichung (5.12) kennen:

$$C_2(t) = C_2^\infty + \frac{Q_{1,2}(C_1^0 - C_1^\infty)}{Q_2 - (V_2/V_1)Q_{1,2}} \; e^{\lambda_1 t}$$
$$+ \left[C_2^0 - C_2^\infty - \frac{Q_{1,2}(C_1^0 - C_1^\infty)}{Q_2 - (V_2/V_1)Q_{1,2}} \right] e^{\lambda_2 t} \tag{5.38}$$

mit

$$C_2^\infty = \frac{J_2 + Q_{1,2}C_1^\infty}{Q_2 + V_2 k_\lambda} \tag{5.39}$$

Um dieses formal ziemlich kompliziert aussehende Ergebnis zu illustrieren, betrachten wir den konkreten Fall einer Seenkette, in welcher der Abfluss eines relativ großen Sees in einen viel kleineren See mündet. Vielleicht ahnen Leser und Leserinnen intuitiv schon, wie sich eine radioaktive Substanz mit der Halbwertszeit $\tau_{1/2}$ von ungefähr 12 a (es könnte sich um Tritium ^{3}H handeln) in diesem System verhält:

See 1:

	$V_1 =$	100×10^9 m^3
	$Q_{1,2} =$	30×10^8 m^{3}a^{-1}
	$J_1 =$	300×10^9 Bq a^{-1}
$\Rightarrow$mittlere Aufenthaltszeit	$\tau_1 = V_1/Q_{1,2}$	33 a

See 2:

	$V_2 =$	5×10^9 m^3
	$Q_2 =$	45×10^8 m^{3}a^{-1}
	$J_2 =$	190×10^9 Bq a^{-1}
$\Rightarrow$mittlere Aufenthaltszeit	$\tau_2 = V_2/Q_2$	1.1 a

Zerfallskonstante des Isotops:	$k_\lambda =$	0.06 a^{-1}
Halbwertszeit	$\tau_{1/2} =$	11.6 a

Aus den Gleichungen (5.37) und (5.39) berechnen wir die stationären Konzentrationen:

$$\begin{aligned} C_1^\infty &= 33 \text{ Bq m}^{-3} \\ C_2^\infty &= 60 \text{ Bq m}^{-3} \end{aligned}$$

Nehmen wir an, die Zufuhr des Isotops (J_1 und J_2) würde schlagartig gestoppt. Diese Annahme ist natürlich unrealistisch, denn auch das Einzugsgebiet der beiden Seen verfügt über ein „Gedächtnis" z.B. im Boden, von wo das Isotop nur langsam ausgewaschen wird. Trotzdem können wir uns mit der hypothetischen Frage beschäftigen, wie sich die Konzentration in den beiden Seen, C_1 und C_2, entwickeln würde.

Zuerst stellen wir fest, dass die einzige Veränderung im Gleichungssystem (5.33) die beiden inhomogenen Terme betrifft ($J_1 = J_2 = 0$), sich aber die Systemmatrix $\mathbf{P}$ und damit auch die Eigenwerte nicht verändern. Diese haben die folgenden Werte:

$$\lambda_1 = -0.09 \text{ a}^{-1}; \qquad \lambda_2 = -0.96 \text{ a}^{-1}$$

Gemäß Gleichung (5.16) bestimmt der betragsmäßig kleinere Eigenwert λ_1 die Reaktion der Seenkette auf die Veränderung beim Input:

$$\tau_{5\%} = \frac{3}{0.09 \text{ a}^{-1}} = 33 \text{ a}$$

Tatsächlich setzen sich die beiden Eigenwerte je aus der Wasserdurchflussrate und der Zerfallskonstanten zusammen. In diesem Beispiel kann man sie also den beiden Untersystemen eindeutig zuweisen. Der Eigenwert λ_1 beschreibt das Isotop im ersten See, λ_2 dasjenige im zweiten See. In Abbildung 5.6 ist die Abnahme des Tritiums in den beiden Seen dargestellt. Ausgehend von der Stationärkonzentration nimmt die Tritiumkonzentration im zweiten See sehr schnell ab. Der erste See reagiert sehr viel langsamer. Hätte der zweite See keinen Oberliegersee, wäre dessen Anpassungszeit viel kleiner, nämlich $\tau_{5\%}$(See 2)= $3/0.96 \approx 3$ a. Das Gedächtnis von See 2 steckt also im Wasserkörper des vorgeschalteten Sees 1, so wie übrigens das Gedächtnis beider Seen mit großer Wahrscheinlichkeit in den Böden der entsprechenden Einzugsgebiete liegt. In der Aufgabe 5.2 kommen wir wieder auf dieses Beispiel zurück.

5.1.5 Zweibox-Modell für geschichtete Systeme

In den Kapiteln 2 und 4 haben wir uns u.a. mit der Modellierung von Phosphor in einem See beschäftigt. Wir wollen das bisherige Einbox-Modell in den folgenden beiden Beispielen weiter ausbauen und dabei ein neues Element für die Konstruktion von Modellen kennen lernen.

Abb. 5.6: *Die Tritiumkonzentration in den beiden Seen nimmt langsam ab.*

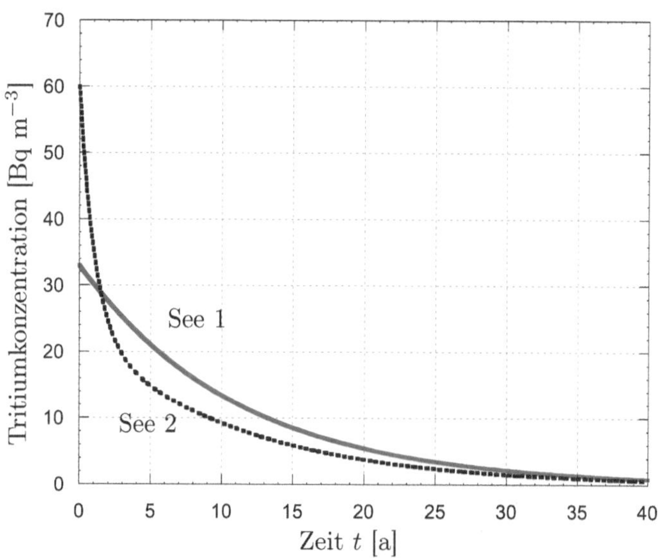

Beispiel 5.7 (See mit Schichtungsparameter)

Untersuchungen zum Phosphorhaushalt in einem See zeigen, dass das Modell des linearen Durchflussreaktors nicht immer gültig ist, da die Phosphorkonzentration im Abfluss des Sees meist kleiner ist als die mittlere Konzentration im See. Der See ist offenbar nicht vollständig durchmischt, sondern bzgl. Phosphor geschichtet. Man könnte die dynamische Gleichung (4.22) für die Konzentration eines Stoffes im See folgendermaßen anpassen:

$$\frac{\mathrm{d}C}{\mathrm{d}t} = k_w C_{in} - k_w C_{Ab} - k_s C \tag{5.40}$$

C_{Ab} $\quad$ [ML^{-3}] $\quad$ mittlere Konzentration im Abfluss

Der Preis für diese Erweiterung ist das Auftauchen einer neuen Systemvariablen C_{Ab}. Es stellt sich die Frage, wie diese mit C zusammenhängt. Als ersten Versuch setzt man:

$$\frac{C_{Ab}}{C} = \gamma = \text{const.} \tag{5.41}$$

γ $\quad$ [-] $\quad$ Schichtungsparameter für Phosphor

Damit kann man die Systemvariable C_{Ab} in Gleichung (5.40) eliminieren und erhält wieder ein Einbox-Modell, das allerdings im Vergleich zu Gleichung (4.22) modifiziert ist:

$$\frac{\mathrm{d}C}{\mathrm{d}t} = k_w C_{in} - (\gamma k_w + k_s)C \tag{5.42}$$

Die Stationärkonzentration im See lautet:

$$C^\infty = C_{in}\frac{k_w}{\gamma k_w + k_s} \tag{5.43}$$

Die entsprechende Stationärkonzentration des Sees als vollständig durchmischter Durchflussreaktor wäre hingegen (s. Gl. 4.25):

$$C^\infty = C_{in}\frac{k_w}{k_w + k_s} \tag{5.44}$$

Da im Sommer in den meisten Seen die Phosphorkonzentration als Folge des Algenwachstums abnimmt, ist der Schichtungsparameter meistens kleiner als eins: $\gamma < 1$. Dann ist also die stationäre Phosphorkonzentration im geschichteten See höher als im vollständig durchmischten Fall. Umgekehrt ist die Abflusskonzentration um den Faktor γ reduziert, so dass insgesamt der Schichtungsparameter (falls $\gamma < 1$ ist) im Stationärzustand zu einer Vergrösserung des Seerückhaltes führt. Das Modell hat allerdings den Nachteil, dass wir nicht wissen, wie sich der Schichtungsparameter γ verhält, wenn sich die Phosphorkonzentration im See verändert. Um diesen Mangel zu beheben, müssen wir ein echtes Zweibox-Modell konstruieren.

Viele Süßwasserseen sind im Sommer thermisch geschichtet. Warmes und damit leichtes Wasser schwimmt auf dem schweren, kalten Tiefenwasser (Abb. 5.7). Als Folge dieser Temperaturverteilung ist die vertikale Wasserzirkulation in der Tiefenzone mit dem größten Dichtegradienten gedämpft. Diese Zone nennt man Sprungschicht. Oberhalb der Sprungschicht liegt das so genannte (warme) Epilimnion, darunter das (kalte) Hypolimnion.

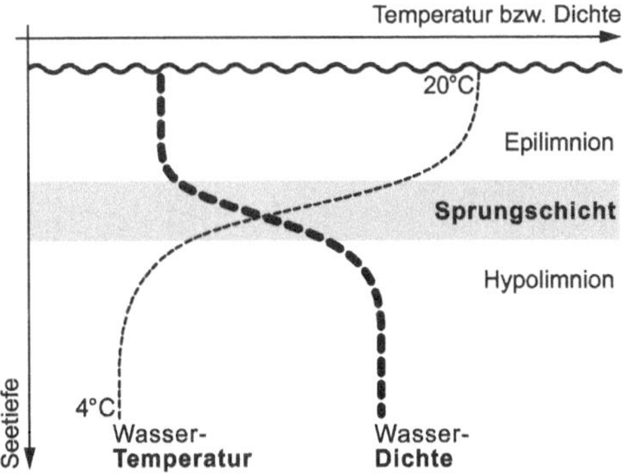

Abbildung 5.7: *Vertikales Temperatur- und Dichteprofil durch einen See während der Sommermonate. Der See ist in zwei Schichten unterteilt. Das warme Oberflächenwasser heißt Epilimnion, das kalte Tiefenwasser Hypolimnion. Dazwischen liegt die so genannte Sprungschicht. Der vertikale Wasser- und Stofftransport ist im Vergleich zum übrigen Wasserkörper reduziert.*

Im Kapitel 8 werden wir Modelle kennen lernen, mit welchen wir beispielsweise die Phosphorkonzentration in einem geschichteten See als kontinuierliche Funktion der Tiefe z und der Zeit t, d.h. $C(z,t)$ beschreiben können. Allerdings sind die entstehenden Gleichungen meist so komplex, dass sie sich einer analytischen Diskussion entziehen und numerisch mit Hilfe eines Rechenprogramms gelöst werden müssen.

Mehrbox-Modelle stehen bezüglich ihrer Struktur zwischen den Einbox-Modellen und den räumlich kontinuierlichen Modellen.

Nicht immer ist es gerechtfertigt, vom Einbox-Modell direkt zu diesen Raum-Zeit-Modellen zu springen. Oft bietet sich eine Zwischenlösung an. Das in Abbildung 5.7 gezeichnete Bild zeigt den Weg auf, nämlich die Aufteilung des Sees in zwei Untersysteme, das Epilimnion und das Hypolimnion, wobei beide je als vollständig durchmischt betrachtet werden. Ähnlich könnte man bei der Beschreibung der Atmosphäre durch eine Aufteilung in Troposphäre und Stratosphäre und bei anderen Systemen vorgehen.

Wie in Abbildung 5.8 dargestellt, bringt die räumliche Aufteilung eines Systems die Frage mit sich, wie der Massenfluss zwischen den Untersystemen beschrieben werden soll. Wir werden auf dieses Problem ausführlicher in Kapitel 8.2 zu sprechen kommen. Im nachfolgenden Beispiel nehmen wir das Ergebnis dieser Diskussion ohne nähere Begründung vorweg.

> **Beispiel 5.8 (Der geschichtete See)**
> Das Verhalten eines gelösten chemischen Stoffes in einem See während der Sommermonate soll mit einem Zweibox-Modell beschrieben werden (Abb. 5.8). Als Systemvariable führen wir die mittlere Konzentration im Epilimnion $C_E = M_E/V_E$ und diejenige im Hypolimnion $C_H = M_H/V_H$ ein. Der direkte Stoffeintrag $J_{in} = QC_{in}$ und der Abfluss $J_{out} = QC_E$ beeinflussen nur das Epilimnion. Der Wasseraustausch wird über einen Austauschfluss $Q_{ex}C_E$ bzw. $Q_{ex}C_H$ beschrieben. Wir nehmen dabei an, die gelöste Substanz bewege sich passiv mit dem Wasservolumen Q_{ex}, welches pro Zeiteinheit vom Epilimnion ins Hypolimnion bzw. umgekehrt gelangt. In beiden Boxen soll außerdem ein linearer Abbauprozess berücksichtigt werden. Dabei sind die Abbauraten $k_{r,E}$ und $k_{r,H}$ auf Grund der unterschiedlichen Temperatur- und Lichtverhältnisse in Epi- und Hypolimnion im Allgemeinen verschieden.

Stellen wir wieder als erstes die Massenbilanz für die beiden Boxen auf. Für das Epilimnion lautet sie:

$$\frac{dM_E}{dt} = \{\text{Zufluss}\} - \{\text{Abfluss}\} - \{\text{Abbau}\} \pm \{\text{Austausch}\}$$

$$= QC_{in} - QC_E - k_{r,E}M_E - Q_{ex}C_E + Q_{ex}C_H \tag{5.45}$$

Für das Hypolimnion ergibt sich entsprechend:

$$\frac{dM_H}{dt} = \pm\{\text{Austausch}\} - \{\text{Abbau}\}$$

$$= Q_{ex}C_E - Q_{ex}C_H - k_{r,H}M_H \tag{5.46}$$

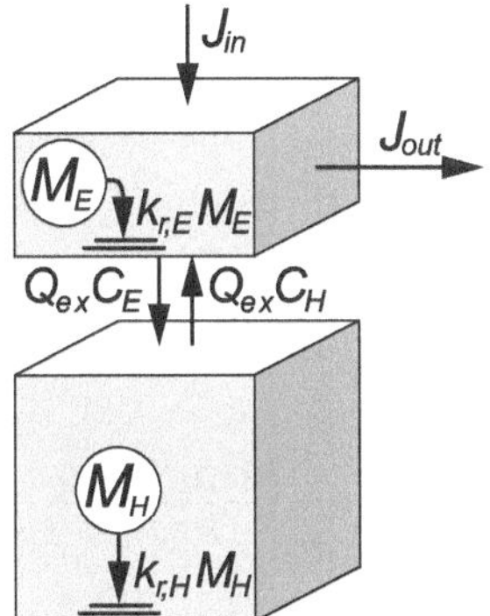

Abb. 5.8: *Zweibox-Modell für einen Stoff mit Abbaureaktion in einem geschichteten See.*

Nach der Division von Gleichung (5.45) durch das Epilimnionvolumen V_E und von Gleichung (5.46) durch das Hypolimnionvolumen V_H erhalten wir die dynamischen Gleichungen für die Konzentrationen:

$$\frac{dC_E}{dt} = \frac{Q}{V_E}C_{in} - \frac{Q}{V_E}C_E - k_{r,E}C_E - \frac{Q_{ex}}{V_E}C_E + \frac{Q_{ex}}{V_E}C_H$$
$$= k_w C_{in} - k_w C_E - k_{r,E}C_E - k_{ex,E}C_E + k_{ex,E}C_H$$
$$= k_w C_{in} - (k_w + k_{r,E} + k_{ex,E})C_E + k_{ex,E}C_H$$

$$\frac{dC_H}{dt} = \frac{Q_{ex}}{V_H}C_E - \frac{Q_{ex}}{V_H}C_H - k_{r,H}C_H$$
$$= k_{ex,H}C_E - k_{ex,H}C_H - k_{r,H}C_H$$
$$= k_{ex,H}C_E - (k_{ex,H} + k_{r,H})C_H \tag{5.47}$$

wobei wir folgende spezifische Raten definiert haben:

$$k_w = \frac{Q}{V_E}, \quad k_{ex,E} = \frac{Q_{ex}}{V_E}, \quad k_{ex,H} = \frac{Q_{ex}}{V_H} \tag{5.48}$$

Wir wollen nun die Lösungen des Modelles diskutieren. Als erstes stellen wir fest, dass die Gleichungen der allgemeinen Form von Gleichung (5.1) entsprechen. Also handelt es sich um ein zweidimensionales lineares Modell. Die inhomogenen Terme lauten dabei:

$$\mathcal{R}_1 = k_w C_{in} \quad \text{und} \quad \mathcal{R}_2 = 0 \tag{5.49}$$

Die Koeffizientenmatrix setzt sich folgendermaßen zusammen:

$$\mathbf{P} = \begin{pmatrix} -(k_w + k_{r,E} + k_{ex,E}) & k_{ex,E} \\ k_{ex,H} & -(k_{ex,H} + k_{r,H}) \end{pmatrix} \tag{5.50}$$

Dies ist keine Dreiecksmatrix mehr. Um die Eigenwerte zu bestimmen, müssten wir die charakteristische Gleichung explizit lösen. Man beachte, dass die Diagonalelemente ein negatives Vorzeichen haben, wohingegen die anderen Koeffizienten außerhalb der Diagonalen positiv sind. Außerdem gilt

$-p_{1,1} > p_{2,1}$ und $-p_{2,2} > p_{1,2}$. Die Eigenwerte einer solchen Matrix sind, wie wir in Kapitel 5.1.4 (Fall b) gesehen haben, immer reell und negativ. Das heißt, dass die Stationärzustände des Systems existieren und auch tatsächlich erreicht werden. Wir können nun Gleichung (5.13) benutzen, um die Stationärkonzentrationen zu berechnen:

$$C_E^\infty = \frac{(k_{ex,H} + k_{r,H})k_w\,C_{in}}{(k_w + k_{r,E} + k_{ex,E})\,(k_{ex,H} + k_{r,H}) - k_{ex,E}k_{ex,H}}$$

$$C_H^\infty = \frac{k_{ex,H}k_w\,C_{in}}{(k_w + k_{r,E} + k_{ex,E})\,(k_{ex,H} + k_{r,H}) - k_{ex,E}k_{ex,H}} \quad (5.51)$$

Ein Beispiel mit Zahlen ist in Tabelle 5.2 zusammengestellt.

Im Stationärzustand erhalten wir beim Zweibox-Modell im Epilimnion, d.h. im Oberflächenwasser des Sees, eine höhere Konzentration als im Tiefenwasser. Diejenigen, welche sich mit Seen auskennen, mag das auf den ersten Blick erstaunen, denn viele Stoffe (so z.B. das gelöste Phosphat) zeigen während der Schichtungsperiode ein anderes Verhalten. Die Konzentration im Tiefenwasser ist größer als diejenige an der Oberfläche. Tauchen solche scheinbaren Inkonsistenzen auf, ist es immer nützlich, die Resultate anhand einfacher Überlegungen auf ihre Konsistenz zu überprüfen. Mit anderen Worten wollen wir wissen, ob die Lösung des Differentialgleichungssystems (5.47) formal korrekt ist.

Betrachten wir die Massenbilanz des Hypolimnions: Um stationäre Verhältnisse zu erreichen, muss der Verlust durch den Abbau mit der Rate $k_{r,H}$ durch einen Nettotransport durch die Sprungschicht kompensiert werden. Der Nettotransport $k_{ex,H}(C_E - C_H)$ ist aber nur dann vom Epilimnion ins Hypolimnion gerichtet, wenn $C_E > C_H$. Also stimmt das Ergebnis formal.

Der scheinbare Widerspruch zwischen Modell und Realität muss somit einen anderen Grund haben. Tatsächlich werden viele Stoffe (so auch der Phosphor) durch einen zusätzlichen Stofftransport beeinflusst, nämlich der durch den (gerichteten) Transport an sedimentierenden (absinkenden) Partikeln vom Epi- ins Hypolimnion. Diesen Prozess haben wir bis jetzt im Modell nicht berücksichtigt. In Aufgabe 5.5 werden dessen Auswirkungen analysiert. Weitere Informationen finden sich im Kapitel 23 von Schwarzenbach et al. (2003).

Noch ein weiteres Problem stellt sich. Überlegen wir einmal wie realistisch es ist anzunehmen, der See befinde sich im Stationärzustand. Wir haben anfangs bemerkt, dass Seen in unserer Klimazone besonders während der Sommermonate eine Schichtung aufweisen. Im Herbst wird diese Schichtung einerseits durch die Abkühlung des Oberflächenwassers und andererseits durch den Einfluss von heftigen Herbststürmen zerstört. Der See wird also u.U. während des Winters vollständig durchmischt, d.h. er kann als Einbox-Modell betrachtet werden. Wir wollen nun die Anpassungszeit für das Zweibox-Modell berechnen und mit der Dauer der warmen Jahreszeiten vergleichen.

Tabelle 5.2: *Zahlenbeispiel für den Stoffhaushalt eines geschichteten Sees*

Volumen:

$$V_{tot} = 150 \times 10^6 \text{ m}^3$$
$$V_E = 50 \times 10^6 \text{ m}^3$$
$$V_H = 100 \times 10^6 \text{ m}^3$$

Wasserdurchfluss: $\quad Q = 0.34 \times 10^6 \text{ m}^3\text{d}^{-1}$

Totaler Stoff-Input: $\quad J_{in} = 40 \text{ t a}^{-1}$

Spezifische Abbauraten $\quad k_{r,E} = 0.02 \text{ d}^{-1}$
$$k_{r,H} = 0.002 \text{ d}^{-1}$$

Wasseraustausch: $\quad Q_{ex} = 0.5 \times 10^6 \text{ m}^3\text{d}^{-1}$

Berechnung der Parameter:

$$C_{in} = \frac{J_{in}}{Q} = \frac{1.1 \times 10^8 \text{mg d}^{-1}}{0.34 \times 10^6 \text{ m}^3\,\text{d}^{-1}} = 320 \text{ mg m}^{-3}$$

$$k_w = \frac{Q}{V_E} = 6.8 \times 10^{-3} \text{ d}^{-1}$$

$$k_{ex,E} = \frac{Q_{ex}}{V_E} = 1 \times 10^{-2} \text{ d}^{-1}$$

$$k_{ex,H} = \frac{Q_{ex}}{V_H} = 5 \times 10^{-3} \text{ d}^{-1}$$

Berechnung der Matrixelemente $p_{i,j}$ und $\mathcal{R}_i$

$$p_{1,1} = -(0.68 \times 10^{-2} + 0.02 + 0.01) \text{ d}^{-1} = -0.0368 \text{ d}^{-1}$$
$$p_{1,2} = 0.01 \text{ d}^{-1} \quad ; \quad p_{2,1} = 0.005 \text{ d}^{-1}$$
$$p_{2,2} = -(0.005 \text{ d}^{-1} + 0.002 \text{ d}^{-1}) = -0.007 \text{ d}^{-1}$$
$$\mathcal{R}_1 = k_w C_{in} = 2.18 \text{ mg m}^{-3}\text{d}^{-1} \quad ; \quad \mathcal{R}_2 = 0$$

Stationärzustände:

$$C_E^\infty = 73 \text{ mg m}^{-3} \quad \text{und} \quad C_H^\infty = 52 \text{ mg m}^{-3}$$

Mittelwert im ganzen See:

$$C^\infty = \frac{1}{V_{tot}}(V_E C_E^\infty + V_H C_H^\infty) = \frac{1}{3}C_E^\infty + \frac{2}{3}C_H^\infty = 59 \text{ mg m}^{-3}$$

Schichtungsparameter im Stationärzustand gemäß Beispiel 5.7:

$$\gamma = \frac{C_{Ab}^\infty}{C^\infty} \approx \frac{C_E^\infty}{C^\infty} = \frac{73}{59} = 1.24$$

Für die Abschätzung der Anpassungszeit brauchen wir die Eigenwerte der Koeffizientenmatrix $\mathbf{P}$. Wir berechnen sie mit Gleichung (5.10):

$$\begin{aligned}
\lambda_1 &= \frac{1}{2}(\mathrm{Sp}(\mathbf{P}) + \sqrt{\Delta(\mathbf{P})}) \\[2mm]
&= \frac{1}{2}(-0.0438 + \sqrt{0.00109})\,\mathrm{d}^{-1} \approx -0.0054\,\mathrm{d}^{-1} \\[2mm]
\lambda_2 &= \frac{1}{2}(\mathrm{Sp}(\mathbf{P}) - \sqrt{\Delta(\mathbf{P})}) \\[2mm]
&= \frac{1}{2}(-0.0438 - \sqrt{0.00109})\,\mathrm{d}^{-1} \approx -0.038\,\mathrm{d}^{-1}
\end{aligned}$$

Die Anpassungszeit lässt sich über den betragsmäßig kleineren Eigenwert abschätzen (Gl. 5.16):

$$\tau_{5\%} \approx \frac{3}{|\lambda_1|} = \frac{3}{0.0054\,\mathrm{d}^{-1}} = 555\,\mathrm{d}$$

Der See müsste also für mehr als ein Jahr geschichtet bleiben, damit sich die oben berechneten Gleichgewichtskonzentrationen im Epi- und Hypolimnion einstellen würden. Das ist aber sicherlich nicht der Fall.

Versuchen wir den komplizierten Mischungszyklus eines Sees im mitteleuropäischen Klima modellhaft zu erfassen. Nehmen wir dafür an, der See werde von anfangs Januar bis Ende April, d.h. für 120 Tage vollständig gemischt. Dann setze die Stagnationsperiode für 8 Monate ein, während welcher der See geschichtet ist. Das Modell des Sees wechselt also zwischen einem Einbox-Modell im Winter und einem Zweibox-Modell im Sommer hin und her. Die Anfangskonzentrationen zu Beginn der Zweibox-Phase sind jeweils identisch ($C_E^0 = C_H^0$); sie entsprechen der Endkonzentration der vorausgehenden Einbox-Phase. Umgekehrt berechnet sich beim Übergang von der Zweibox- zur Einbox-Phase der Anfangswert für das Einboxmodell aus dem volumengewichteten Endzustand der Zweibox-Phase:

$$C^0 = \frac{C_E(t)\,V_E + C_H(t)\,V_H}{V_E + V_H} \tag{5.52}$$

In Abbildung 5.9 ist der Stoffhaushalt für den See von Beispiel 5.8 für einen Jahreszyklus dargestellt. Für das Zweibox-Modell wurden die Koeffizienten mit den Daten aus Tabelle 5.2 verwendet. Für das Einbox-Modell wurden die Eliminationsrate k_r und die Durchflussrate k_w folgendermaßen angepasst:

$$k_r = \frac{k_{r,E}V_E + k_{r,H}V_H}{V_E + V_H} \tag{5.53}$$

$$k_w = \frac{Q}{V_E + V_H} \tag{5.54}$$

Die Darstellung beginnt zur Zeit $t = 0$ mit dem Einsetzen der Schichtung. In Epi- und Hypolimnion bauen sich unterschiedlich hohe Konzentrationen auf. Im Epilimnion steigt die Konzentration, im Hypolimnion fällt

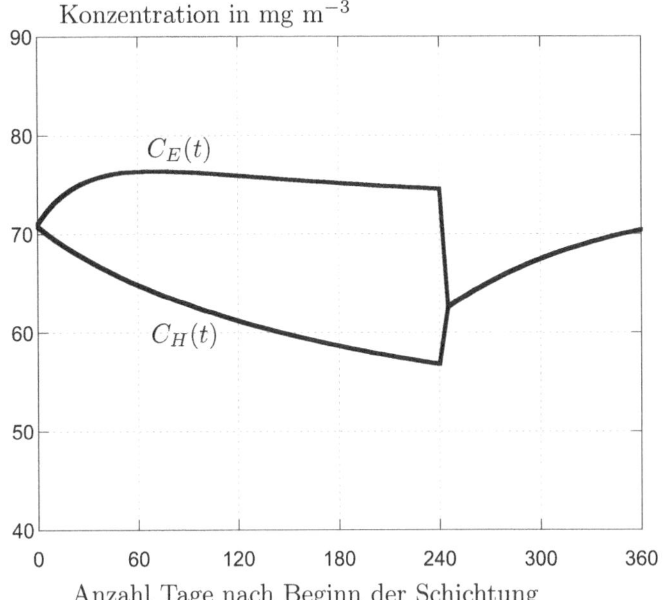

Abb. 5.9: *Der Mischungszyklus eines Sees kann mit einem periodischen Wechsel zwischen Zweibox- und Einbox-Modell simuliert werden. Das Beispiel zeigt den Stoffhaushalt eines gelösten Stoffes mit den Koeffizienten von Tabelle 5.2. Die Koeffizienten für das Einbox-Modell wurden mit den Gleichungen (5.52), (5.53) und (5.54) entsprechend umgerechnet.*

sie, ohne jedoch jeweils die Gleichgewichtskonzentration zu erreichen. Nach 8 Monaten (245 Tagen) wird der See vollständig durchmischt. Im ganzen See stellt sich eine mittlere Konzentration ein, die im Lauf der folgenden 120 Tage wieder ansteigt. Dann beginnt der Zyklus wieder von vorn.

In Wirklichkeit erfolgt der Übergang zwischen der totalen Mischung im Winter und der vollständigen Schichtung im Sommer nicht plötzlich, sondern allmählich. Die grundsätzliche Wirkung des Mischungszyklus wird aber trotz dieser Vereinfachung mit dem beschriebenen Zweiphasen-Modell gut wiedergegeben.

5.1.6 Lineare Modelle mit nichtreellen Eigenwerten

Die bisher behandelten Beispiele basieren alle auf dem Prinzip der Massenbilanz von Systemen mit linearen Transformations- und Transportprozessen. Wir haben gesehen, dass die Koeffizientenmatrix solcher Modelle immer zu nichtpositiven Eigenwerten führt und der Stationärzustand tatsächlich erreicht wird.

Lineare zweidimensionale Systeme können, wie bereits in Kapitel 5.1.2 angedeutet, nichtreelle Eigenwerte haben. Schauen wir uns dazu als Beispiel das lineare homogene Differentialgleichungssystem mit den beiden Funktionen $y_1(t)$ und $y_2(t)$ an, ohne uns vorerst darüber Gedanken zu machen, was diese Variablen bedeuten könnten.

Beispiel 5.9 (System mit rein imaginären Eigenwerten)

$$\frac{dy_1}{dt} = k_1 y_2$$

$$\frac{dy_2}{dt} = -k_2 y_1 \qquad \text{mit} \quad k_1, k_2 > 0 \tag{5.55}$$

Die zeitliche Ableitung von y_1 ist proportional zu y_2, die Ableitung von y_2 proportional zu y_1. Diese Abhängigkeit „übers Kreuz" lässt uns bereits ahnen, dass die Lösungen des Differentialgleichungssystems die trigonometrischen Funktionen sein müssen. Doch schauen wir uns zuerst die Koeffizientenmatrix des Systems an. Sie hat die Form:

$$\mathbf{P} = \begin{pmatrix} 0 & k_1 \\ -k_2 & 0 \end{pmatrix} \tag{5.56}$$

Ihre charakteristische Gleichung (5.11) lautet:

$$\lambda^2 + k_1 k_2 = 0$$
$$\lambda^2 = -k_1 k_2 \tag{5.57}$$

Da k_1, k_2 positiv sind, erhalten wir zwei rein imaginäre Eigenwerte:

$$\lambda = \pm i\sqrt{k_1 k_2} = \pm i\omega \qquad \text{mit} \quad \omega = \sqrt{k_1 k_2} \tag{5.58}$$

Auch bei diesem Modell können wir ganz formal den allgemeinen Lösungsansatz (5.12) benützen. Da es sich um ein homogenes Gleichungssystem handelt ($\mathcal{R}_i = 0$), ist der Stationärzustand gemäß Gleichung (5.13) $y_i^\infty = 0$. Die Lösungen sind deshalb von der Form:

$$y_1(t) = a_{1,1} e^{i\omega t} + a_{1,2} e^{-i\omega t}$$
$$y_2(t) = a_{2,1} e^{i\omega t} + a_{2,2} e^{-i\omega t} \tag{5.59}$$

bzw. lassen sich durch eine Summe zweier trigonometrischer Funktionen ausdrücken:[6]

$$y_1(t) = b_{1,1} \cos \omega t + b_{1,2} \sin \omega t$$
$$y_2(t) = b_{2,1} \cos \omega t + b_{2,2} \sin \omega t \tag{5.60}$$

Die Konstanten $b_{i,j}$ werden durch die Anfangsbedingung (y_1^0, y_2^0) festgelegt. Wählen wir beispielsweise für $t = 0$:

$$y_1^0 = 0 \quad , \qquad y_2^0 = 1 \tag{5.61}$$

---

[6]Den Zusammenhang zwischen den Darstellungen (5.59) und (5.60) berechnet man aus der Euler'schen Beziehung $e^{i\omega t} = \cos \omega t + i \sin \omega t$. Sind die Variablen $y_i(t)$ reelle Funktionen, gilt dies auch für die Koeffizienten $b_{i,j}$. Die $a_{i,j}$ von Gleichung (5.59) sind hingegen im allgemeinen Fall komplexe Zahlen. Für Details siehe Anhang C.4.

dann erhalten wir aus Gleichung (5.60) mit $b_{1,1} = 0$ und $b_{2,1} = 1$

$$\begin{aligned}
y_1(t) &= b_{1,2} \sin \omega t \\
y_2(t) &= \cos \omega t + b_{2,2} \sin \omega t \;.
\end{aligned}$$

Um die beiden anderen Konstanten $b_{i,j}$ zu bestimmen, setzen wir Gleichung (5.60) in die Differentialgleichungen (5.55) ein und erhalten dann die Identitäten:

$$\begin{aligned}
\frac{dy_1}{dt} &= \omega b_{1,2} \cos \omega t = k_1 \left(\cos \omega t + b_{2,2} \sin \omega t \right) \\
\frac{dy_2}{dt} &= -\omega \sin \omega t + \omega b_{2,2} \cos \omega t = -k_2 b_{1,2} \sin \omega t
\end{aligned}$$

welche nur erfüllt sein können, falls $b_{2,2} = 0$ und $b_{1,2} = \omega/k_2 = (k_1/k_2)^{1/2}$ ist.

Wir erhalten damit als Lösung für die gewählte Anfangsbedingung

$$\begin{aligned}
y_1(t) &= \sqrt{\frac{k_1}{k_2}} \sin \omega t \\
y_2(t) &= \cos \omega t
\end{aligned} \tag{5.62}$$

In Abbildung 5.10 sind die Funktionen als Zeit- und als Zustandsdiagramm für den Fall $\frac{k_1}{k_2} = 4$ dargestellt. Das Zeitdiagramm zeigt zwei ungedämpfte harmonische Schwingungen, welche um eine Viertelperiode versetzt sind. Das Zustandsdiagramm zeigt eine geschlossene Ellipse als Trajektorie. Das System kreist um den Stationärzustand, ohne ihn je zu erreichen.

Ungedämpfte Schwingungen

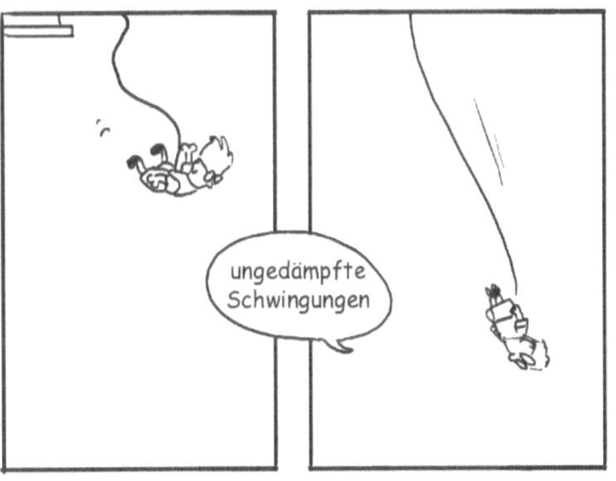

Wie wir im Folgenden zeigen werden, stellt eine ungedämpfte Schwingung eine sehr außergewöhnliche Situation dar. Das System ist in einem bestimmten Sinne instabil, weil ein beliebig kleiner Term in einer der beiden Gleichungen das Langzeitverhalten des Systems radikal verändert. Dazu betrachten wir das folgende Beispiel:

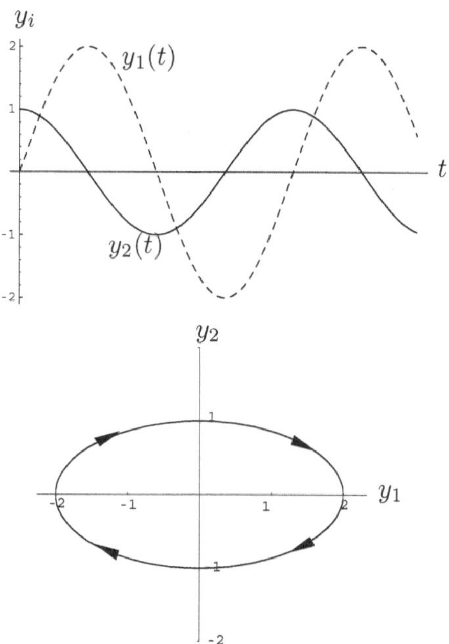

Abb. 5.10: *Darstellung der Lösung (5.60) mit der Anfangsbedingung $y_1^0 = 0$ und $y_2^0 = 1$, oben als Zeitdiagramm und unten als Zustandsdiagramm. $(k_1/k_2) = 4$.*

Beispiel 5.10 (Schwingung mit Dämpfungsterm)
In der zweiten Gleichung des Modells (5.55) führen wir den zusätzlichen Term $-\varepsilon y_2$ ein, wobei ε vorerst ein beliebiger positiver Parameter ist. Die modifizierten Modellgleichungen lauten:

$$\frac{\mathrm{d}y_1}{\mathrm{d}t} = k_1 y_2$$

$$\frac{\mathrm{d}y_2}{\mathrm{d}t} = -k_2 y_1 - \varepsilon y_2, \qquad \varepsilon > 0 \tag{5.63}$$

Das Modell hat die Koeffizientenmatrix

$$\mathbf{P} = \begin{pmatrix} 0 & k_1 \\ -k_2 & -\varepsilon \end{pmatrix} \tag{5.64}$$

und die gegenüber (5.57) leicht modifizierte charakteristische Gleichung

$$\lambda^2 + \lambda\varepsilon + k_1 k_2 = 0 \tag{5.65}$$

mit den Eigenwerten

$$\lambda_i = \frac{1}{2}\left(-\varepsilon \pm \sqrt{\varepsilon^2 - 4k_1 k_2}\right) = -\frac{\varepsilon}{2} \pm \sqrt{\frac{\varepsilon^2}{4} - k_1 k_2} \tag{5.66}$$

Dieses Resultat vereinigt das ganze Verhaltensspektrum von zweidimensionalen linearen Schwingungssystemen, welche durch das Differentialgleichungssystem (5.63) beschrieben werden. Zuerst stellen wir fest, dass Gleichung (5.55) als Spezialfall in (5.63) enthalten ist ($\varepsilon = 0$). Jenes System hat als Lösungen ungedämpfte Schwingungen. Wenn wir nun ε beliebig wenig über null hinaus wachsen lassen, so dass $\varepsilon^2 \ll 4k_1 k_2$ bleibt, ist der Ausdruck unter der Wurzel von (5.66) sicher negativ und man kann die Eigenwerte folgendermaßen approximieren:

$$
\begin{aligned}
\lambda_i &= -\frac{\varepsilon}{2} \pm \mathrm{i}\sqrt{k_1 k_2 - \frac{\varepsilon^2}{4}} \\
&\approx -\frac{\varepsilon}{2} \pm \mathrm{i}\sqrt{k_1 k_2} \\
&= -\frac{\varepsilon}{2} \pm \mathrm{i}\omega, \qquad \omega = \sqrt{k_1 k_2}
\end{aligned}
\qquad (5.67)
$$

wobei ω identisch ist mit der Definition in Gleichung (5.58). Beachte dass ε zwar in der Wurzel vernachlässigt werden kann, nicht aber vor der Wurzel, denn dieser gegenüber Gleichung (5.58) zusätzliche Term verwandelt die rein imaginären Eigenwerte in komplexe Zahlen mit negativem Realteil. Aus Tabelle 5.1 (Fall 5) wissen wir schon, dass die Lösung der entsprechenden Differentialgleichung eine gedämpfte Schwingung ist.

Schauen wir uns diese Lösungen genauer an. Sie haben analog zu Gleichung (5.60) die Form:

$$
\begin{aligned}
y_1(t) &= a_{1,1}\mathrm{e}^{(-\frac{\varepsilon}{2}+\mathrm{i}\omega)t} + a_{1,2}\mathrm{e}^{(-\frac{\varepsilon}{2}-\mathrm{i}\omega)t} \\
&= \mathrm{e}^{-\frac{\varepsilon}{2}t}\left[a_{1,1}\mathrm{e}^{\mathrm{i}\omega t} + a_{1,2}\mathrm{e}^{-\mathrm{i}\omega t}\right] \\
y_2(t) &= \mathrm{e}^{-\frac{\varepsilon}{2}t}\left[a_{2,1}\mathrm{e}^{\mathrm{i}\omega t} + a_{2,2}\mathrm{e}^{-\mathrm{i}\omega t}\right]
\end{aligned}
\qquad (5.68)
$$

Drückt man diese Gleichungen durch Sinus- und Cosinusfunktionen aus, erhalten wir eine modifizierte Form von (5.60), in der vor der rechten Seite der Gleichungen der Faktor $\mathrm{e}^{-\frac{\varepsilon}{2}t}$ steht. Dieser Term bewirkt, dass die Schwingung gedämpft ist und das Modell für $t \to \infty$ den Stationärzustand null erreicht (Abb. 5.11a). Dieser scheinbar so unwichtige kleine Term $-\varepsilon y_2$ in Gleichung (5.63) verändert somit das Langzeitverhalten des Modells radikal. Wir nennen dieses Verhalten eines Modells eine strukturelle Instabilität.

Lineare Modelle mit rein imaginären Eigenwerten sind strukturell instabil.

Strukturelle Instabilität

Nimmt ε zu, aber erfüllt immer noch die Bedingung $\varepsilon < 4k_1k_2$, so ist der Ausdruck unter der Wurzel in Gleichung (5.67) immer noch negativ, d.h. die Eigenwerte bleiben nichtreell. Hingegen sinkt nun die Kreisfrequenz ω, welche bei schwacher Dämpfung praktisch gleich groß ist wie im ungedämpften Fall, zu tieferen Werten

$$\omega \to \omega^\star = \sqrt{k_1 k_2 - \frac{\varepsilon^2}{4}} \tag{5.69}$$

Eine radikale Änderung des Verhaltens ergibt sich für

$$\frac{\varepsilon^2}{4} \geq k_1 k_2 \tag{5.70}$$

Nach Gleichung (5.66) sind jetzt beide Eigenwerte reell und negativ und das System „kriecht" ohne Oszillation gegen den Stationärzustand $y_1 = y_2 = 0$ (s. Abb. 5.11b). Weil dieses System, wie wir in Beispiel 5.11 sehen werden, unter anderem auch zur Beschreibung eines Oszillators oder Pendels benützt werden kann, nennt man ein System mit starker Dämpfung auch Kriechpendel.

Abb. 5.11: *a) Schwach gedämpfte Schwingung, links als Zeitdiagramm, rechts als Zustandsdiagramm für $(k_1 = 4,\ k_2 = 1)$ und $\varepsilon = 1$. b) stark gedämpfte Schwingung (Kriechpendel) mit $\varepsilon = 6$ und unverändertem k_i.*

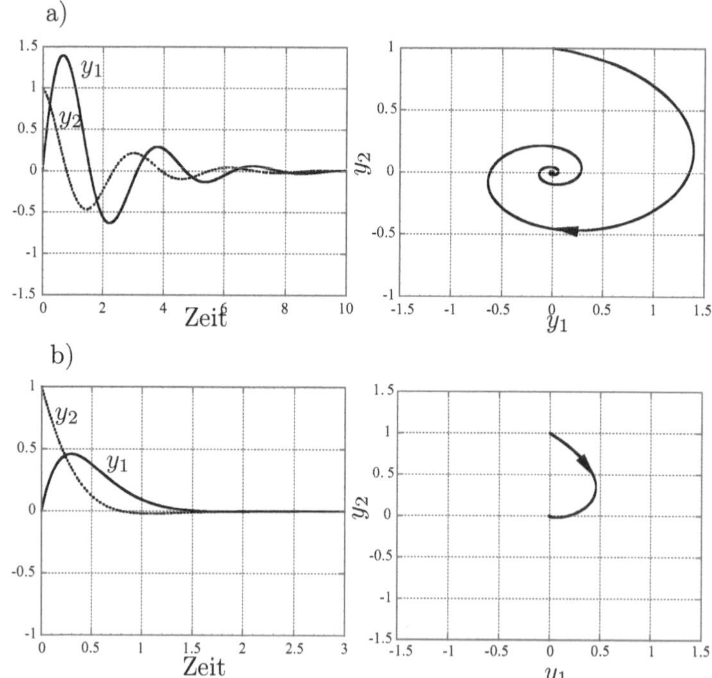

Als konkretes Beispiel für ein Modell mit einer strukturellen Instabilität soll ein Phänomen aus der klassischen Physik dienen, der harmonische Oszillator. Im Kapitel 6 werden wir eine weitere Anwendung aus einem ganz anderen Gebiet kennen lernen.

Beispiel 5.11 (Der harmonische Oszillator)
Wir betrachten die Masse M, welche durch eine Feder mit konstanter Federkonstante f in einer Ruhelage gehalten wird. Die Federkonstante beschreibt den linearen Zusammenhang zwischen der Federkraft K und der Federauslenkung aus der Ruhelage x:

$$K = -fx \tag{5.71}$$

Lenkt man M aus der Ruhelage aus, so erfährt die Masse nach dem Newton'schen Gesetz eine Beschleunigung:

$$M\frac{\mathrm{d}^2 x}{\mathrm{d}t^2} = K = -fx \tag{5.72}$$

x	$[\mathrm{L}]$	Auslenkung aus der Ruhelage
f	$[\mathrm{MT}^{-2}]$	Federkonstante (Kraft pro Auslenkung)
M	$[\mathrm{M}]$	Masse
K	$[\mathrm{MLT}^{-2}]$	Federkraft

Die Lösungen von Gleichung (5.72) sind harmonische Schwingungen. Um die Verwandtschaft mit dem vorhergehenden Modell (Gl. 5.55) zu demonstrieren, wählen wir für den harmonischen Oszillator die neuen Variablen:

$$\begin{aligned} y_1 &\equiv x \\ y_2 &\equiv \frac{\mathrm{d}x}{\mathrm{d}t} \end{aligned} \tag{5.73}$$

Leitet man y_1 nach der Zeit t ab, so folgt:

$$\frac{\mathrm{d}y_1}{\mathrm{d}t} = \frac{\mathrm{d}x}{\mathrm{d}t} = y_2 \tag{5.74}$$

Formt man andererseits Gleichung (5.72) mit der Beziehung

$$\frac{\mathrm{d}^2 x}{\mathrm{d}t^2} = \frac{\mathrm{d}y_2}{\mathrm{d}t} \tag{5.75}$$

um, so folgt:

$$M\frac{\mathrm{d}y_2}{\mathrm{d}t} = -fy_1 \tag{5.76}$$

oder

$$\frac{\mathrm{d}y_2}{\mathrm{d}t} = -\omega^2 y_1 \qquad \text{mit} \qquad \omega = \sqrt{\frac{f}{M}} \tag{5.77}$$

Die dynamische Gleichung (5.72) für den harmonischen Oszillator ist eine Differentialgleichung zweiter Ordnung. Wir haben sie durch obige Umformungen in ein System von zwei Differentialgleichungen erster Ordnung überführt mit dem Gleichungspaar (5.74) und (5.77). Das Differentialgleichungssystem hat die Koeffizientenmatrix:

$$\mathbf{P} = \begin{pmatrix} 0 & 1 \\ -\omega^2 & 0 \end{pmatrix} \tag{5.78}$$

Man kann sich leicht davon überzeugen, dass diese Matrix die gleichen Eigenwerte besitzt wie Gleichung (5.55). Deshalb ist auch das Modell des harmonischen Oszillators strukturell instabil. Führen wir nämlich in Gleichung (5.72) einen (noch so kleinen) Dämpfungsterm ein, der proportional zur Geschwindigkeit $\frac{dx}{dt}$ ist (γ: Dämpfungskonstante), so ergibt sich:

$$M\frac{d^2x}{dt^2} = -fx - \gamma\frac{dx}{dt} \tag{5.79}$$

bzw. umgeformt als Differentialgleichungssystem erster Ordnung:

$$\begin{aligned} \frac{dy_1}{dt} &= y_2 \\ \frac{dy_2}{dt} &= -\omega^2 y_1 - \frac{\gamma}{M}y_2 = -\omega^2 y_1 - \varepsilon y_2 \end{aligned} \tag{5.80}$$

Die Dämpfungskonstante pro Masse, γ/M, übernimmt somit die Rolle von ε in Gleichung (5.63). Die Amplitude der Schwingung um den Gleichgewichtspunkt wird mit der Zeit t immer kleiner, bis der Oszillator schließlich in der Ruhelage ($x = 0$) stehen bleibt. Überschreitet die Dämpfung einen bestimmten Wert, so „kriecht" der Oszillator in diese Ruhelage. Wir werden in Kapitel 6 bei der Behandlung nichtlinearer Systeme auf dieses Verhalten bei zweidimensionalen nichtlinearen Modellen zurück kommen.

Fassen wir nun das bisher Gesagte zusammen. Um das Verhalten des Modells bzgl. des Stationärzustandes zu untersuchen, müssen wir die Eigenwerte der Koeffizientenmatrix berechnen. Sind die beiden Eigenwerte λ_i reell und negativ bzw. null, so erreicht das Modell einen stationären Zustand. Treten nichtreelle Eigenwerte auf, so gilt das oben Gesagte immer noch, solange die Realteile der Eigenwerte negativ oder null sind. Treten rein imaginäre Eigenwerte auf, oszilliert das Modell ungedämpft. Eigenwerte mit positiven Realteilen führen zu Lösungen, die gegen unendlich divergieren.

5.2 Lineare Modelle mit mehreren Systemvariablen

Multibox-Modell

Von den linearen Modellen mit zwei Variablen zu linearen Modellen mit mehreren Variablen ist es nur noch ein kleiner Schritt. Die Koeffizientenmatrix $\mathbf{P}$ wird nun entsprechend der Zahl n der Systemvariablen zur $(n \times n)$-Matrix:

$$\mathbf{P} = \begin{pmatrix} p_{1,1} & p_{1,2} & \cdots & p_{1,n} \\ p_{2,1} & p_{2,2} & \cdots & p_{2,n} \\ \vdots & & & \\ p_{n,1} & p_{n,2} & \cdots & p_{n,n} \end{pmatrix} \tag{5.81}$$

Die Lösung der so entstehenden n-dimensionalen Differentialgleichungssysteme besteht wiederum aus Summen von exponentiellen Termen der Form $e^{\lambda_i t}$, wobei λ_i die Eigenwerte der Koeffizientenmatrix sind.[7] Für ein Modell mit n Systemvariablen erhalten wir somit als Lösung:

$$\begin{aligned} \mathcal{V}_1(t) &= a_{1,0} + a_{1,1}e^{\lambda_1 t} + a_{1,2}e^{\lambda_2 t} + \ldots + a_{1,n}e^{\lambda_n t} \\ \mathcal{V}_2(t) &= a_{2,0} + a_{2,1}e^{\lambda_1 t} + a_{2,2}e^{\lambda_2 t} + \ldots + a_{2,n}e^{\lambda_n t} \\ &\vdots \\ \mathcal{V}_n(t) &= a_{n,0} + a_{n,1}e^{\lambda_1 t} + a_{n,2}e^{\lambda_2 t} + \ldots + a_{n,n}e^{\lambda_n t} \end{aligned} \tag{5.82}$$

oder kurz

$$\mathcal{V}_i(t) = a_{i,0} + \sum_{j=1}^{n} a_{i,j}e^{\lambda_j t} \quad , \qquad i = 1, \ldots n \tag{5.83}$$

Die Eigenwerte der Koeffizientenmatrix werden wie bei den zweidimensionalen Modellen mit der charakteristischen Gleichung berechnet, was bei großen Matrizen am einfachsten mit einem geeigneten Computerprogramm

---

[7]Wir nehmen hier zur Vereinfachung an, das System habe keine mehrfachen Eigenwerte.

geschieht. Das Verhalten von mehrdimensionalen Modellen kann dann wie bei den zweidimensionalen Modellen anhand der Eigenwerte analysiert werden. Sind alle Eigenwerte reell und negativ, so sind die Koeffizienten $a_{i,0}$ identisch mit den entsprechenden Stationärzuständen $\mathcal{V}_i^\infty$ des Systems.

Es ist in den wenigsten Fällen sinnvoll, sehr große lineare Modelle zu konstruieren. Wenn schon ein Sachverhalt nach einem komplizierteren Modell verlangt, dann kommt man meistens nicht um gewisse nichtlineare Komponenten herum. Aus diesem Grund wollen wir uns hier mit einem einzigen Beispiel begnügen; ein weiteres findet sich in der Aufgabe 5.3.

Der Kohlenstoff-Kreislauf ist einer der wichtigsten geochemischen Kreisläufe unserer Umwelt. Wir wollen hier versuchen, ihn stark vereinfachend mit einem linearen mehrdimensionalen Modell zu beschreiben.

Beispiel 5.12 (Der globale Kohlenstoff-Kreislauf)
Abbildung 5.12 zeigt in sehr vereinfachter Form den globalen Kohlenstoff-Kreislauf als Boxschema. Kohlenstoff wird in den geochemischen Reservoirs Atmosphäre, Ozeanoberfläche und Tiefsee vor allem in Form von Kohlendioxid (CO_2) bzw. von Karbonat ($CO_3^=$ oder HCO_3^-) gespeichert und zwischen den Reservoirs ausgetauscht. Ein viertes wichtiges Kohlenstoff-Reservoir ist die Land-Biomasse. Die Biomasse im Meer ist hingegen so klein, dass man sie vernachlässigen kann. Die Größe der vier Boxen und die Pfeildicke der Flüsse entspricht in etwa dem vorindustriellen Stationärzustand des Systems. Das weitaus größte Reservoir stellt die Tiefsee dar, das kleinste die Atmosphäre. Wichtig wird die Tatsache sein, dass der Kohlenstoff-Austausch zwischen der Tiefsee und den anderen Reservoirs klein ist.
Mit Beginn der starken Industrialisierung Mitte des neunzehnten Jahrhunderts führte die Verbrennung von fossilem Kohlenstoff, anfangs Kohle dann hauptsächlich Erdöl und Erdgas, zu einem Anstieg der CO_2-Konzentration in der Atmosphäre. Die vorindustrielle CO_2-Konzentration betrug 280 ppmv[a]. Der Wert in der Atmosphären-Boxe in Abbildung 5.12 entspricht dieser Konzentration. Abbildung 5.13 zeigt den rasanten Anstieg der atmosphärischen CO_2-Konzentration während der letzten 150 Jahre. Die CO_2-Konzentration in der Atmosphäre hat mittlerweile den Wert 360 ppmv überschritten. Der Kohlenstoff-Kreislauf ist nicht mehr im Gleichgewicht.

---

[a]Die Einheit ppmv ist eine dimensionslose Konzentrationsangabe. Sie bedeutet *parts per million* auf das Volumen bezogen. Die Konzentrationsangabe 1 ppmv bedeutet also, dass 10^{-6} Volumenanteile in der Luft aus CO_2 bestehen.

Wir wollen versuchen, aus dem vorindustriellen Stationärzustand (Abb. 5.12) ein dynamisches Modell zu konstruieren. Dabei behandeln wir die Störung des Systems durch die Verbrennung der fossilen Brennstoffe als zeitliche Singularität, d.h. wir führen die totale Menge von 300×10^{15} g C auf einen Schlag zur Zeit $t = 0$ in die Atmosphäre ein.

Das Modell soll für die Beantwortung der folgenden drei Fragen dienen:

1. Wie verläuft das Kohlenstoffinventar $M_i(t)$ in den vier Boxen?

2. Wo wird langfristig der zusätzliche Kohlenstoff zu finden sein?

3. Wie lange dauert es, bis das System wieder im Gleichgewicht ist, falls keine weitere (anthropogene oder natürliche) Störung auftritt?

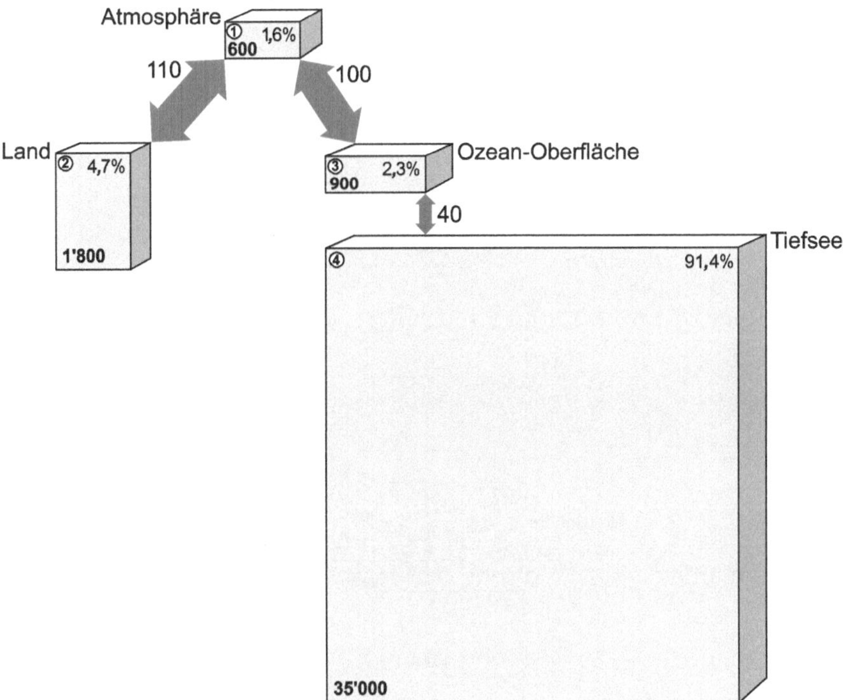

Abb. 5.12: *Vereinfachtes globales Kohlenstoff-Modell mit den wichtigsten Austauschflüssen. Die Zahlen in den Boxen geben das Kohlenstoffinventar an (Einheiten $10^{15}\,g\,C$), die Zahlen bei den Pfeilen die jährlichen Flüsse (Einheiten $10^{15}\,g\,C\,a^{-1}$), die Prozentzahlen den relativen Anteil der Box am gesamten Kohlenstoffinventar des Modells. Die Situation entspricht etwa dem vorindustriellen Stationärzustand. (Zahlen vereinfacht nach Moore et al. (1994)).*

Wie kommen wir nun von dem statischen Bild in Abbildung 5.12 zu einem dynamischen Modell? An diesem Punkt müssen wir eine Annahme darüber treffen, wie die Flüsse $F_{i,j}$ zwischen den Boxen auf die Veränderungen der Stoffmenge in den Reservoirs reagieren. In der gewählten Schreibweise für die Flüsse bezieht sich der erste Index (i) auf die empfangende Box, der zweite Index (j) auf die Ursprungs-Box. Da wir ein lineares Modell konstruieren wollen, besteht die einfachste Möglichkeit darin, die Flüsse $F_{i,j}$ als lineare Funktionen des Inhaltes M_j der Ursprungs-Box zu beschreiben. Schauen wir uns dazu zuerst die beiden Boxen „Atmosphäre" und „Land" an (Abb. 5.14):

Abb. 5.13: *Die*
CO_2-*Konzentration in der Atmosphäre während der letzten* 1000 *Jahre. Die Daten vor 1958 wurden aus Eisbohrkernen in der Antarktis (D57, D47, Siple und South Pole) rekonstruiert. Ab 1958 handelt es sich um eine direkte Messreihe der* CO_2-*Konzentration in der Atmosphäre einer Messstation am Mauna Loa (Hawaii). Quelle: Intergovernmental Panel on Climate Change (IPCC 1995 u. 2001)*

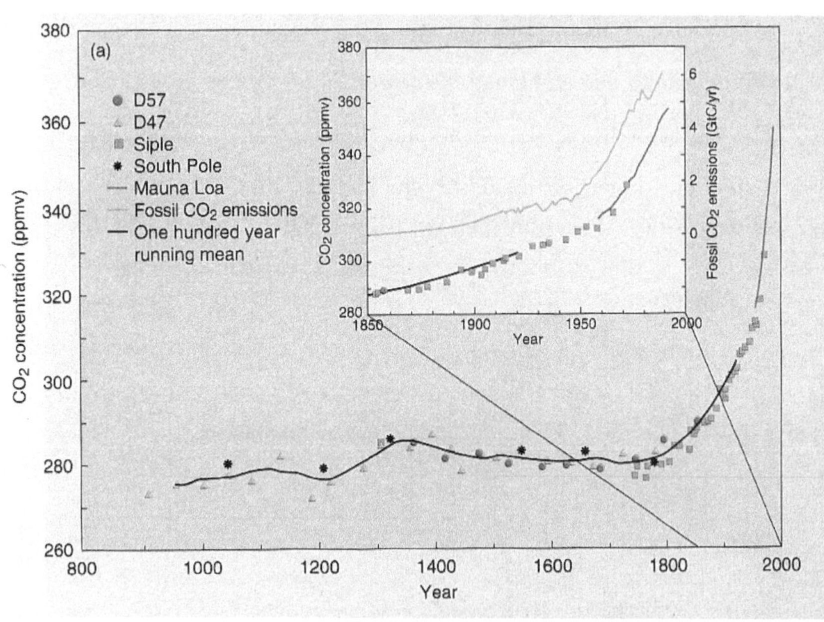

Abb. 5.14: *Aus der Darstellung des Stationärzustandes können die Austauschraten für ein lineares dynamisches Modell berechnet werden, indem wir annehmen, dass der Fluss zwischen zwei Boxen eine lineare Funktion der Masse in der Ausgangsbox ist. (Ausschnitt aus Abb. 5.12)*

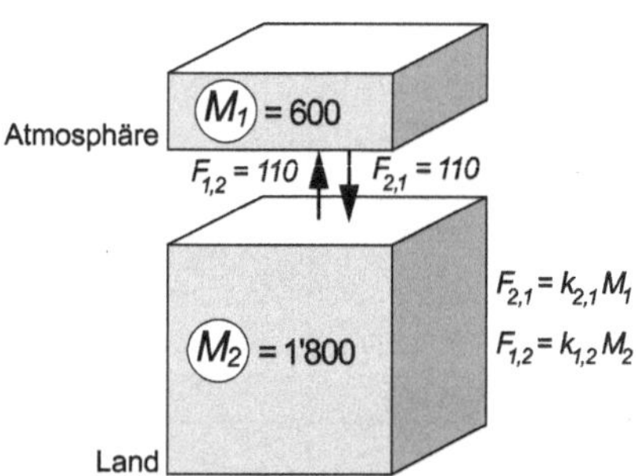

Wir erhalten also für die spezifischen Austauschraten $k_{i,j}$ zwischen Land und Atmosphäre:

$$k_{1,2} = \frac{F_{1,2}}{M_2} = \frac{110 \times 10^{15}\text{g a}^{-1}}{1800 \times 10^{15}\text{g}} = 0.061 \text{ a}^{-1}$$

$$k_{2,1} = \frac{F_{2,1}}{M_1} = \frac{110 \times 10^{15}\text{g a}^{-1}}{600 \times 10^{15}\text{g}} = 0.183 \text{ a}^{-1}$$

In Tabelle 5.3 sind die Berechnung der Transferraten und die Transportgleichungen des gesamten Modells zusammengestellt. Die kleinsten Raten sind, wie bereits festgestellt, diejenigen zwischen der Meeresoberfläche und der Tiefsee.

Tabelle 5.3: *Die Austauschraten und die dynamischen Gleichungen des globalen linearen Kohlenstoff-Modells. Bezeichnungen der Flüsse und Raten: erster Index = Nummer der Endbox, zweiter Index = Nummer der Ausgangsbox.*

M_i $[\,10^{15}\ \mathrm{g\,C}\,]$ Reservoirgröße der Box i

$F_{i,j}$ $[\,10^{15}\ \mathrm{g\,C\,a^{-1}}\,]$ Flux von Box j in Box i

$k_{i,j}$ $[\,\mathrm{a^{-1}}\,]$ lineare Fluxrate für den Transport von der Box j
in die Box i

Berechnung der Raten:

Da angenommen wird, $F_{i,j}$ sei proportional zum Ursprungsreservoir j, ergibt sich:

$$F_{i,j} = k_{i,j} M_j \qquad \text{also} \qquad k_{i,j} = \frac{F_{i,j}}{M_j}$$

Werte der spezifischen Transferraten $k_{i,j}$:

$k_{1,2} = 0.061\ \mathrm{a^{-1}}$ (Land $\rightarrow$ Atmosphäre)

$k_{2,1} - 0.183\ \mathrm{a^{-1}}$ (Atmosphäre $\rightarrow$ Land)

$k_{1,3} = 0.111\ \mathrm{a^{-1}}$ (Meeresoberfläche $\rightarrow$ Atmosphäre)

$k_{3,1} = 0.167\ \mathrm{a^{-1}}$ (Atmosphäre $\rightarrow$ Meer/Oberfläche)

$k_{3,4} = 1.14 \times 10^{-3}\ \mathrm{a^{-1}}$ (Tiefsee $\rightarrow$ Meeresoberfläche)

$k_{4,3} = 0.044\ \mathrm{a^{-1}}$ (Meeresoberfläche $\rightarrow$ Tiefsee)

Damit ergibt sich für die Transportgleichungen:

$$\frac{dM_1}{dt} = -(k_{2,1} + k_{3,1})M_1 + k_{1,2}M_2 + k_{1,3}M_3$$

$$\frac{dM_2}{dt} = k_{2,1}M_1 - k_{1,2}M_2$$

$$\frac{dM_3}{dt} = k_{3,1}M_1 - (k_{1,3} + k_{4,3})M_3 + k_{3,4}M_4$$

$$\frac{dM_4}{dt} = k_{4,3}M_3 - k_{3,4}M_4$$

Wie können wir mit diesem Modell die drei gestellten Fragen beantworten? Die dynamische Entwicklung der vier Kohlenstoff-Reservoirs $M_i(t)$ berechnet man entweder analytisch oder numerisch mit Hilfe eines der zahlreichen Computerprogramme. Im ersten Fall werden die Variablen $M_i(t)$ durch die Summe einer Konstante und vier zeitabhängigen Exponentialfunktionen dargestellt (vgl. Gl. 5.83). Die Anfangswerte entsprechen für $M_i(i = 2, 3, 4)$ denjenigen in der Abbildung 5.12; das atmosphärische Reservoir M_1 wird um den „anthropogenen" Betrag von 300×10^{15} g C auf insgesamt 900×10^{15} g C erhöht.

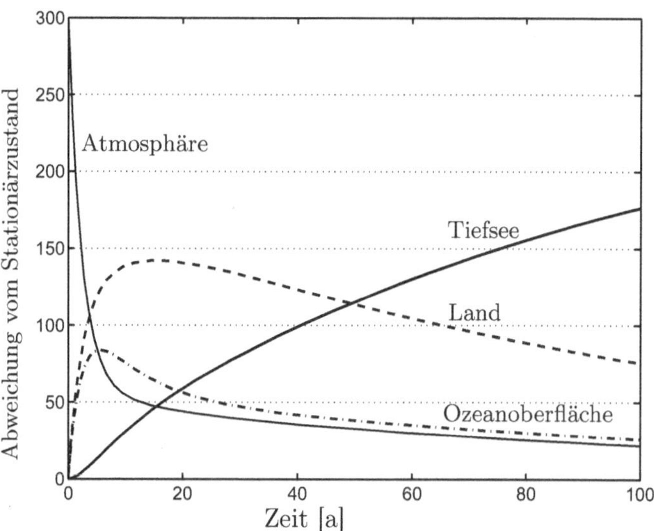

Abb. 5.15: *Numerische Modellierung des Kohlenstoff-Kreislaufs: Auf der y-Achse ist die Abweichung vom Anfangszustand im Gleichgewicht dargestellt. Die Summe aller Kurven ergibt zu jeder Zeit wieder die zusätzliche Kohlenstoffmasse von* 300×10^{15} *g C.*

Abbildung 5.15 zeigt als Resultat einer numerischen Simulation die zeitliche Entwicklung der vier Reservoirinhalte M_i. Nicht überraschend reagiert das größte Reservoir M_4 (Tiefsee) am langsamsten, da es nur schlecht an die anderen Kohlenstoff-Reservoire gekoppelt ist.

Die zweite Frage nach dem neuen Stationärzustand lässt sich leicht und ohne Lösung des Gleichungssystems von Tabelle 5.3 beantworten. Da es sich um ein lineares homogenes Modell handelt, müssen im neuen Stationärzustand die relativen Größenverhältnisse der M_i untereinander wieder den ursprünglichen Wert haben. Mit anderen Worten: Jede Box übernimmt den zu seiner ursprünglichen Größe proportionalen Anteil des Zusatz-Kohlenstoffs von 300×10^{15} g C. Auch wenn die Tiefsee nur langsam reagiert, so wird — immer gemäß des einfachen Modells — 91.4% des zusätzlichen Kohlenstoffes dereinst dort enden. Insgesamt machen die 300×10^{15} g C nur 0.8% der Summe aller Reservoire aus ($38'300 \times 10^{15}$ g C); um diesen kleinen Bruchteil werden die Reservoirs im neuen Stationärzustand größer sein.

Schließlich zur letzten Frage: Um vorherzusagen wie lange es dauert, bis der neue Gleichgewichtszustand erreicht wird, müssen wir die Eigenwerte der Koeffizientenmatrix $\mathbf{P}$ berechnen:

$$\mathbf{P} = \begin{pmatrix} -0.35 & 0.061 & 0.111 & 0 \\ 0.183 & -0.061 & 0 & 0 \\ 0.167 & 0 & -0.155 & 0.00114 \\ 0 & 0 & 0.044 & -0.00114 \end{pmatrix} \tag{5.84}$$

Da $\mathbf{P}$ aus der stationären Lösung eines homogenen linearen Gleichungssystems konstruiert worden ist, muss die Matrix singulär sein und einen

Eigenwert null haben. Das Resultat einer numerischen Eigenwertberechnung bestätigt diese Voraussage. Wir erhalten:

$$\lambda_1 = -0.443 \text{ a}^{-1}$$
$$\lambda_2 = -0.114 \text{ a}^{-1}$$
$$\lambda_3 = -0.00971 \text{ a}^{-1}$$
$$\lambda_4 = 0$$

Damit können wir die Anpassungszeit mit Gleichung (5.16) abschätzen:

$$\tau_{5\%} \approx \frac{3}{\min\left(|\lambda_i| \neq 0\right)} = \frac{3}{0.00971 \text{ a}^{-1}} \approx 310 \text{ a} \tag{5.85}$$

Natürlich ist dieses Kohlenstoff-Modell nicht sehr realistisch. Erstens haben wir die anthropogene Störung als zeitliche Singularität behandelt. Abbildung 5.13 zeigt aber, dass eine exponentiell wachsende Input-Funktion der Wirklichkeit näher käme. Eine zweite Vereinfachung besteht in der Annahme, die Flüsse seien lineare Funktionen der Reservoir-Massen.

Dennoch illustriert das Modell wichtige Eigenschaften des Kohlenstoff-Kreislaufs, die auch komplexere Modelle und vor allem Beobachtungen bestätigen. Die an sich im Vergleich zu den natürlichen Flüssen kleine anthropogene Störung hat nur deswegen (vorübergehend) eine große Wirkung in der Atmosphäre, weil die Störung auf das kleinste Reservoir einwirkt und dieses systemmäßig weit weg vom Hauptreservoir Tiefsee positioniert ist. Geübte Systemanalytiker und -analytikerinnen sollten in der Lage sein, ohne explizite Rechnung nur schon aus der Betrachtung von Abbildung 5.12 qualitative Aussagen dieser Art machen zu können.

5.3   Fragen und Aufgaben

Frage 5.1 *In vielen Fällen reichen eindimensionale Modelle nicht aus, um wichtige Eigenschaften eines Systems zu beschreiben. Nenne verschiedene Möglichkeiten, wie ein solches Modell zu einem zwei- oder mehrdimensionalen Modell weiterentwickelt werden kann.*

Frage 5.2 *Auf wie viele Modellparameter kann ein zweidimensionales lineares homogenes Modell mindestens reduziert werden?*

Frage 5.3 *Welche Eigenschaften bzw. charakteristische Größen der Koeffizientenmatrix eines mehrdimensionalen Modells sind wichtig für das zeitliche Verhalten der Systemvariablen?*

Frage 5.4 *Was ist die charakteristische Gleichung einer Matrix?*

Frage 5.5 *Homogene lineare Differentialgleichungssysteme mit reellen Eigenwerten haben nur dann einen Stationärzustand, wenn die Koeffizientenmatrix eine bestimmte Eigenschaft hat. Welche?*

Frage 5.6 *Was versteht man unter der strukturellen Instabilität eines Modells?*

Frage 5.7 *Was ist ein hierarchisches lineares Modell? Gib eine systemische und eine mathematische Erklärung bzw. Definition.*

Frage 5.8 *Auf welche Eigenschaft eines linearen Systems weist das Vorhandensein eines Eigenwerts mit dem Wert null hin?*

Frage 5.9 *Für ein Auto spielen diejenigen Teile eine wichtige Rolle, welche die Eigenschaft eines Kriechpendels haben sollten. Wenn sie diese Eigenschaft verlieren, müssen sie dringend ausgetauscht werden. Welche Teile sind gemeint?*

Frage 5.10 *Wie bestimmt man die totale Reaktionsgeschwindigkeit eines mehrdimensionalen linearen Modells? Gibt es spezielle Fälle, bei denen sich einzelne Systemvariablen viel rascher einem Stationärzustand annähern als die oben gesuchte totale Anpassungszeit? Gib eine mathematische Erklärung und suche ein konkretes Beispiel.*

Frage 5.11 *Es gibt Ideen, den anthropogenen CO_2-Ausstoß direkt in die Tiefsee einzuleiten (CO_2-Sequestration). Wieso wäre das von einem systemischen Standpunkt aus sinnvoll — einmal abgesehen von den negativen ökologischen Konsequenzen und den technischen Schwierigkeiten einer solchen Lösung? Wie würde qualitativ die Abbildung 5.15 für den Fall aussehen, wenn die gesamte anthropogene Kohlenstoffmenge von Anfang an in der Tiefsee deponiert worden wäre?*

Frage 5.12 *Der Nettofluss zwischen zwei benachbarten räumlichen Boxen kann als lineare Funktion der Konzentrationsdifferenz zwischen den beiden Boxen beschrieben werden. Im Beispiel 5.12 haben wir dieses Prinzip angewendet. Auf welcher Vorstellung beruht es?*

Aufgabe 5.1 (Reaktor mit zwei Stoffen) *In den Beispielen 5.1 bis 5.3 haben wir einen durchflossenen Reaktor analysiert, in dem eine chemische Umwandlung zwischen den beiden Stoffen A und B abläuft. Berechne den zeitlichen Verlauf der beiden Konzentrationen $C_A(t)$ und $C_B(t)$ für die im Beispiel 5.2 angegebenen Parameter, einer Input-Konzentration $C_A^{in} = 1\ mol\ m^{-3}$ und den Anfangskonzentrationen $C_A^0 = C_B^0 = 0$.*

Aufgabe 5.2 (Seenkette) *Schauen wir uns nochmals das Beispiel 5.6 mit den radioaktiven Isotopen in der Seenkette an:*

a) *Die Modellgleichungen für die totale Isotopenmenge in den zwei Seen des Beispiels 5.6, Gleichungssystem (5.32), lassen sich so nicht lösen, weil neben M_i auch die „fremden" Konzentrationen C_i vorkommen. Forme das Gleichungssystem so um, dass ein lösbares zweidimensionales Differentialgleichungssystem für M_i entsteht. Zeige, dass die Eigenwerte identisch sind mit denjenigen des Gleichungssystems (5.33) für C_i.*

b) *Fasse die beiden Seen zu einem „Supersystem" zusammen und formuliere die Differentialgleichung für die Summe der Isotopenmengen in den beiden Seen, $M = M_1 + M_2$. Wieso entsteht trotzdem kein eindimensionales Modell? Welche zusätzliche Annahme müsste man treffen, damit tatsächlich ein Einbox-Modell entsteht?*

c) *Wieso ist es nicht sinnvoll, das gleiche Prozedere auf die Summe der Konzentrationen anzuwenden?*

Aufgabe 5.3 (Radioaktive Zerfallskette mit drei Isotopen) *Betrachte die Zerfallskette von drei radioaktiven Iostopen*

$$^{222}\mathrm{Rn} \to \ldots\ ^{214}\mathrm{Pb} \to\ ^{214}\mathrm{Bi} \to \ldots\ ^{210}\mathrm{Pb}\ (\to)$$

Die Punkte weisen darauf hin, dass wir gewisse Zwischenprodukte mit sehr kleinen Halbwertszeiten vernachlässigen. $^{210}\mathrm{Pb}$ ist zwar auch nicht stabil, aber es hat eine viel größere Halbwertszeit als die anderen Isotope; sein Zerfall spielt für die folgende Problemstellung keine Rolle.

Zur Vereinfachung wählen wir folgende Notation (Halbwertszeiten in Klammern):

$$X = {}^{222}\mathrm{Rn}\ (3.8\ d), \quad Y = {}^{214}\mathrm{Pb}\ (26.8\ min), \quad Z \equiv {}^{214}\mathrm{Bi}\ (19.8\ min)$$

Stelle das Differentialgleichungssystem für die Aktivitäten A_i auf und berechne die Koeffizientenmatrix. Berechne die Aktivität von ^{214}Bi als Funktion der Zeit, $A_Z(t)$, und leite daraus eine Näherungsformel für $t > 10$ h her. Die Anfangsaktivitäten A_i^0 seien: $A_X^0 = 1000$ Bq, $A_Y^0, A_Z^0 = 0$ Bq. (1 Bq = 1 Zerfall pro Sekunde).

Aufgabe 5.4 (Tritium in einer Kläranlage) *Eine Kläranlage kann vereinfachend mit unten stehendem Boxschema veranschaulicht werden. Zur Zeit $t = 0$ gelangt durch einen Unfall eine größere Menge des radioaktiven Isotops Tritium in das kombinierte Vorklär- / Belüftungs- / Nachklärbecken. Hier wird eine Tritiumaktivität $A_1(0) = 10^6$ Bq/m^3 (1 Bq = 1 Bequerel = 1 Zerfall pro Sekunde) gemessen. Nach dem Ereignis beträgt die Tritiumaktivität im Zulauf wieder Null.*

Abb. 5.16: *Boxschema einer Kläranlage*

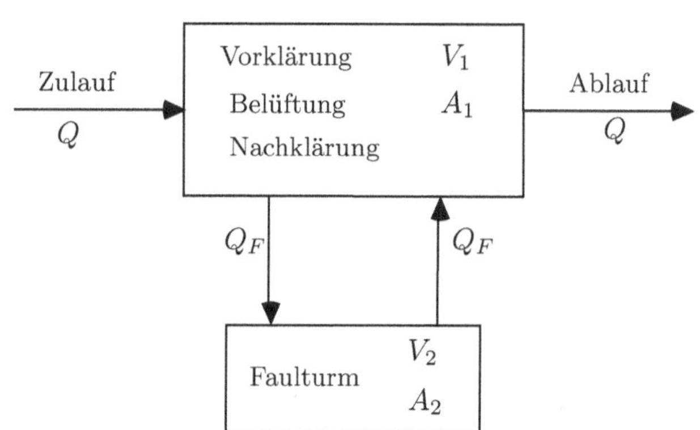

$$V_1 = 10^4 \; m^3 \qquad Q = 10^4 \; m^3 d^{-1}$$
$$V_2 = 3000 \; m^3 \qquad Q_F = 60 \; m^3 d^{-1}$$

a) Stelle die dynamischen Gleichungen für die Tritiumaktivitäten im kombinierten V/B/N-Becken $(A_1(t))$ und im Faulturm $(A_2(t))$ für die Zeit nach dem Unfall $(t > 0)$ auf.

b) Die Halbwertszeit von Tritium beträgt $t_{1/2} = 12$ a. Vergleiche die Zerfallskonstante von Tritium mit den verschiedenen Wassertransportraten des Systems. Wie groß ist der Einfluss des radioaktiven Zerfalls auf die Tritiumaktivität im Ablauf der Kläranlage?

c) Schätze die Eigenwerte des Systems ab. Tipp: Setze das betragsmäßig kleinste Matrixelement und die Zerfallskonstante gleich Null!

d) Mit welcher Rate fällt die Aktivität im Ablauf nach einigen Monaten?

Aufgabe 5.5 (Geschichteter See mit Sedimentation) *Wir betrachten einen geschichteten See mit einem totalen Volumen $V_{tot} = V_1 + V_2 = 3 \times 10^8 \; m^3$. Das Volumen der Oberflächenschicht V_1 ist $1 \times 10^8 \; m^3$. Der*

Zu- und Abfluss (Rate $Q = 1 \times 10^6\,m^3\,d^{-1}$) erfolgt nur durch die Oberflächenschicht. Der vertikale Austauschfluss zwischen den beiden Schichten sei $Q_{ex} = 5 \times 10^6\,m^3\,d^{-1}$.

a) Wie groß ist die mittlere Wasseraufenthaltszeit
   – im Volumen V_1 bezüglich Zu-, Ab- und Austauschfluss?
   – im Volumen V_2 bezüglich des Austauschflusses?

b) Eine konservative Substanz (Zuflusskonzentration $C_{in} = 100\,mg\,m^{-3}$) fließt ab dem Zeitpunkt $t = 0$ in den See. Für $t < 0$ ist $C_1(t) = C_2(t) = 0$. Berechne die Stationärzustände C_1^∞ und C_2^∞. Wie lange dauert es, bis diese innerhalb von rund 5% erreicht sind?

c) Wie verändern sich die Antworten zur Frage b), falls der Stoff radioaktiv ist mit einer Zerfallskonstante $k_\lambda = 1 \times 10^{-2}\,d^{-1}$?

d) Beantworte die Frage b) für einen nichtradioaktiven (d.h. konservativen) Stoff, der an Partikeln sorbiert und mit diesen von der Oberflächenschicht in die Tiefenschicht bzw. von dieser ins Sediment transportiert wird. Die entsprechenden Flüsse seien lineare Funktionen der Massen $M_1 = C_1 V_1$ bzw. $M_2 = C_2 V_2$.
   Transport $V_1 \to V_2$: $k_{s1}\,M_1$
   Transport $V_2 \to Sediment$: $k_{s2}\,M_2$
   Benütze $k_{s1} = 0.02 d^{-1}, k_{s2} = 0.005 d^{-1}$.
   Vernachlässige den nach unten abnehmenden Seequerschnitt, d.h. nimm an, der gesamte Sedimentfluss von V_1 gelange ins Volumen V_2. Beachte aber, dass beim Übergang der Gleichungen für M_i zu denjenigen für C_1 unterschiedliche Volumina auftreten, so dass pro Volumen nicht die gleiche Menge im Volumen V_1 weggeht wie in V_2 ankommt (Gl. 5.45 bis 5.48 können vielleicht helfen).

e) Vergleiche die Resultate aus b) bis d) und versuche qualitativ das jeweilige Verhältnis von C_1^∞ und C_2^∞ zu erklären.

Aufgabe 5.6 (Konservativer Stoff in einer Seenkette) *Wir betrachten zwei hintereinander liegende, vollständig durchmischte Seen (Volumen V_1 und V_2), welche vom konstanten Durchfluss Q_0 durchflossen werden.*
$V_1 = 1 \times 10^5\,m^3$, $V_2 = 2 \times 10^6\,m^3$
$Q_0 = 1 \times 10^5\,m^3\,d^{-1}$

a) Zum Zeitpunkt $t = 0$ gelangt als Folge eines Unfalls die Menge $M = 200\,kg$ eines konservativen Schadstoffes in den oberen See (See 1). Beschreibe den zeitlichen Verlauf der Konzentration in den beiden Seen, $C_1(t)$ und $C_2(t)$. Wie lange dauert es, bis $C_1(t)$ und $C_2(t)$ auf $10\mu/L$ gesunken sind?

b) Wie groß ist die maximale Konzentration, welche im See 2 erreicht wird und wann wird diese erreicht?

c) Nach 5 Tagen stellt man fest, dass die Konzentration im Abfluss von See 2 exponentiell abnimmt ($e^{-\alpha t}$). Wie groß ist α?

d) *Wie würden sich $C_1(t)$ und $C_2(t)$ verändern, falls zwischen den beiden Seen zur Produktion hydroelektrischer Energie ein Pumpspeicherbetrieb bestünde, bei dem durchschnittlich die Wasserung $Q_p = 4 \times 10^5\,m^3\,d^-$ vom See 2 in den See 1 zurückgepumpt wird und sich der Abfluss vom See 1 in den See 2 um den entsprechenden Betrag erhöht. Wann sinken C_1 und C_2 unter $10\mu/L$?*

e) *Erkläre die Unterschiede zwischen den Resultaten von a) und d) qualitativ.*

Kapitel 6

Nichtlineare Modelle

Natürliche Systeme sind selten linear oder dann nur innerhalb eines beschränkten Variationsbereiches der Systemvariablen $\mathcal{V}_i$. Trotz leistungsstarker Rechner lässt sich das Verhalten vieler nichtlinearer Systeme nur über beschränkte Zeiträume voraussagen. Man denke zum Beispiel an die Wettervorhersage. Die überraschende Vielfalt im Verhalten natürlicher Systeme ist die Folge von nichtlinearen Prozessen.

Natürliche Systeme sind selten wirklich linear.

Kontinuierliche nichtlineare Systeme werden durch nichtlineare Differentialgleichungen beschrieben. Sind die Systemvariablen kontinuierlich in der Zeit *und* im Raum, so handelt es sich um nichtlineare partielle Differentialgleichungen, wie sie beispielsweise in der Fluid-Dynamik auftreten. Die Fluid-Dynamik handelt von der Dynamik gasförmiger und flüssiger Systeme. Sie bildet die Grundlage der Atmosphärenwissenschaften und der Ozeanographie und wird für so unterschiedliche Prozesse wie die Dynamik des Golfstroms bzw. eines tropischen Wirbelsturms verwendet. Wir werden in diesem Kapitel vorerst Modelle mit räumlich diskreten Systemvariablen, also Boxmodelle, behandeln. Auf die räumlich kontinuierlichen Modelle kommen wir in Kapitel 8 zu sprechen. Dort werden wir einen ersten Überblick über die bunte Welt dieser Modelltypen vermitteln.

Nichtlineare Differentialgleichungen lassen sich nur in Spezialfällen analytisch lösen. Man muss meist auf numerische Methoden ausweichen, worauf wir hier aber nicht eingehen werden. In manchen Fällen können nichtlinea-

re Modelle durch lineare Gleichungen approximiert und so ihr Verhalten in
der Nähe des Stationärzustandes diskutiert werden. Darüber hinaus werden
wir aber Eigenschaften nichtlinearer Modelle kennen lernen, die in nichts
an lineare erinnern.

6.1 Nichtlineare Modelle mit einer Systemvariablen

6.1.1 Autonome nichtlineare Modelle

Betrachten wir zuerst ein nichtlineares System erster Ordnung[1] mit *einer*
Systemvariablen $\mathcal{V}$. Im allgemeinen Fall wird es durch folgende Differentialgleichung beschrieben:

$$\frac{\mathrm{d}\mathcal{V}}{\mathrm{d}t} = g(\mathcal{V}(t), t) \tag{6.1}$$

Mit dieser scheinbar etwas umständlichen Schreibweise möchten wir darauf
hinweisen, dass die allgemeine Funktion g sowohl explizit als auch via $\mathcal{V}$,
d.h. implizit, von der Zeit abhängen kann (vgl. Kap. 4.1). Die explizite
Zeitabhängigkeit stammt von den äußeren, die implizite Zeitabhängigkeit
von den inneren Relationen.

In vielen Fällen (aber nicht in allen) kann man den Einfluss der inneren und äußeren Relationen funktionell trennen und Gleichung (6.1) in
folgender Form schreiben:

$$\frac{\mathrm{d}\mathcal{V}}{\mathrm{d}t} = \mathcal{R}(t) + f(\mathcal{V}) \tag{6.2}$$

Die Funktion der äußeren Relation $\mathcal{R}$ soll nicht von $\mathcal{V}$ abhängen. Ist sie
zeitlich konstant, kann sie in die Funktion f integriert werden; das System
ist dann autonom. Umgekehrt soll die Funktion f nicht explizit von der
Zeit abhängen. Das Modell ist nichtlinear, falls $f(\mathcal{V})$ *nicht* von der Form
$a + b\mathcal{V}$ ist.

Betrachten wir als erstes ein *autonomes* nichtlineares Modell, d.h. $\mathcal{R} =$
0. Ein klassisches Beispiel ist das logistische Wachstumsmodell. Es wurde
von Verhulst (1838) eingeführt, um das Wachstum von Bevölkerungen zu
beschreiben. Pearl u. Reed (1920) verwendeten es zur Modellierung der
Bevölkerungsdynamik in den U.S.A. seit 1790. In der Populationsökologie
findet das Modell nach wie vor eine breite Anwendung (s. z.B. Krebs (2001)
und Wissel (1989)).

---

[1]Zur Erinnerung: „Erster Ordnung" heißt, dass nur die erste zeitliche Ableitung von
$\mathcal{V}$ vorkommt. Systeme mit höheren Ableitungen, wie sie z.B. häufig in der Physik vorkommen, können in mehrdimensionale Systeme erster Ordnung umgewandelt werden (s.
Beispiel 5.11)

Beispiel 6.1 (Logistisches Wachstumsmodell)

In Beispiel 4.2 haben wir das exponentielle Wachstumsmodell diskutiert. Es ist insofern unrealistisch, als dass eine durch dieses Modell beschriebene Population unendlich groß würde. Das logistische Wachstumsmodell behebt diesen Nachteil. Für kleine Populationsgrößen N ist das Wachstum exponentiell, flacht mit größer werdender Population ab und wird schließlich null. An Gleichung (4.11) anknüpfend kann man das logistische Wachstumsmodell mit einer spezifischen Wachstumsrate k_p beschreiben, welche selbst von N abhängt:

$$\frac{\mathrm{d}N}{\mathrm{d}t} = k_p(N) \cdot N \tag{6.3}$$

Für $k_p(N)$ wählt man eine Funktion, welche von einem maximalen Wert k_p° bei $N = 0$ linear abnimmt und für $N = N_{max}$ null wird, also $k_p = k_p^\circ(1 - \frac{N}{N_{max}})$. Eingesetzt in (6.3) ergibt sich:

$$\frac{\mathrm{d}N}{\mathrm{d}t} = k_p^\circ(1 - \frac{N}{N_{max}})N \equiv f(N) \tag{6.4}$$

Die Wachstumsrate k_p° hat die Dimension $[\mathrm{T}]^{-1}$ und N_{max} die gleiche wie N, z.B. Anzahl oder Anzahl pro Fläche.

Es wird sich im Folgenden als nützlich erweisen, die Veränderungsfunktion $f(N)$ grafisch darzustellen. Im vorliegenden Fall ist $f(N)$ eine nach unten geöffnete Parabel, welche die N-Achse bei $N = 0$ und $N = N_{max}$ schneidet (Abb. 6.1a). Diese beiden Nullstellen von $f(N)$ geben an, wo die Funktion $N(t)$ „stehen bleibt" d.h. wo $\frac{\mathrm{d}N}{\mathrm{d}t} = 0$ ist, daher die Bezeichnung *Fixpunkt*. Im Gegensatz zu den bisher betrachteten linearen Modellen, welche höchstens *einen* Fixpunkt hatten, haben wir es also mit zwei Fixpunkten zu tun. Es stellt sich somit die Frage, ob sich das System auf einen der beiden Fixpunkte zu bewegt und wenn ja auf welchen.

Wir werden in Kapitel 6.1.2 ein allgemeines Rezept diskutieren, wie man obige Frage beantwortet. Für das hier diskutierte Beispiel werden sich Leser und Leserin leicht selber überzeugen, dass sich die Bevölkerung $N(t)$ auf den Wert N_{max} hin entwickelt, außer für den Fall, dass der Anfangswert $N^0 = 0$ ist: Aus nichts kann nichts wachsen! Tatsächlich kann man die Differentialgleichung (6.4) analytisch integrieren und erhält:[2]

$$N(t) = N_{max}\frac{N^0}{(N_{max} - N^0)\,\mathrm{e}^{-k_p^\circ t} + N^0} \tag{6.5}$$

Gleichung (6.5) ist in Abbildung 6.1b dargestellt. Falls der Anfangszustand $N^0 \ll N_{max}$ ist, steigt $N(t)$ anfänglich (falls $t \ll (k_p^\circ)^{-1}$) exponentiell $(N(t) = N^0\mathrm{e}^{k_p^\circ t})$ und erreicht für $t \gg (k_p^\circ)^{-1}$ den konstanten Wert N_{max}.

---

[2]Wie eingangs erwähnt, ist es nicht Ziel dieses Buches, die mathematischen Grundlagen für die Systemanalyse im Detail zu diskutieren. Deshalb nur der Hinweis, dass die Integration von Gleichung (6.4) am einfachsten nach der Methode der Variablenseparation erfolgt.

Abb. 6.1: *Das logistische Wachstumsmodell:*
a) Veränderungsfunktion
$\frac{\mathrm{d}N}{\mathrm{d}t} = f(N)$ *für* $k_p^\circ = 1$ *und*
$N_{max} = 1$;
b) zeitliches Verhalten der Populationsgröße $N(t)$
(vgl. Gl. 6.5) für $k_p^\circ = 1$,
$N_{max} = 1$ *und* $N^0 = 0.01$.

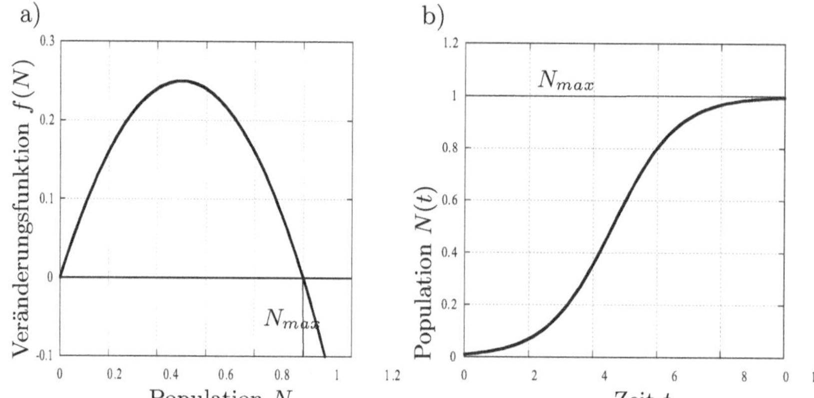

6.1.2 Fixpunkte nichtlinearer Modelle mit einer Variablen

In Kapitel 4.2.1 haben wir gezeigt, dass eine lineare eindimensionale Differentialgleichung höchstens *einen* Fixpunkt besitzt. Diesem Fixpunkt nähert sich das System unabhängig vom Anfangswert tatsächlich an, falls der inhomogene Term konstant ist. Im Gegensatz dazu kann, wie das Beispiel 6.1 zeigt, ein nichtlineares Modell mehrere Fixpunkte haben. Es stellt sich deshalb die Frage, ob es feste Regeln dafür gibt, wie sich das System in der Nähe dieser Fixpunkte verhält. Wir werden in diesem Abschnitt vorerst eine Antwort für eindimensionale Modelle formulieren und die komplexere Situation von mehrdimensionalen Modellen im Kapitel 6.2 diskutieren.

Die folgende Diskussion setzt voraus, dass die äußere Relation $\mathcal{R}$ zeitlich konstant ist; andernfalls hätte das System keine festen Fixpunkte. Wir schreiben daher Gleichung (6.1) in der Form

$$\frac{\mathrm{d}\mathcal{V}}{\mathrm{d}t} = g(\mathcal{V}), \tag{6.6}$$

inkorporieren eine allenfalls als konstant angenommene äußere Relation in die Veränderungsfunktion $g(\mathcal{V})$ und behandeln das System als autonom. Nehmen wir an, $g(\mathcal{V})$ habe k Nullstellen $\mathcal{V}_i^\infty (i = 1, \ldots, k)$, d.h. für alle $\mathcal{V}_i^\infty$ gelte:

$$g(\mathcal{V}_i^\infty) = 0 \qquad \text{für} \quad i = 1, \ldots, k \tag{6.7}$$

Die $\mathcal{V}_i^\infty$ sind dann die Fixpunkte oder Stationärzustände der Differentialgleichung (6.6). Erreicht die Systemvariable $\mathcal{V}$ einen Fixpunkt, so bleibt das Modell an dieser Stelle stehen, da dort

$$\left.\frac{\mathrm{d}\mathcal{V}}{\mathrm{d}t}\right|_{\mathcal{V}_i^\infty} = 0 \tag{6.8}$$

gilt. Somit kann sich die Systemvariable $\mathcal{V}$ von diesem Punkt nicht mehr wegbewegen, es sei denn, die äußere Relation $\mathcal{R}$ und damit $g(\mathcal{V})$ würden sich verändern.

Die Fixpunkte eines eindimensionalen Systems sind also die Nullstellen von $g(\mathcal{V})$. Ist $g(\mathcal{V})$ ein Polynom n-ten Grades, gibt es maximal n reelle Nullstellen. Diese teilen, zusammen mit den virtuellen Fixpunkten, $\mathcal{V} = \infty$ und $\mathcal{V} = -\infty$, die $\mathcal{V}$-Achse in $(n+1)$ Bereiche ein (Abb. 6.2a). Da sich ein eindimensionales System nur entlang der einen Variablenachse bewegen kann, bedeutet jeder Fixpunkt quasi eine Barriere, welche das System nicht überwinden kann. Abschnitte zwischen benachbarten Fixpunkten heißen invariante Bereiche. Sie sind eine Besonderheit von eindimensionalen Modellen. In zwei- bzw. n-dimensionalen Modellen bewegt sich das System in einem zwei- bzw. n-dimensionalen Phasenraum (s. Abb. 5.2). Dort können Fixpunkte „umgangen" werden.

Abschnitte zwischen Fixpunkten eines eindimensionalen, nichtlinearen Modells heißen invariante Bereiche.

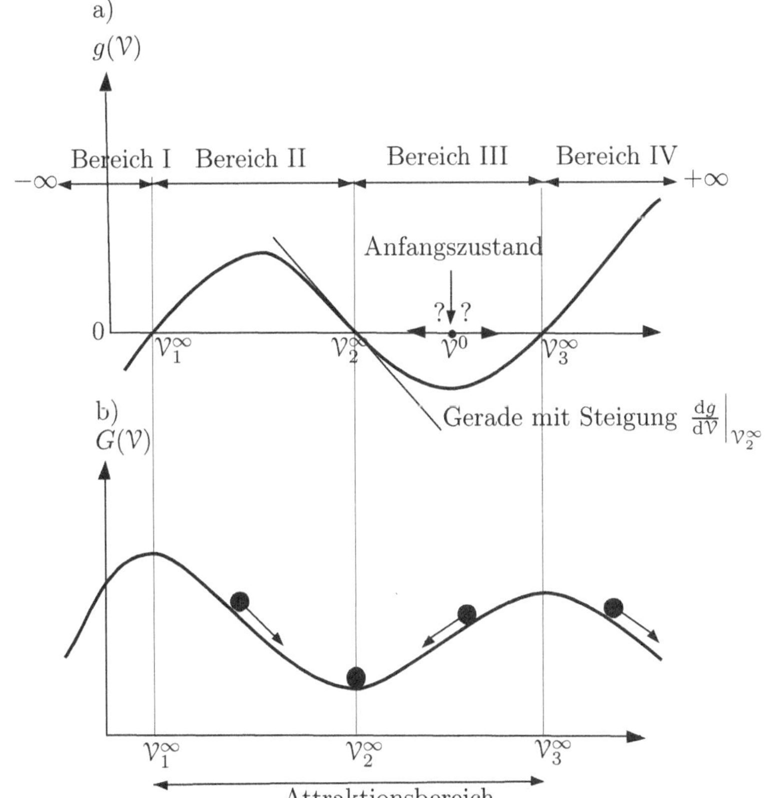

Abb. 6.2: a) Ein eindimensionales System mit drei Fixpunkten teilt die Variablenachse in vier so genannte invariante Bereiche ein (I bis IV). Ausgehend vom Anfangszustand $\mathcal{V}^0$ kann sich beispielsweise das System nur zu den Fixpunkten $\mathcal{V}_2^\infty$ und $\mathcal{V}_3^\infty$ bewegen, den invarianten Bereich III aber nicht verlassen. b) Topografische Funktion zur Veranschaulichung der gleichen Stabilitätsverhältnisse wie in a). Die unendlich gedämpfte Kugel bleibt bei $\mathcal{V}_2^\infty$ stehen; $\mathcal{V}_1^\infty$ und $\mathcal{V}_3^\infty$ sind instabile Positionen. Zusammenhang zwischen $g(\mathcal{V})$ und $G(\mathcal{V})$: $g(\mathcal{V}) = -\frac{dG(\mathcal{V})}{d\mathcal{V}}$.

Noch wissen wir nicht, zu welchem der beiden benachbarten Fixpunkte sich ein Modell bewegt, dessen Anfangszustand $\mathcal{V}^0$ beispielsweise im Bereich III von Abbildung 6.2a liegt. Beantworten wir die Frage zuerst rein intuitiv: Im Bereich III ist, wie Abbildung 6.2a zeigt, $g(\mathcal{V})$ negativ. Laut Gleichung (6.6) ist somit $d\mathcal{V}/dt < 0$, d.h. $\mathcal{V}$ nimmt ab und das Modell bewegt sich auf der $\mathcal{V}$-Achse nach links. Diese Bewegung hält so lange an, bis das Modell beim Fixpunkt $\mathcal{V}_2^\infty$ angekommen ist.

Wir können diese Überlegungen etwas formeller gestalten und betrachten daher die Veränderungsfunktion $g(\mathcal{V})$ in der unmittelbaren Umgebung des Stationärzustands $\mathcal{V}_i^\infty$, also z.B. bei $\mathcal{V}_i^\infty + \varepsilon$, wobei ε klein sei. Wir können dann $g(\mathcal{V})$ am Punkt $\mathcal{V}_i^\infty$ in eine Taylorreihe[3] entwickeln und nach dem linearen Term abbrechen:

$$g(\mathcal{V}_i^\infty + \varepsilon) \approx g(\mathcal{V}_i^\infty) + \varepsilon \frac{\mathrm{d}g(\mathcal{V})}{\mathrm{d}\mathcal{V}}\bigg|_{\mathcal{V}_i^\infty} \tag{6.9}$$

Da aber $\mathcal{V}_i^\infty$ ein Stationärzustand ist, gilt $g(\mathcal{V}_i^\infty) = 0$. Somit folgt aus Gleichungen (6.6) und (6.9):

$$\frac{\mathrm{d}\mathcal{V}}{\mathrm{d}t}\bigg|_{\mathcal{V}_i^\infty + \varepsilon} = g(\mathcal{V}_i^\infty + \varepsilon) \approx \varepsilon \frac{\mathrm{d}g}{\mathrm{d}\mathcal{V}}\bigg|_{\mathcal{V}_i^\infty} \tag{6.10}$$

Da die Ableitung $\frac{\mathrm{d}g}{\mathrm{d}\mathcal{V}}|_{\mathcal{V}_i^\infty}$ unabhängig von ε ist, haben wir mit der Näherung von Gleichung (6.10) in der Umgebung von $\mathcal{V}_i^\infty$ die Funktion $g(\mathcal{V})$ durch eine Gerade ersetzt, d.h. aus dem nichtlinearen Modell ein lineares gemacht. In Abbildung 6.2a ist die linearisierte Geschwindigkeitsfunktion in der Umgebung des Fixpunktes $\mathcal{V}_2^\infty$ als Gerade eingezeichnet. Führen wir die Bezeichnung $k \equiv \frac{\mathrm{d}g}{\mathrm{d}\mathcal{V}}\big|_{\mathcal{V}_2^\infty}$ ein[4] und beschreiben ε als Abweichung des momentanen Zustandes vom Stationärzustand $\mathcal{V}_2^\infty, \varepsilon = \mathcal{V} - \mathcal{V}_2^\infty$, so wird Gleichung (6.10) zu:

$$\frac{\mathrm{d}\mathcal{V}}{\mathrm{d}t} = k(\mathcal{V} - \mathcal{V}_2^\infty) = -k\mathcal{V}_2^\infty + k\mathcal{V} \tag{6.11}$$

Dies ist nichts anderes als die lineare inhomogene Differentialgleichung (4.5) mit konstanten Koeffizienten. Falls $k < 0$, strebt die Lösung dem Stationärzustand $\mathcal{V}_2^\infty$ zu. Für $k > 0$ bewegt sich das Modell von diesem weg[5] und für $k = 0$ verhält sich das System indifferent, d.h. es bleibt einfach stehen. Dabei gelten diese Aussagen unabhängig davon, ob der Ausgangszustand links oder rechts vom betrachteten Fixpunkt liegt, so lange der Absolutbetrag der Abweichung $|\varepsilon|$ nicht zu groß ist. Der Fixpunkt $\mathcal{V}_2^\infty$ von Abbildung 6.2 „zieht" also das System auch aus dem Bereich II an. Wir nennen daher $\mathcal{V}_2^\infty$ einen stabilen Fixpunkt oder einen Attraktor. Die beiden Bereiche II und III bilden zusammen den Attraktionsbereich von $\mathcal{V}_2^\infty$.

Im Gegensatz dazu bewegt sich das Modell vom Fixpunkt $\mathcal{V}_3^\infty$ aus in beide Richtungen weg, so bald es nur um den kleinsten Betrag ε nach links

---

[3]Eine n-mal differenzierbare Funktion $g(x)$ kann in der Umgebung der Stelle x_0 als Potenzreihe (Taylorreihe) dargestellt werden:

$$g(x) = g(x_0) + (x - x_0)\frac{g'(x_0)}{1!} + (x - x_0)^2\frac{g''(x_0)}{2!} + \ldots + (x - x_0)^n\frac{g^{(n)}(x_0)}{n!} + \ldots$$

[4]Man überzeuge sich, dass k die Dimension $[\,\mathrm{T}\,]^{-1}$ hat!

[5]Wäre das System tatsächlich linear, würde $\mathcal{V}$ gegen ∞ gehen. Da aber Gleichung (6.11) nur für die Umgebung von $\mathcal{V}_2^\infty$ gilt, trifft dies für das nichtlineare Modell im allgemeinen Fall natürlich nicht zu.

Attraktor

oder rechts abweicht. Formal kann man dies auch aus Gleichung (6.11) sehen, da hier $k > 0$ ist. Man nennt diesen Fixpunkt instabil. Er entspricht quasi einer auf die Spitze gestellten Nadel: Theoretisch gäbe es einen Gleichgewichtspunkt, aber schon die durch thermische Bewegung verursachte Unruhe verhindert, dass die Nadel stehen bleibt.

In Abbildung 6.2b sind die Stabilitätsverhältnisse zusätzlich mit Hilfe einer topografischen Funktion $G(\mathcal{V})$ dargestellt, wobei $g(\mathcal{V}) = -\frac{dG}{d\mathcal{V}}$ ist. Stabile Fixpunkte entsprechen einem Minimum, instabile einem Maximum der topografischen Funktion $G(\mathcal{V})$.

Stabiler und instabiler Fixpunkt sind in Abbildung 6.3 dargestellt (Fall 1 und 2). Die Abbildung enthält ferner vier weitere Funktionen (Fälle 3 bis 6), deren Steigung $k \equiv \frac{dg}{d\mathcal{V}}\big|_{\mathcal{V}_i^\infty}$ am Fixpunkt null ist. Die Fälle 3 und 4 sind einseitige Attraktoren; wir bezeichnen die Fixpunkte als labil. Im Fall 5 bewegt sich das Modell innerhalb eines *endlichen* Bereiches um den Fixpunkt herum nicht; der Fixpunkt heißt indifferent. Schließlich zeigt Fall 6 eine Geschwindigkeitsfunktion, deren erster von null verschiedener Term der Taylorreihe die dritte Ableitung ist. Ein Beispiel einer solchen Kurve wäre $g(\mathcal{V}_6^\infty + \varepsilon) = \alpha\varepsilon^3$. Ist $\alpha < 0$ (entspricht dem gezeichneten Fall 6) ist der Fixpunkt stabil, für $\alpha > 0$ ist er instabil.

Fassen wir also zusammen: Die Steigung der Veränderungsfunktion $g(\mathcal{V})$ bestimmt den Charakter des Fixpunktes. Es gilt:

$$\frac{dg}{d\mathcal{V}}\bigg|_{\mathcal{V}_i^\infty} < 0 \qquad \text{stabiler Stationärzustand } \mathcal{V}_i^\infty$$

$$\frac{dg}{d\mathcal{V}}\bigg|_{\mathcal{V}_i^\infty} > 0 \qquad \text{instabiler Stationärzustand } \mathcal{V}_i^\infty \tag{6.12}$$

$$\frac{dg}{d\mathcal{V}}\bigg|_{\mathcal{V}_i^\infty} = 0 \qquad \begin{array}{l} \text{es müssen auch höhere Ableitungen} \\ \text{von } g(\mathcal{V}) \text{ betrachtet werden} \end{array}$$

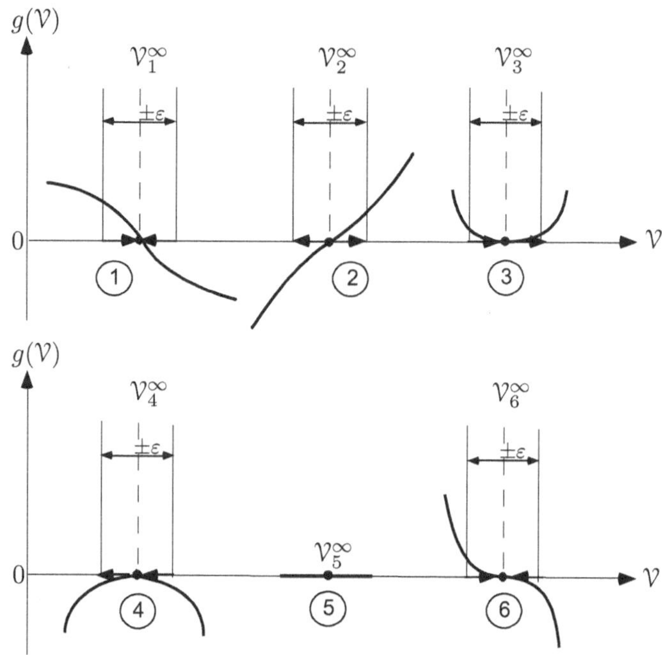

Lineare Modelle haben höchstens einen Attraktor; er ist asymptotisch stabil bzw. global.

Hat ein Modell nur *einen* Attraktor, zu dem alle im Endlichen gestarteten Systeme hin wandern, nennt man den Attraktor asymptotisch stabil oder global. Da die Veränderungsfunktion eines linearen Modells eine Gerade ist, hat ein lineares Modell höchstens eine einzige Nullstelle, also einen einzigen Fixpunkt. Dieser kann stabil oder instabil sein, je nach dem, ob die spezifische Rate k positiv oder negativ ist. Ist $k < 0$, so ist der einzige Fixpunkt stabil und damit ein asymptotisch stabiler Attraktor. Dies ist der Grund, warum sich lineare Modelle so monoton verhalten.

6.1.3   Nichtautonome nichtlineare Modelle

Wir betrachten nun nichtautonome nichtlineare Modelle und nehmen an, die externe Relation lasse sich explizit von der inneren Relation trennen, wie dies in Gleichung 6.2 der Fall ist. Die Stationärzustände des Systems erfüllen somit die Beziehung

$$f(V_i^\infty) = -\mathcal{R}(t) \text{ für } i = 1, \dots, k \tag{6.13}$$

Natürlich ist es nur dann sinnvoll, das Verhalten des Systems in der Nähe der Stationärzustände V_i^∞ zu analysieren, wenn $\mathcal{R}(t)$ – zumindest für eine bestimmte Zeit – einen konstanten Wert $\mathcal{R}(t) = \mathcal{R}_o$ annimmt. Die V_i^∞ sind also – im Sinne von statischen Modellen – Funktionen von $\mathcal{R}_o$, bzw. zu jedem $\mathcal{R}_o$ gehört ein mehr oder weniger großes Set von Stationärzuständen, wobei dieses Set auch leer sein kann (keine endlichen Stationärzustände). Betrachten wir ein Beispiel:

Beispiel 6.2 (Fischteich mit logistischem Wachstum)

In einem Fischteich vermehren sich die Fische gemäß der logistischen Wachstumsfunktion (6.4). Außerdem werden pro Zeiteinheit eine bestimmte Anzahl Fische J_v abgefischt. Wir können daher die Fischpopulation im Teich mit der folgenden nichtlinearen Differentialgleichung beschreiben:

$$\frac{dN}{dt} = k_p^\circ N\left(1 - \frac{N}{N_{max}}\right) - J_v = f(N) - J_v \equiv g(N) \qquad (6.14)$$

wobei $f(N)$ die logistische Wachstumskurve (Gl. 6.4) sei.

Wir wollen nun die Stabilitätseigenschaften dieses Modells grafisch bestimmen. Wir finden die Stationärzustände des Modells durch null setzen der Veränderungsfunktion $g(V)$, was gleich bedeutend ist mit: $f(N) = J_v$. Grafisch erhalten wir die Fixpunkte, in dem wir die logistische Wachstumskurve aus Abbildung 6.1 um den Betrag J_v nach unten verschieben (Abb. 6.4a). Daraus sehen wir mit Hilfe von (6.12) sofort, dass N_1^∞ ein instabiler, N_2^∞ ein stabiler Fixpunkt ist.

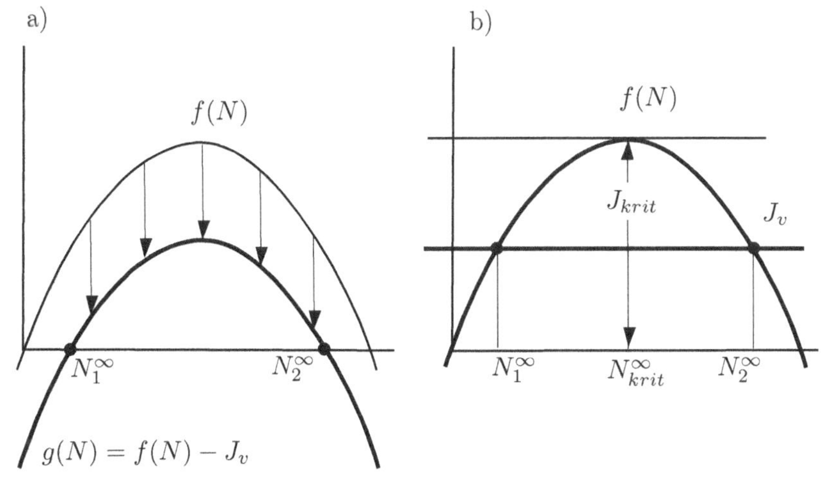

Abb. 6.4: *Logistisches Wachstum und Abfischen in einem Fischteich (Beispiel 6.1.3). Man kann die Fixpunkte entweder aus der totalen Geschwindigkeitsfunktion $g(N)$ bestimmen (Figur rechts) oder indem man die logistische Wachstumsfunktion $f(N)$ mit J_v schneidet (Figur links). Wird $J_v > J_{krit}$, gibt es keine endlichen Fixpunkte mehr und die Fische im Teich sterben aus.*

Für die folgenden Überlegungen kann eine andere Darstellung helfen: In Abbildung 6.4b schneiden wir die logistische Wachstumskurve $f(N)$ mit der Abfischrate J_v und finden so die Fixpunkte (natürlich sind es die gleichen wie vorher), deren Stabilitätsverhalten wir schon kennen.

Was geschieht mit dem System, wenn wir die Fangrate J_v als äußere Relation behandeln? Offenbar wächst, falls der Anfangszustand $N^0 < N_1^\infty$ ist, die Fischpopulation weniger schnell als sie abgefischt wird, also sterben die Fische aus. Ist hingegen $N^0 > N_1^\infty$, so stellt sich ein Gleichgewicht zwischen Wachstum und Abfischen ein. Ferner ist ersichtlich, dass bei steigender Abfischrate J_v der Fixpunkt N_1^∞ wächst und N_2^∞ sinkt. Schließlich treffen sich die beiden Fixpunkte bei $N_{krit}^\infty = N_{max}/2$, nämlich dann, wenn die Abfischrate den Wert $J_{krit} = k_p^\circ (N_{max}/4)$ erreicht. Für $J_v > J_{krit}$ sterben die Fische immer aus.

Eine Bemerkung zum Schluss: Gleichung (6.14) hat den Nachteil, dass $N(t) < 0$ werden kann, weil die Abfischrate J_v konstant ist und „nicht weiß" wann es nicht mehr genügend Fische im Teich hat. Dieses Problem könnte man formal lösen, in dem $dN/dt = 0$ zu setzen ist, sobald $N = 0$ ist. In Aufgabe 6.2 werden wir eine modifizierte Form von Gleichung (6.14) diskutieren, welche den Nachteil auf andere Art eliminiert.

6.1.4 Hysterese bei nichtlinearen Modellen

Hysterese

Wir haben gesehen, dass bei nichtlinearen Modellen in gewissen Situationen zu einer konstanten externen Relation $\mathcal{R}_o$ mehrere mögliche Stationärzustände $\mathcal{V}_i^\infty$ existieren. Verändert man $\mathcal{R}_o$ adiabatisch (d.h. genügend langsam), so verändern sich auch die $\mathcal{V}_i^\infty$. Dabei tritt unter Umständen ein Phänomen auf, das man Hysterese nennt.[6]

Die Abhängigkeit eines Systems von seiner Vorgeschichte nennt man Hysterese.

Wir wollen nun zeigen, dass Hysterese immer dann auftritt, wenn das System für einen gegebenen konstanten Wert der äußeren Relation $\mathcal{R}$ mehrere Fixpunkte besitzt.

Wir wählen als Ausgangspunkt Gleichung (6.2) und ersetzen dort die äußere Relation $\mathcal{R}(t)$ durch den konstanten Wert J.

Gemäß Gleichung 6.13 sind die Fixpunkte durch folgende Beziehung definiert:

$$f(\mathcal{V}_i^\infty) = -J \tag{6.15}$$

---

[6]Zu den bekanntesten Hysterese-Phänomenen gehört die Magnetisierung bzw. Ummagnetisierung eines Ferromagneten.

Wenn $f(\mathcal{V})$ eine stetige Funktion ist und die Gerade $(-J)$ tatsächlich mindestens zweimal schneidet, dann muss $f(\mathcal{V})$ abwechslungsweise von oben bzw. von unten durch die Gerade $(-J)$ gehen. Im ersten Fall ist die Steigung von $f(\mathcal{V})$ negativ und gemäß Gleichung (6.12) der Fixpunkt stabil, im zweiten Fall ist der Fixpunkt instabil. Stabile und instabile Fixpunkte wechseln sich somit ab.[7] In Abbildung 6.5a haben wir eine Funktion $f(\mathcal{V})$ gewählt, welche drei Nullstellen hat, wobei die erste bei null liegt. Man könnte $f(\mathcal{V})$ beispielsweise durch das Polynom dritten Grades

$$f(\mathcal{V}) = -\mathcal{V}(\mathcal{V} - a)(\mathcal{V} - b); \qquad a, b > 0 \tag{6.16}$$

darstellen. Das Polynom hat ein lokales Minimum bei $\mathcal{V}_A$ (Wert $f_A < 0$) sowie ein lokales Maximum bei $\mathcal{V}_B$ (Wert $f_B > 0$).[8]

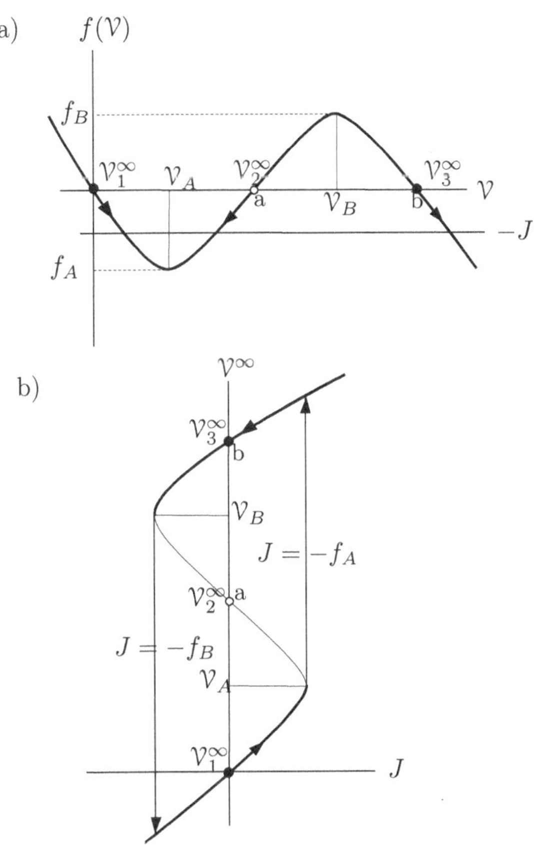

Abb. 6.5: *a) Geschwindigkeitsfunktion des dynamischen Modells $\frac{\mathrm{d}\mathcal{V}}{\mathrm{d}t} = J + f(\mathcal{V})$. Für ein konstantes J finden sich die Fixpunkte dort, wo sich $f(\mathcal{V})$ und die horizontale Gerade $-J$ schneiden ($\bullet$ stabiler Fixpunkt, $\circ$ instabiler Fixpunkt). b) Die drei Fixpunkt-Äste als Funktion von J: dicke Kurve = stabiler Fixpunkt, dünne Kurve = instabiler Fixpunkt. Für ein wachsendes J springt das Modell bei $J = -f_A > 0$ von $\mathcal{V}_1^\infty$ auf $\mathcal{V}_3^\infty$. Bei abnehmenden J findet der Sprung bei $J = -f_B < 0$ statt.*

Betrachten wir zuerst den Fall $J = 0$. Die drei Fixpunkte $\mathcal{V}_i^\infty (i = 1, 2, 3)$ sind dann offensichtlich identisch mit den Nullstellen von $f(\mathcal{V})$. Nach Gleichung (6.12) sind die Fixpunkte bei 0 und b stabil, bei a instabil. Lassen

---

[7] Zur Vereinfachung lassen wir die Fälle mit $\frac{\mathrm{d}f}{\mathrm{d}\mathcal{V}} = 0$ am Fixpunkt außer Betracht.

[8] Wir überlassen es der Leserin bzw. dem Leser, diese Werte explizit als Funktion der beiden Nullstellen a und b auszudrücken.

wir nun J wachsen, so finden wir die Fixpunkte aus den Schnittpunkten von $f(\mathcal{V})$ mit der horizontalen Geraden bei $-J$. Im Falle von Abbildung 6.5a wandern somit $\mathcal{V}_1^\infty$ und $\mathcal{V}_3^\infty$ nach rechts zu größeren $\mathcal{V}$-Werten, $\mathcal{V}_2^\infty$ hingegen nach links. Wenn $-J$ den Wert f_A erreicht, verschmelzen die beiden Fixpunkte $\mathcal{V}_1^\infty$ und $\mathcal{V}_2^\infty$; übrig bleibt lediglich der (stabile) Fixpunkt $\mathcal{V}_3^\infty$.

In Abbildung 6.5b ist die Position der Fixpunkte in Abhängigkeit der äußeren Relation J aufgetragen. Die fett gezeichneten Kurven stellen stabile Fixpunkte dar, die dünn gezeichnete Kurve den instabilen Fixpunkt. Die Figur zeigt, dass für J zwischen $-f_B$ und $-f_A$ jeweils drei „Fixpunkt-Äste" existieren. Wächst J über $-f_A$ hinaus, springt das System vom $\mathcal{V}_1^\infty$-Ast direkt auf den $\mathcal{V}_3^\infty$-Ast. Fällt umgekehrt J von großen Werten, springt das System bei $J = -f_B$ vom $\mathcal{V}_3^\infty$-Ast direkt auf den $\mathcal{V}_1^\infty$-Ast. Diese abrupten Sprünge finden bei wachsendem bzw. fallendem J nicht an der gleichen Stelle statt (Hysterese).

Wir können die in Abbildung 6.5 dargestellte Situation konkretisieren, indem wir das folgende Modell betrachten:[9]

$$\frac{\mathrm{d}\mathcal{V}}{\mathrm{d}t} = J - k\mathcal{V} + \varphi(\mathcal{V}) = J + f(\mathcal{V}) \tag{6.17}$$

wobei $\varphi(\mathcal{V})$ eine Funktion ist, welche bei einem kritischen Wert $\mathcal{V}_{krit}$ von einem sehr kleinen Wert (≈ 0) relativ steil auf den Wert $\varphi_\circ$ springt (Abb. 6.6a, unten). Ein solches Verhalten kann beispielsweise durch die Funktion

$$\varphi(\mathcal{V}) = \varphi_\circ \frac{\mathcal{V}^p}{\mathcal{V}^p + \mathcal{V}_{krit}^p} \tag{6.18}$$

dargestellt werden, wobei der Exponent p die Steilheit des Sprunges in der Umgebung von $\mathcal{V}_{krit}$ bestimmt; je größer p ist, umso „eckiger" ist die Funktion $\varphi(\mathcal{V})$.

Die zusammengesetzte Funktion, $f(\mathcal{V}) = -k\mathcal{V} + \varphi(\mathcal{V})$, ist in Abbildung 6.6a rechts dargestellt. Von der Struktur der Nullstellen her entspricht sie dem in Abbildung 6.5a gezeigten Fall. Wiederum können wir die Kurve mit der Geraden $(-J)$ schneiden und die Veränderung der drei Fixpunkte beobachten (Abb. 6.6b). Da der mittlere (ansteigende) Ast von $f(\mathcal{V})$ annähernd senkrecht verläuft, ist der entsprechende Fixpunkt $\mathcal{V}_2^\infty \approx \mathcal{V}_{krit}$ (soweit er überhaupt existiert) praktisch unabhängig von $(-J)$. Die (katastrophenartigen) Sprünge zwischen den stabilen Fixpunktästen finden ungefähr bei $J = k\mathcal{V}_{krit}$ bzw. $J = k\mathcal{V}_{krit} - \varphi_\circ$ statt.

In vielen Fällen beschreibt (6.17) ein System, für das nur positive J- und k-Werte sinnvoll sind (s. Beispiel 6.3 unten). Wie Abbildung 6.6b zeigt, kann dies zur Folge haben, dass der Sprung auf den oberen Fixpunktast einen irreversiblen Prozess darstellt, weil der umgekehrte Sprung bei einem negativen J-Wert erfolgen müsste (grau markierter Bereich in Abbildung 6.6b). Ist allerdings $k\mathcal{V}_{krit} > \varphi_\circ$ (Abb. 6.6c und d), erfolgen beide

---

[9]Siehe Scheffer et al. (2002). Die Autoren geben mehrere Beispiele von Systemen, deren Verhalten durch (6.17) beschrieben werden kann. Eines davon bildet die Grundlage für das Beispiel 6.4, siehe unten.

Übergänge bei positiven J-Werten. In diesem Fall besitzt das System für $J = 0$ nur den einen Fixpunkt $\mathcal{V} = 0$.

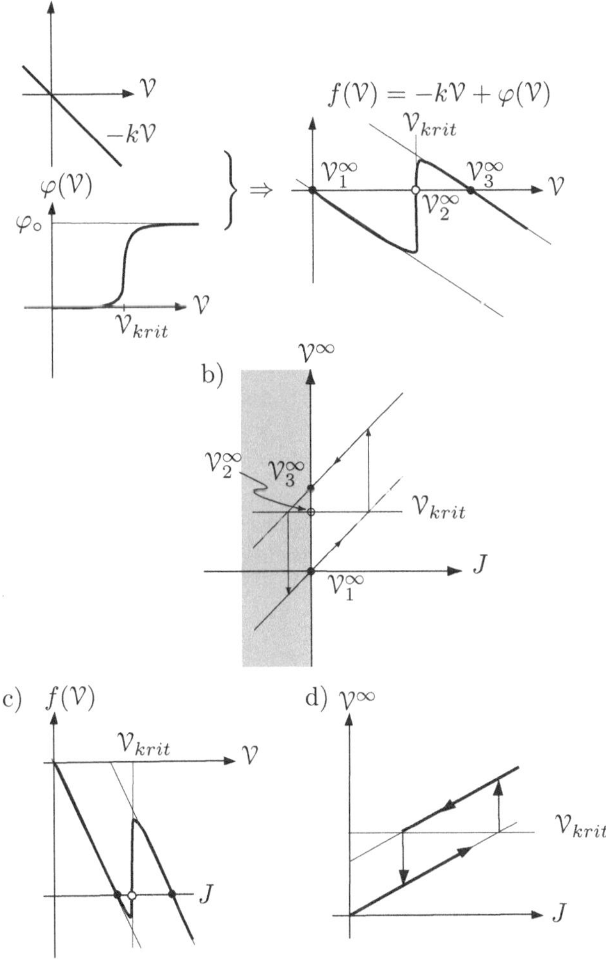

Abb. 6.6: *Analyse des Verhaltens von Gleichung (6.17) als Funktion der äußeren Relation J. (a) Geschwindigkeitsfunktion $f(\mathcal{V}) = -k\mathcal{V} + \varphi(V)$. (b) Fixpunkte in Abhängigkeit von J und Hysterese des Systems. (c) und (d) wie (a) und (b), aber mit größerer spezifischer Rate k, so dass die Hysterese im positiven J-Bereich verläuft. $\bullet = $ stabiler Fixpunkt, $\circ = $ instabiler Fixpunkt.*

> **Beispiel 6.3 (Sichttiefe in einem See)**[a]
>
> In flachen Seen besteht eine fragile Wechselwirkung zwischen der Nährstoffbelastung und der Sichttiefe. Hohe Nährstoffkonzentrationen begünstigen das Wachstum des pflanzlichen Planktons (Phytoplankton) und erhöhen so die Partikelkonzentration bzw. die Turbidität (Trübe) in der Wassersäule: Je größer die Turbidität, desto weniger lichtdurchlässig die Wassersäule, d.h. desto kleiner die Sichttiefe. Kleine Sichttiefen führen dazu, dass unter der Wasseroberfläche wachsende Pflanzen (sog. Makrophyten) wegen Lichtmangels plötzlich verschwinden. Bis zu einer gewissen Nährstoffbelastung vermögen die Makrophyten die Planktonkonzentration und damit die Turbidität aktiv tief zu halten. Damit können sie ihre Wachstumsbedingungen verbessern. An diesem Prozess sind verschiedene Mechanismen beteiligt. Die Nährstoffkonzentration in der Wassersäule wird durch die Makrophyten selbst reduziert. Das Wachstum der Makrophyten verbessert die Lebensbedingungen des Zooplanktons (z.B. Daphnien — kleine Wasserkrebschen), welche ihrerseits das suspendierte Phytoplankton reduzieren. Außerdem wird durch die Makrophyten die Sediment-Resuspension verhindert. Übersteigt die Nährstoffzufuhr einen gewissen kritischen Wert, genügen diese Mechanismen nicht mehr, um die Turbidität klein zu halten, und die Makrophyten sterben ab. Das wiederum hat zur Folge, dass die von den Wasserpflanzen begünstigte Elimination von Algen wegfällt. Um das System in den ursprünglichen Zustand zurück zu bringen, muss die Nährstoffbelastung zumindest vorübergehend unter jenen Wert gesenkt werden, bei dem die Wasserpflanzen verschwunden sind. Unter Umständen muss durch eine Art Biomanipulation (z.B. durch Abfischen jener Fische, welche die algenfressenden Daphnien dezimieren) das System in den ursprünglichen Zustand zurück gebracht werden.
>
> ---
> [a]Adaptiert aus Scheffer et al. (2002)

Folgendes einfache Modell kann den im Beispiel geschilderten Sachverhalt beschreiben. Als Systemvariable wählen wir die Konzentration von suspendiertem Phytoplankton B. Zugleich ist B ein Maß für die Turbidität der Wassersäule:

$$\frac{dB}{dt} = J_N + f(B) \tag{6.19}$$

mit

$$f(B) = \begin{cases} -f_s(B) & \text{für} \quad B \leq B_{krit} \\ -\alpha f_s(B) & \text{für} \quad B > B_{krit} \end{cases} \tag{6.20}$$

Der inhomogene Term J_N beschreibt die Nährstoffzufuhr. Der kritische Nährstoff in Seen ist meist Phosphor. Die Funktion $f_s(B)$ beschreibt die Elimination des Phytoplanktons, wobei $f_s(B)$ mit B monoton steigt (Abb. 6.7a) Die Konstante α ist der Reduktionskoeffizient der Funktion $f_s(B)$, wenn die kritische Nährstoffkonzentration B_{krit} überschritten ist und die Makrophyten absterben.

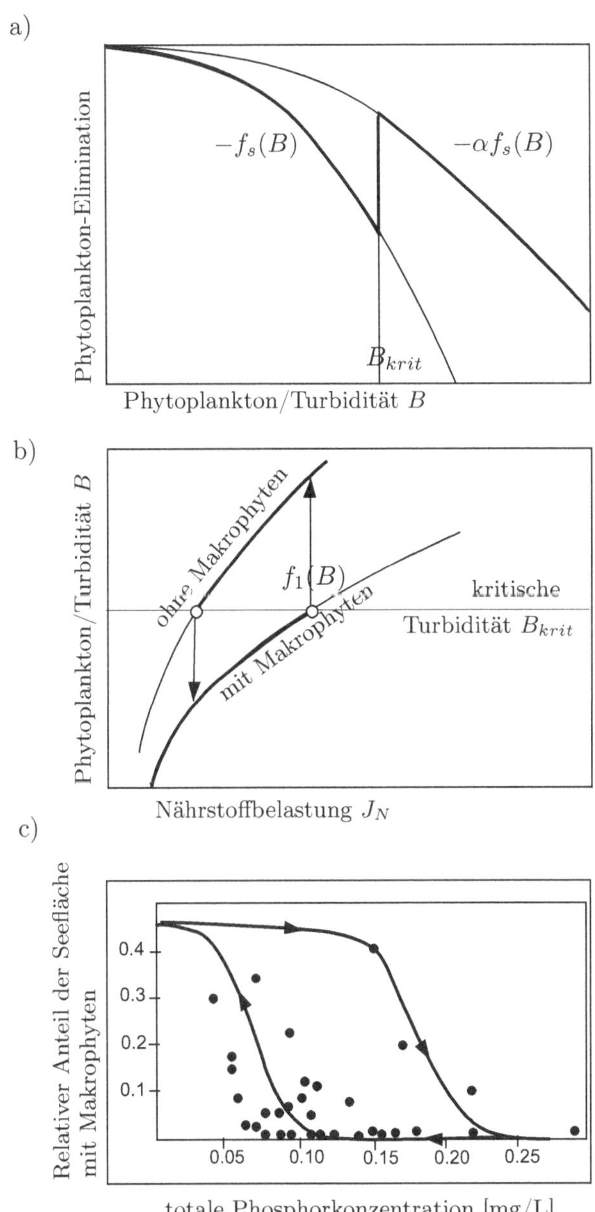

Abbildung 6.7: *(a) Eliminationsfunktion der Turbidität mit bzw. ohne Makrophyten. Beachte, dass die Funktion qualitativ wie diejenige in Abbildung 6.6c aussieht. (b) Stationäre Turbidität als Funktion der Nährstoffbelastung. (c) Messungen an holländischen Seen zeigen, dass die Hysterese des Systems tatsächlich mit der Verbreitung der Makrophyten zusammen hängt. Die Makrophyten verschwinden bei einer höheren Phosphorkonzentration als sie umgekehrt bei abnehmender Nährstoffbelastung wieder erscheinen. Aus Scheffer et al. (2002), Daten von (c) aus Meijer (2000).*

Abbildung 6.7b zeigt die stationäre Phytoplanktonkonzentration (bzw. Turbidität) B^∞ als Funktion der Nährstoffzufuhr J_N. Man erhält B^∞ aus (6.19), in dem man $\mathrm{d}B/\mathrm{d}t = 0$ setzt:

$$f(B^\infty) = -J_N \tag{6.21}$$

Das Modell zeigt also Hysterese. Messungen an holländischen Seen (Abb. 6.7c zeigen, dass tatsächlich die Makrophyten bei einer höheren Phosphorkonzentration verschwinden als sie umgekehrt bei einer abnehmenden Nährstoffbelastung im See wieder neu auftreten.

Auch das folgende Beispiel zeigt Hysterese. Es erlaubt uns, das Phänomen nochmals etwas anders dazustellen

Beispiel 6.4 (Nichtlineares Phosphormodell)

Ein Schwachpunkt der bisher diskutierten Seemodelle für Phosphor (Beispiele 2.2, 4.9, 4.10, 4.11, 4.12) ist die mangelhafte Beschreibung der Phosphor-Einlagerung ins Sediment. Diese wurde bisher als eine lineare Funktion des mittleren Phosphor-Gehalts ($k_s C$) beschrieben. Beobachtungen zeigen aber, dass in den meisten Seen die spezifische Phosphorsedimentationsrate k_s mit wachsender Konzentration abnimmt und sogar negativ werden kann. Letzteres würde auf eine Rücklösung des Phosphors aus dem Sediment hinweisen.

Betrachten wir den See wieder als linearen Durchflussreaktor (s. Beispiel 4.3) und führen nun aber eine von der Konzentration C abhängige spezifische Phosphorsedimentationsrate $k_s(C)$ ein. Gegenüber (4.22) ist die dynamische Gleichung für die mittlere Phosphorkonzentration im See leicht verändert:

$$\frac{\mathrm{d}C}{\mathrm{d}t} = k_w C_{in} - k_w C - k_s(C)C \tag{6.22}$$

Diese Gleichung ist nicht mehr linear, da k_s von C abhängt. Um das oben beschriebene Verhalten von $k_s(C)$ möglichst einfach zu beschreiben, wählen wir folgende Funktion:

$$k_s(C) = \begin{cases} k_s & \text{für} \quad C < C_{krit} \\ 0 & \text{für} \quad C \geq C_{krit} \end{cases} \tag{6.23}$$

Die Funktion $k_s(C)$ ist in Abbildung 6.8 grafisch dargestellt. In Wirklichkeit würde $k_s(C)$ natürlich kontinuierlich abnehmen. Gleichung (6.23) hat den Vorteil, dass dieses Modell relativ einfach analysiert werden kann und trotzdem alle wichtigen Eigenschaften eines realistischeren Modells besitzt.

Setzen wir Gleichung (6.23) in (6.22) ein, ergibt sich die folgende Modellgleichung:

$$\frac{\mathrm{d}C}{\mathrm{d}t} = k_w C_{in} - k_w C - \begin{cases} k_s C & \text{für} \quad C < C_{krit} \\ 0 & \text{für} \quad C \geq C_{krit} \end{cases} \tag{6.24}$$

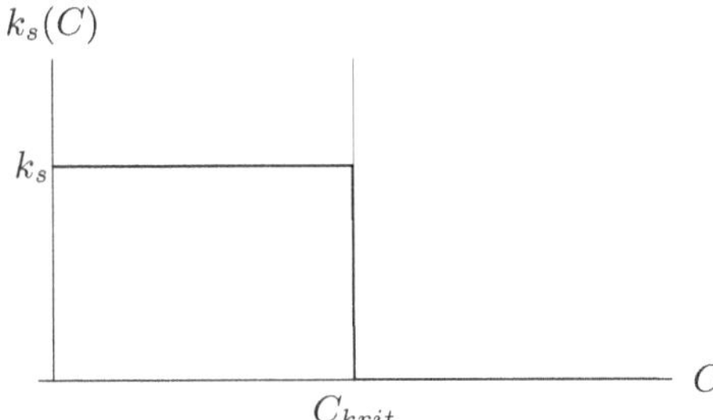

Abb. 6.8: *Spezifische Sedimentationsrate k_s in Abhängigkeit der mittleren Phosphorkonzentration im See: Ist die Phosphorkonzentration höher als C_{krit}, so wird k_s null. Es wird dann kein Phosphor mehr ins Sediment eingelagert.*

Wir stellen fest, dass es sich hier eigentlich um die Überlagerung von zwei linearen Modellen handelt. Der aktuelle Wert von C entscheidet, welche der beiden linearen Gleichungen gültig ist. Im speziellen Fall könnte es sein, dass die Konzentration C den Wert C_{krit} gar nie übersteigt, das Modell also „gar nichts von seinem Doppelleben weiß", sondern sich immer nur gemäß der linearen Gleichung (4.22) verhält.[10]

Es sei daran erinnert, dass Gleichung (6.24) über den Input-Term $(k_w C_{in})$ nichtautonom ist und im allgemeinen Fall, nämlich wenn C_{in} zeitlich nicht konstant ist, keinen Stationärzustand erreicht. Wie in früheren Beispielen ist es aber nützlich, den Stationärzustand von (6.24) in Abhängigkeit einer als konstant angenommenen Inputkonzentration C_{in} zu analysieren. Mit anderen Worten, wir suchen nach dem statischen Modell $C^\infty =$ Funktion von (C_{in}), das implizit im dynamischen Modell (6.24) steckt. So wie das dynamische Modell aus der Überlagerung von zwei linearen Modellen besteht, ist das statische Modell eine Superposition von zwei Fixpunktgeraden:

$$C^\infty(C_{in}) = \begin{cases} C_{in}\frac{k_w}{k_w+k_s} \equiv C_A^\infty & \text{für} \quad C^\infty < C_{krit} \\[2ex] C_{in} \equiv C_B^\infty & \text{für} \quad C^\infty \geq C_{krit} \end{cases} \tag{6.25}$$

Die Fixpunktgeraden sind in Abbildung 6.9 dargestellt. Gerade **A** ($C^\infty < C_{krit}$) hat die Steigung $\frac{k_w}{k_w+k_s}$, Gerade **B** die Steigung 1. Die horizontale Linie bei C_{krit} grenzt den Geltungsbereich der beiden Fixpunktgeraden ab. Wir stellen fest, dass für eine Inputkonzentration C_{in} zwischen C_{krit} und $C^\star = \frac{k_w+k_s}{k_w}C_{krit} > C_{krit}$ im Prinzip beide Fixpunktgeraden gültig sind. Wie verhält sich das Modell wirklich ?

Stellen wir uns vor, C_{in} sei zuerst so klein, dass die entsprechende Stationärkonzentration $C_A^\infty < C_{krit}$ ist. Wächst nun C_{in} derart langsam, dass sich das Modell adiabatisch im Stationärzustand mitbewegt[11], so erreicht C_A^∞ bei einer Inputkonzentration von $C^\star$ den kritischen Wert C_{krit},

$$C_A^\infty(C^\star) = \frac{k_w}{k_w+k_s}C^\star = \frac{k_w}{k_w+k_s} \cdot \frac{k_w+k_s}{k_w}C_{krit} = C_{krit} \tag{6.26}$$

und springt dort auf die obere Fixpunktgerade **B**. Bewegt sich umgekehrt das Modell, von großen C_{in}-Werten her kommend, auf der Fixpunktgeraden

---

[10] Auf das Phänomen der Linearität innerhalb eines beschränkten Variationsbereiches wiesen wir bereits in der Einleitung zum Kapitel 6 hin.

[11] Frage an Leser und Leserin: Wie muss hier das Attribut „langsam" spezifiziert werden?

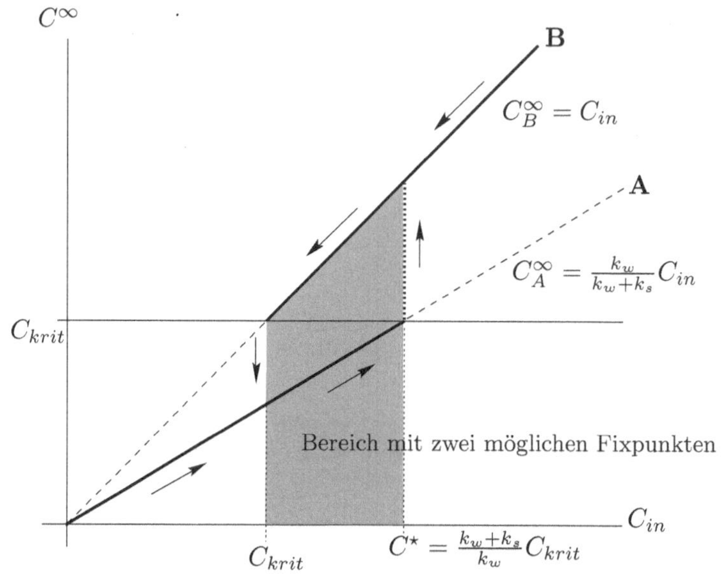

Abb. 6.9: *Zusammenhang zwischen Inputkonzentration C_{in} und den beiden Fixpunktgeraden (6.25). Liegt die Inputkonzentration C_{in} zwischen C_{krit} und $C^\star$, existieren zwei verschiedene Fixpunkte. Die Vorgeschichte des Modells entscheidet, welcher Fixpunkt tatsächlich erreicht wird. Dieses Verhalten nennt man Hysterese.*

B abwärts, wird es nicht bei $C_{in} = C^\star$, sondern erst bei $C_{in} = C_{krit}$ auf die **A**-Gerade springen.

Fassen wir zusammen: Das Modell (6.24) hat uns trotz seiner Einfachheit noch einmal zwei Phänomene vor Augen geführt, welche für nichtlineare Modelle typisch sind und bei linearen Modellen *nicht* auftreten:

1. Das Modell hat kritische Zustände, in denen kleinste Veränderungen des Inputs (äußere Relation) zu großen Veränderungen im Verhalten der Systemvariablen führen.

2. Es gibt einen Bereich der Inputgröße C_{in}, in dem das Verhalten des Systems von der Vorgeschichte abhängt (Hysterese).

6.1.5   Synergismus bei nichtlinearen Modellen

Außer dem Auftreten von Hysterese haben nichtlineare Modelle eine weitere Eigenschaft, welche sie grundlegend von linearen Modellen unterscheiden, nämlich synergetische Effekte. Darunter versteht man das Phänomen, dass mehrere äußere Kräfte, welche auf ein System einwirken, sich gegenseitig beeinflussen, d.h. verstärken bzw. kompensieren.

Synergismus = Das Zusammenwirken verschiedener externer Kräfte, so dass die Gesamtwirkung größer oder kleiner als die Summe der Einzelwirkungen ist.

Um besser zu verstehen, was mit „gegenseitig beeinflussen" gemeint ist, erinnern wir uns an jene Systeme, bei denen eine gegenseitige Beeinflussung *nicht* stattfindet, nämlich an lineare Systeme. Im Kapitel 4.3 hatten wir ein lineares Modell mit zeitlich variablem Input betrachtet und festgestellt, der Input könne in viele Einzelinputs zerlegt werden, wobei jeder Input vom System separat „verarbeitet" wird, als ob die anderen Inputereignisse nicht existierten (s. Abb. 4.5). Die Kombination aller Inputereignisse ergab sich

Synergismus

dann als die Summe (Superposition) aller Einzelereignisse. In nichtlinearen Modellen ist dieses Vorgehen im Allgemeinen nicht möglich.

Stellen wir uns zur Illustration folgende Frage: Wie groß ist der Einfluss von mit Zink und Quecksilber verschmutztem Wasser auf das Wachstum einer bestimmten Algenart? Nehmen wir an wir wissen, dass jede der beiden Schwermetallkonzentrationen für sich genommen das Wachstum um 10% vermindert. Falls die Wirkungsmechanismen der beiden Schwermetalle auf das Algenwachstum voneinander unabhängig wären, müsste der gemeinsame Effekt beider Schwermetalle auf die Algen einer Wachstumsreduktion von 20% entsprechen. In diesem Fall gäbe es keinen Synergismus. Oft beobachtet man aber, dass sich die Wirkung der Schadstoffe gegenseitig verstärkt, d.h. die Wachstumsminderung größer als 20% ist. Bei anderen Stoffen ist es möglich, dass sich ihre Wirkungen gegenseitig kompensieren. In beiden Fällen spricht man von Synergismus.

Beispiel 6.5 (Synergetischer Effekt beim nichtlinearen Phosphormodell)

Wir betrachten den Einfluss zweier Input-Ereignisse auf das Verhalten der Phosphor-Konzentration in einem See mit nichtlinearer Sedimentation (Gl. 6.24). Falls die Summe der beiden Ereignisse im See zu einer Phosphor-Konzentration führt, welche über der kritischen Konzentration C_{krit} liegt, ist der zeitliche Verlauf der Phosphor-Konzentration im See nicht identisch mit der Summenwirkung der Einzelereignisse (s. Abb. 6.10).

Im Unterschied zu nichtlinearen Modellen können lineare Modelle keine synergetischen Effekte beschreiben. Auch in diesem Punkt sind die Möglichkeiten linearer Modelle eingeschränkt.

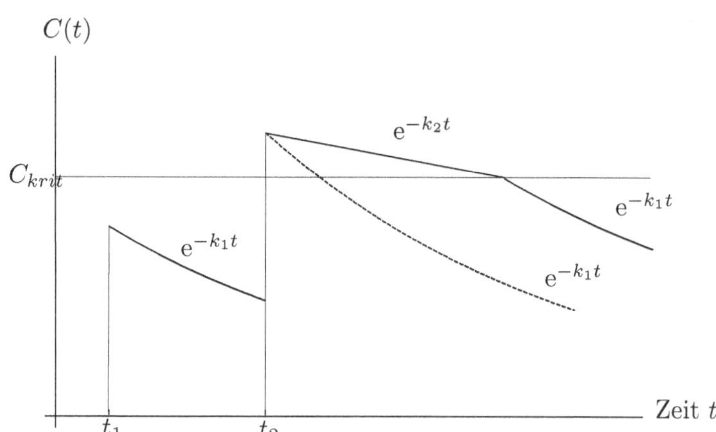

Abb. 6.10: *Im Phosphormodell von Gleichung (6.24) ist der Verlauf der Konzentration nicht identisch mit der Summenwirkung der Einzelereignisse (gestrichelte Kurve).*

6.2 Nichtlineare Boxmodelle mit mehreren Systemvariablen

6.2.1 Die Jacobi-Matrix

Mehrdimensionale nichtlineare Modelle vergrößern die Möglichkeit des Modellierens. Die dadurch gewonnene Vielfalt wird aber mit einer eingeschränkten analytischen Lösbarkeit der nichtlinearen Differentialgleichungssysteme erkauft. Die meisten nichtlinearen Modelle können nur numerisch mit dem Computer gelöst werden. Im Gegensatz zu analytischen Lösungen haben Computersimulationen den Nachteil, dass man gewisse charakteristische Eigenschaften des Modells kaum (oder höchstens mit einer Vielzahl von Simulationen) analysieren kann. Eine dieser Eigenschaften ist z.B. die Frage, wie sich das System in der Nähe eines Stationärzustandes verhält.

Um dieser Frage nachzugehen, betrachten wir ein n-dimensionales Modell, das durch folgendes System von n Differentialgleichungen erster Ordnung beschrieben wird:

$$\frac{\mathrm{d}\mathcal{V}_i}{\mathrm{d}t} = g_i(\mathcal{V}_1, \ldots, \mathcal{V}_n), \qquad i = \{1, \ldots, n\} \tag{6.27}$$

Wie schon im eindimensionalen Fall (Gl. 6.6) nehmen wir an, allenfalls vorhandene äußere Relationen seien zeitlich konstant und in den Funktionen g_i inkorporiert.

Die Stationärzustände oder Fixpunkte des Differentialgleichungssystems (6.27) sind die q Lösungen des n-dimensionalen gewöhnlichen, aber nichtlinearen Gleichungssystems:[12]

$$0 = g_i\left(\mathcal{V}_1^k, \mathcal{V}_2^k, \ldots, \mathcal{V}_n^k\right), \quad k = \{1, 2, \ldots, q\}, \qquad i = \{1, 2, \ldots, n\} \tag{6.28}$$

---

[12]Man beachte, dass hier die in Gleichung (6.7) eingeführte Notation leicht modifiziert wird. Das Symbol ∞ wird weggelassen, die Nummerierung des Fixpunktes k wird zum oberen Index, und der untere bezeichnet die Variable.

Wäre das System linear, hätte es höchstens $q = n$ Lösungen. Für nicht-lineare Gleichungssysteme kann die Anzahl der Fixpunkte q beliebig groß sein.

Um das Systemverhalten in der Nähe eines Fixpunktes k zu untersuchen, können wir auf dem Verfahren aufbauen, das wir in Kapitel 6.1.2 für eindimensionale Modelle angewendet haben. Weil unser Vorstellungsvermögen von Räumen mit mehr als drei Dimensionen beschränkt ist, betrachten wir zunächst ein zweidimensionales System mit den Variablen $\mathcal{V}_1$ und $\mathcal{V}_2$. Jede der beiden Geschwindigkeitsfunktionen $g_i(i = 1, 2)$ kann man sich als eine Fläche im dreidimensionalen Raum vorstellen. Zwei der Dimensionen werden dabei von den Variablen selbst aufgespannt. Das ist der uns schon bekannte Zustandsraum oder präziser die Zustandsebene. In der dritten dazu senkrecht stehenden Koordinatenachse wird der Wert von g_1 bzw. g_2 aufgetragen. So erhalten wir zwei topografische Karten mit Bergen und Tälern. Dort wo beide Topografien die Zustandsebene durchstoßen, befindet sich ein Fixpunkt. Um diesen Fixpunkt können wir den Verlauf von g_1 und g_2 durch die Tangenten in der $\mathcal{V}_1$- bzw. $\mathcal{V}_2$-Richtung approximieren, genau so wie wir es in Gleichung (6.9) bzw. Abbildung 6.2 getan haben. So erhalten wir insgesamt vier Tangenten mit den Steigungen $\frac{\partial g_1}{\partial \mathcal{V}_1}$, $\frac{\partial g_1}{\partial \mathcal{V}_2}$, $\frac{\partial g_2}{\partial \mathcal{V}_1}$ und $\frac{\partial g_2}{\partial \mathcal{V}_2}$. Das Symbol für die partielle Ableitung (∂) weist darauf hin, dass die Steigung jeweils entlang einer ausgewählten Richtung ($\mathcal{V}_1$ oder $\mathcal{V}_2$) bestimmt wird und die anderen Koordinaten konstant bleiben. Übertragen auf mehrere Dimensionen ergeben sich sinngemäß n^2 solcher Steigungen. Anhand des späteren Beispiels 6.6 werden wir diese Geschwindigkeitsflächen explizit darstellen (Abb. 6.13)

Etwas formaler nehmen wir also an, das System befinde sich in beliebiger Nähe des Fixpunktes k, d.h.

$$\mathcal{V}_i = \mathcal{V}_i^k + \varepsilon_i \, , \quad i = \{1, \dots, n\} \tag{6.29}$$

bzw. als Vektor geschrieben

$$\boldsymbol{\mathcal{V}} = \boldsymbol{\mathcal{V}}^k + \boldsymbol{\varepsilon} \tag{6.30}$$

Da definitionsgemäß am Fixpunkt selbst alle Veränderungsfunktionen g_i null sind, können wir sie in der Umgebung von $\boldsymbol{\mathcal{V}}^k$ durch die folgende Taylorreihe approximieren und diese nach dem ersten Term abbrechen:

$$g_i(\boldsymbol{\mathcal{V}}) = g_i(\boldsymbol{\mathcal{V}}^k + \boldsymbol{\varepsilon}) = \sum_{j=1}^{n} \left(\frac{\partial g_i}{\partial \mathcal{V}_j} \right) \bigg|_{\boldsymbol{\mathcal{V}}^k} \cdot \varepsilon_j \qquad i = \{1, \dots, n\} \tag{6.31}$$

Der senkrechte Strich mit dem Argument $\boldsymbol{\mathcal{V}}^k$ bedeutet, dass die partiellen Ableitungen am Fixpunkt $\boldsymbol{\mathcal{V}}^k$ zu berechnen sind. Da $\boldsymbol{\mathcal{V}}^k$ zeitlich konstant ist gilt $d\mathcal{V}_i/dt = d\varepsilon_i/dt$. Somit wird Gleichung (6.27) näherungsweise zu einem n−dimensionalen *linearen* System der „Abweichungsvariablen" ε_i:

$$\frac{d\varepsilon_i}{dt} = \sum_{j=1}^{n} B_{i,j}(\boldsymbol{\mathcal{V}}^k)\varepsilon_j, \qquad i = \{1, \dots, n\} \tag{6.32}$$

mit

$$B_{i,j}(\boldsymbol{V}^k) = \left.\left(\frac{\partial g_i}{\partial \mathcal{V}_j}\right)\right|_{\boldsymbol{V}^k}. \tag{6.33}$$

Die $B_{i,j}(\boldsymbol{V}^k)$ können als Matrix geschrieben werden:

$$\mathbf{B}(\boldsymbol{V}^k) = \left.\begin{pmatrix} \frac{\partial g_1}{\partial \mathcal{V}_1} & \frac{\partial g_1}{\partial \mathcal{V}_2} & \cdots \\ \frac{\partial g_2}{\partial \mathcal{V}_1} & \frac{\partial g_2}{\partial \mathcal{V}_2} & \cdots \\ \vdots & \vdots & \ddots \end{pmatrix}\right|_{\boldsymbol{V}^k} \tag{6.34}$$

wobei das Argument $\boldsymbol{V}^k$ darauf hinweist, die in der Matrix auftretenden Ableitungen der Geschwindigkeitsfunktionen g_i seien jeweils am ausgewählten Fixpunkt k zu berechnen. B heißt die Jacobi-Matrix; sie dient zur approximativen linearisierten Beschreibung des nichtlinearen Gleichungssystems in der Nähe der Fixpunkte. In Matrizenform geschrieben lautet Gleichung 6.32:

$$\frac{\mathrm{d}\varepsilon}{\mathrm{d}t} = \mathbf{B}(\boldsymbol{V}^k)\varepsilon \tag{6.35}$$

Die Ausdrücke (6.32) bzw. (6.35) sind somit lineare Näherungen des nichtlinearen Systems (6.27). Mit Hilfe der Eigenwerte der Jacobi-Matrix können wir nun das Verhalten des Modells in der Nähe des entsprechenden Stationärzustandes analysieren. Wir müssen dabei aber beachten, dass unter Umständen eine solche Stabilitätsanalyse nur in sehr kleinen ε-Umgebungen von $\boldsymbol{V}^k$ gültig ist. Ferner gibt es nichtlineare Modelle, deren Geschwindigkeitsfunktionen g_i nicht differenzierbar sind, so dass keine Jacobi-Matrix berechnet werden kann. Schließlich gibt es Fälle, in denen das linearisierte Modell keine Aussage über das wirkliche Modell machen kann (s. Kap. 6.2.4).

6.2.2 Charakterisierung der Stationärzustände von mehrdimensionalen Systemen

Betrachten wir zur Vereinfachung der Darstellung ein zweidimensionales Modell. Im Gegensatz zum eindimensionalen Fall unterteilen die Fixpunkte oder Stationärzustände $\boldsymbol{V}^k$ den Zustandsraum *nicht* in invariante Bereiche. Es ist auch möglich, dass das Modell einen Stationärzustand gar nicht erreicht, sondern um ihn oszilliert, wie wir dies schon im Beispiel 5.11 des harmonischen Oszillators gesehen haben.

In Kapitel 5.1.1 haben wir die Eigenschaften der Eigenwerte eines zweidimenionalen linearen Modells analysiert und das Ergebnis in Tabelle 5.1 zusammengefasst. Nichtlineare zweidimensionale Modelle können in der Nähe ihrer Fixpunkte durch lineare Modelle approximiert werden. Die Jacobi-Matrix übernimmt dann die Rolle der in Gleichung (5.3) eingeführten Koeffizientenmatrix $\mathbf{P}$. Wir wollen an dieser Stelle die Klassierung der Fixpunkte (Tab. 5.1) nochmals zusammenfassen und gleichzeitig die Struktur der Trajektorien im zweidimensionalen Zustandsraum in der Nähe eines

Fixpunktes mit Abbildung 6.11 visualisieren. Zu jedem Muster gehört ein spezielles Eigenwertpaar, λ_1 und λ_2, der Jacobi-Matrix **B**.

Reelle Eigenwerte

a) Beide Eigenwerte sind reell und negativ ($\lambda_1, \lambda_2 < 0$): Stabiler Stationärzustand, auch stabiler Stern genannt (Abb. 6.11a).

b) Beide Eigenwerte sind reell und positiv ($\lambda_1, \lambda_2 > 0$): Instabiler Stationärzustand, auch instabiler Stern genannt (Abb. 6.11b).

c) Eigenwerte sind reell und haben verschiedene Vorzeichen, z.B. ($\lambda_1 > 0, \lambda_2 < 0$): Instabiler Stationärzustand, auch Sattelpunkt genannt (Abb. 6.11c).

Es ist leicht möglich, obige Definitionen auf einseitig stabile und indifferente Situationen auszuweiten, d.h. die Fälle mit Eigenwert Null einzubeziehen.

Nichtreelle Eigenwerte

Sind die Eigenwerte nichtreell, so unterscheiden sich λ_1 und λ_2 nur im Vorzeichen ihrer Imaginärteile.[13] Die Systemvariablen oszillieren um den Stationärzustand. Es gibt drei Möglichkeiten der Oszillation:

d) $\mathrm{Re}(\lambda_1, \lambda_2) < 0$: Das Modell kreist auf einer Spirale zum Stationärzustand hin (Abb. 6.11 d); der Fixpunkt ist stabil.

e) $\mathrm{Re}(\lambda_1, \lambda_2) > 0$: Das Modell kreist auf einer Spirale vom Stationärzustand weg (Abb. 6.11 e); der Stationärzustand ist instabil.

f) $\mathrm{Re}(\lambda_1, \lambda_2) = 0$, d.h. rein imaginäre Eigenwerte. Das Modell kreist auf einer geschlossenen Kurve um den Stationärzustand, ohne ihn je zu erreichen (Abb. 6.11f). Der Stationärzustand heißt dann Zentrum.

Man kann zeigen, dass die Untersuchung der Fixpunkte mit Hilfe der Linearisierung das tatsächliche Verhalten des entsprechenden nichtlinearen Systems widerspiegelt.[14] Dies gilt zumindest in einem (unter Umständen sehr kleinen) Bereich um den Fixpunkt herum, außer wenn der Fixpunkt ein Zentrum bildet. Das heißt: Hat das linearisierte Modell ein Zentrum als Fixpunkttyp, kann man durch die Linearisierung *nicht* entscheiden, ob das wirkliche (nichtlineare) Modell ein Fixpunktverhalten der Kategorie d, e oder f zeigt. Wir werden dies anhand von Beispiel 6.9 illustrieren. Ferner gibt es noch eine weitere Möglichkeit, nämlich die Konvergenz auf eine geschlossene Kurve um den Fixpunkt. Diese Situation nennt man Grenzzyklus. Hierzu folgt später eine Illustration (Beispiel 6.8).

Ist ein Fixpunkt ein Zentrum, lässt sich das Systemverhalten in dessen Nähe nicht durch Linearisierung ermitteln.

---

[13] Da sie die Lösungen eines quadratischen Gleichungssystems darstellen, treten nichtreelle Eigenwerte nur als konjugiert komplexe Paare auf (vgl. Gl. 5.10).

[14] Zur Erinnerung: Die Berechnung der Jacobi-Matrix setzt voraus, dass die Geschwindigkeitsfunktionen g_i beim Fixpunkt differenzierbar sind.

a) $\lambda_1, \lambda_2 < 0$, reell

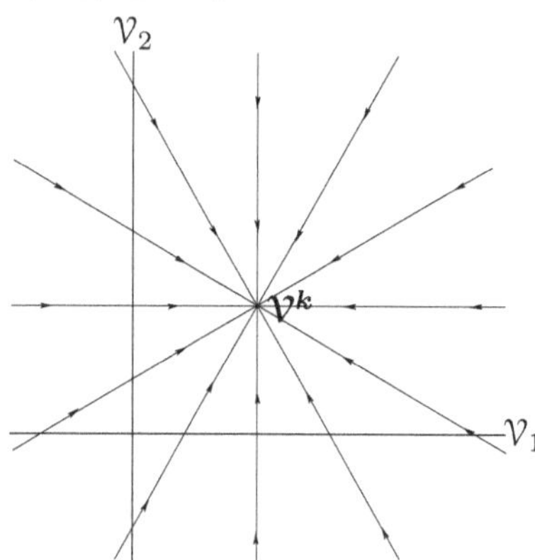

b) $\lambda_1, \lambda_2 > 0$, reell

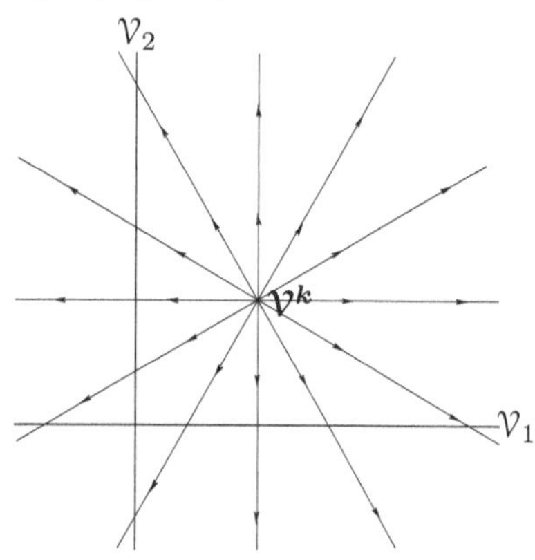

c) $\lambda_1 > 0, \lambda_2 < 0$, reell

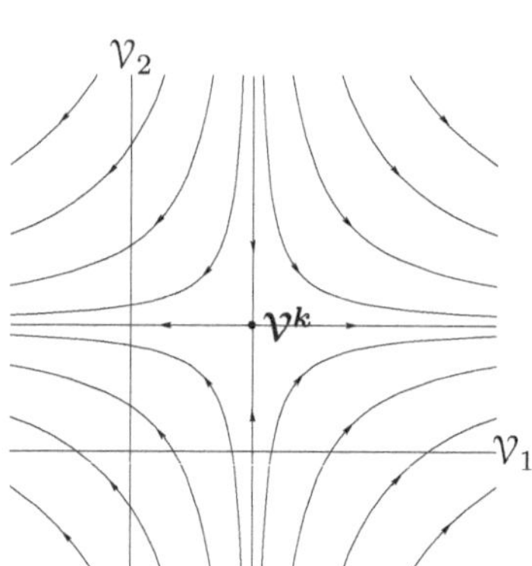

d) $\mathrm{Re}(\lambda_1, \lambda_2) < 0$, nichtreell

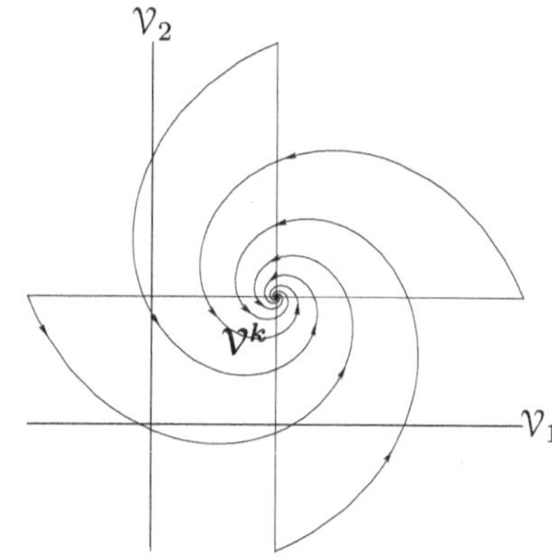

e) $\mathrm{Re}(\lambda_1, \lambda_2) > 0$, nichtreell

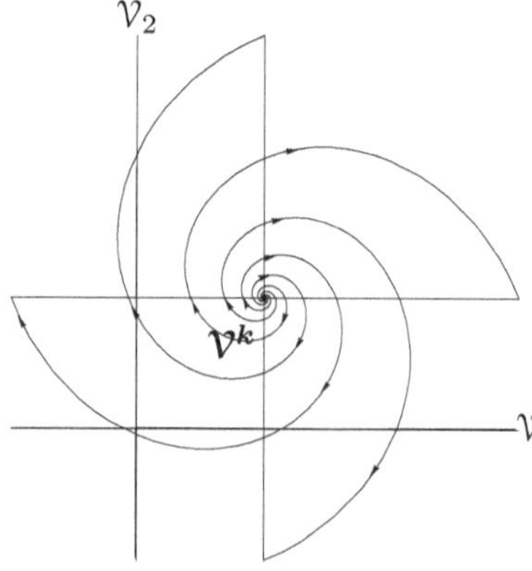

f) $\mathrm{Re}(\lambda_1, \lambda_2) = 0$, nichtreell

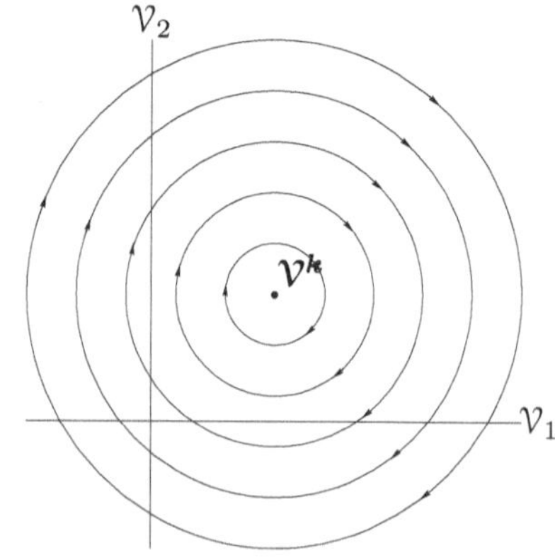

Abbildung 6.11: *Darstellung des Verhaltens zweidimensionaler Modelle im Zustandsraum in der Nähe eines Stationärzustandes $\mathcal{V}^k$. $\mathcal{V}_1$ und $\mathcal{V}_2$ sind die Systemvariablen. a) Stabiler Stern, b) instabiler Stern, c) Sattelpunkt (instabil), d) stabiler Stationärzustand mit Oszillation, e) instabiler Stationärzustand mit Oszillation, f) ungedämpfte Oszillation: Zentrum. Siehe Text für weitere Erklärungen.*

Auch in nichtlinearen Modellen mit mehr als zwei Dimensionen dienen die Eigenwerte der Jacobi-Matrix als Grundlage, um das Systemverhalten in der Nähe der Fixpunkte zu analysieren. Für $n = 4$ berechnen sich die Eigenwerte beispielsweise aus der Lösung einer Gleichung vierten Grades. Je mehr Dimensionen das Modell hat, um so vielfältiger werden die Kombinationen von reellen und nichtreellen Werten, welche die Eigenwerte einnehmen. Damit steigt auch die Vielfalt der Fixpunkt-Eigenschaften. In gewissen Fällen, z.B. wenn alle Lösungen reell sind, lassen sich immer noch relativ leicht Aussagen über das Systemverhalten machen. Eine allgemeine Diskussion n-dimensionaler nichtlinearer Modelle übersteigt aber bei weitem das Ziel dieses Buches.

Im Folgenden werden wir unsere Diskussion auf zweidimensionale nichtlineare Modelle konzentrieren und am Schluss noch ein spezielles dreidimensionales Modell vorstellen.

6.2.3   Räuber-Beute-Modell

Hasenlatein
Der Hasenvater zum jungen Hasen: „Es ist an der Zeit, dass ich dich über das Räuber-Beute-Modell aufkläre." — „Wieso ist das wichtig?" — „Das gibt uns Hasen Mut. Es gibt nämlich Luchse, die fressen Hasen, aber wenn es weniger Hasen hat, dann sterben die Luchse und die Zahl der Hasen nimmt wieder zu, dann gibt es wieder mehr Luchse, welche Hasen fressen... und so weiter. Das Gute daran ist: wir Hasen werden nie aussterben, das sagt das Räuber-Beute-Modell." — „Ja, aber es gibt bei uns doch gar keine Luchse, die haben die Menschen doch längst ausgerottet." — „Aber es könnte ja einmal wieder Luchse geben, also merk dir, was ich gesagt habe." Der junge Hase denkt eine Weile nach und lächelt dann: „Also, die Menschen jagen uns, dann gibt es weniger Hasen, dann gibt's auch weniger Menschen, dann gibt's wieder mehr Hasen...." — „Jedes Modell hat seine Grenzen", antwortet der Hasenvater, aber der Junge ist schon auf und davon, um die gute Nachricht seinen Freunden zu erzählen.

Wir beginnen unsere Diskussion von zweidimensionalen Modellen mit dem Räuber-Beute-Modell von Lotka und Volterra.

Beispiel 6.6 (Räuber-Beute-Modell von Lotka-Volterra)
Eines der bekanntesten Modelle aus der mathematischen Ökologie ist das Räuber-Beute-Modell, das fast gleichzeitig von Albert Lotka (1924) und Vito Volterra (1926) entwickelt worden ist. In der ursprünglichen Form beschreibt das Modell eine Theorie der Konkurrenz zweier Arten. Angewendet auf eine Wechselwirkung zwischen einem Räuber und seiner Beute kann man das Modell auf folgende Annahmen reduzieren:

1. Eine Population von Beutetieren B vermehrt sich mit der spezifischen Nettorate k_1.

2. Eine Population von Räubern R stirbt mit der spezifischen Nettorate k_2.

3. Die Beutetiere werden von den Räubern gefressen, was eine Vermehrung der Räuber und eine entsprechende Verminderung der Beutetiere um den Betrag k_3BR zur Folge hat.[a]

In Abbildung 6.12 ist das Modell grafisch dargestellt. Mathematisch wird es durch zwei gekoppelte Differentialgleichungen beschrieben:

$$\frac{\mathrm{d}B}{\mathrm{d}t} = k_1B - k_3BR \tag{6.36}$$
$$\frac{\mathrm{d}R}{\mathrm{d}t} = -k_2R + k_3BR$$

---

[a]Natürlich ist es nicht so, dass aus einer gefressenen Beute genau ein Räuber entsteht, wie das Gleichung 6.36 suggeriert. Dies könnte man dadurch berücksichtigen, indem in der zweiten Gleichung (6.36) k_3 durch $k_3^* = \alpha k_3$ $(\alpha < 1)$ ersetzt wird. Das verändert zwar die Gleichungen (6.37), (6.40) und (6.41), nicht aber die Eigenwerte des linearisierten Systems und die mathematische Struktur des Gleichungssystems (6.36).

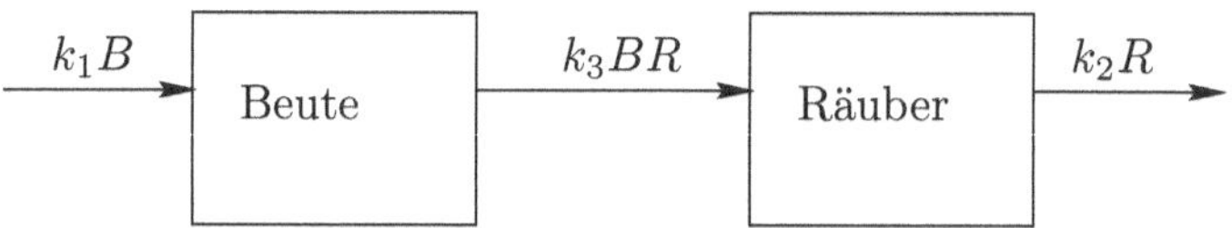

Abb. 6.12: *Modell von Lotka-Volterra für die Wechselwirkung zwischen Räuber R und Beute B*

Das Modell ist wegen der beiden Terme $\pm k_3BR$ nichtlinear. Es besitzt zwei Fixpunkte, erstens $B_1^\infty = 0, R_1^\infty = 0$ (trivialer Stationärzustand) und zweitens:

$$B_2^\infty = \frac{k_2}{k_3}, \qquad R_2^\infty = \frac{k_1}{k_3} \tag{6.37}$$

Dieses Resultat erhält man durch null setzen der linken Seiten der Gleichungen (6.36).

Um die Stabilität der Stationärzustände zu bestimmen, werden wir (etwas umständlicher, aber anschaulicher als die Methode mit der Jacobi-Matrix) das Verhalten des Modells in der Nähe des zweiten Stationärzustandes durch die Einführung neuer Variablen analysieren. Es seien δ_B und δ_R die Abweichung der Populationsgrößen vom Stationärzustand:

$$\delta_B = B - B_2^\infty, \qquad \delta_R = R - R_2^\infty \tag{6.38}$$

Da B_2^∞, R_2^∞ konstant sind, folgt

$$\frac{\mathrm{d}\delta_B}{\mathrm{d}t} = \frac{\mathrm{d}B}{\mathrm{d}t} \quad \text{und} \quad \frac{\mathrm{d}\delta_R}{\mathrm{d}t} = \frac{\mathrm{d}R}{\mathrm{d}t} \tag{6.39}$$

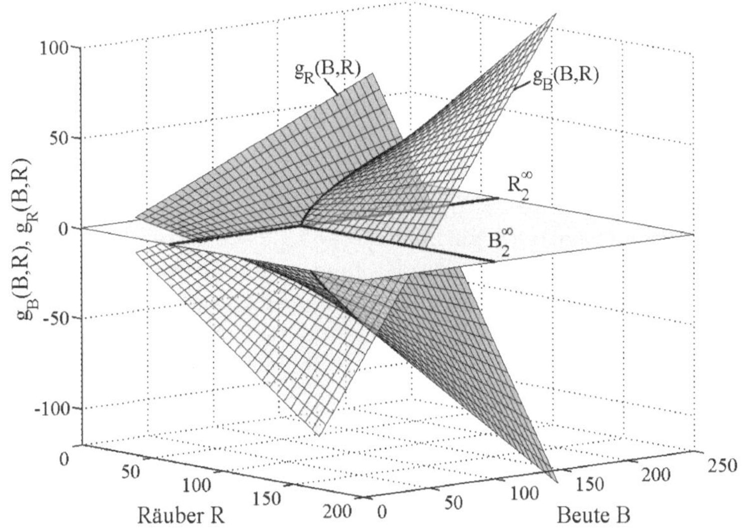

Abb. 6.13:
Geschwindigkeitsfunktionen $g_B(B, R)$ und $g_R(B, R)$ des Lotka-Volterra-Modells (6.36). Der nichttriviale Fixpunkt (B_2^∞, R_2^∞) befindet sich dort, wo beide Flächen die Nullebene durchstossen. Die entsprechenden Steigungen der Flächen an diesem Punkt entlang der B– bzw. R–Achse entsprechen den Elementen der Jacobi-Matrix (6.34). Die Modellparameter entsprechen denjenigen von Abbildung 6.14.

Man kann in den Gleichungen (6.36) B und R durch die neuen Variablen δ_B und δ_R ersetzen. Nach einigen algebraischen Umformungen erhält man

$$\frac{\mathrm{d}\delta_B}{\mathrm{d}t} = -k_2\delta_R - k_3\delta_R\delta_B$$

$$\frac{\mathrm{d}\delta_R}{\mathrm{d}t} = k_1\delta_B + k_3\delta_R\delta_B \tag{6.40}$$

Die Methode der Linearisierung besteht darin, nur kleine Abweichungen vom Stationärzustand zuzulassen und Produkte von kleinen Größen, $\delta_B\delta_R$, wegzulassen. Daraus ergibt sich:

$$\frac{\mathrm{d}\delta_B}{\mathrm{d}t} = -k_2\delta_R, \qquad \frac{\mathrm{d}\delta_R}{\mathrm{d}t} = k_1\delta_B \tag{6.41}$$

Das entstandene lineare Differentialgleichungssystem (6.41) hätten wir selbstverständlich auch mit Hilfe der Methode der Jacobi-Matrix erhalten (s. Aufgabe 6.3). In Abbildung 6.13 sind die beiden Geschwindigkeitsfunktionen $g_B(B, R)$ und $g_R(B, R)$ dargestellt. Der Fixpunkt befindet sich dort, wo beide Flächen die Nullebene schneiden.

Übrigens kennen wir das System schon aus Beispiel 5.9.; man muss nur δ_R durch y_1 und δ_B durch y_2 ersetzen. Damit wissen wir auch ohne weitere Rechnungen, dass die Eigenwerte rein imaginär sind ($\lambda_1 = \pm\mathrm{i}(k_1k_2)^{1/2}$, s. Gl. 5.58), der nichtlineare Fixpunkt (6.37) also ein Zentrum ist. Im Kapitel 5 haben wir gezeigt, dass z.B. auch der ungedämpfte harmonische Oszillator (Beispiel 5.11) durch diesen Gleichungstyp beschrieben werden kann. Die Lösungen sind ungedämpfte harmonische Schwingungen der Pendelauslenkung bzw. -geschwindigkeit, wobei die Geschwindigkeit gegenüber der Auslenkung um eine Viertelperiode nachhinkt. Sinngemäß ließe sich Abbildung

5.10 auf das Räuber-Beute-Modell übertragen; es läge nahe, dort y_1 als die Anzahl Räuber und y_2 als die Anzahl Beutetiere zu interpretieren.

Bevor wir aber vorschnelle Schlüsse ziehen, müssen wir uns daran erinnern, dass im Falle des harmonischen Oszillators das Gleichungssystem tatsächlich die Form von (5.55) bzw. (6.41) hat, wohingegen wir es im Falle des Lotka-Volterra-Modelles (6.41) lediglich als linearisierte Näherung des ursprünglichen Systems (6.36) erhalten haben. Überdies ist der Fixpunkt ein Zentrum; wir hatten aber im Kapitel 6.2.2 festgestellt, dass für diesen Typ von Fixpunkt die Methode der Linearisierung (Methode der Jacobi-Matrix) nichts darüber aussagt, wie sich das nichtlineare Modell tatsächlich am Fixpunkt verhält. Im Beispiel 6.8 werden wir zeigen, dass in diesem Fall das wirkliche (d.h. nichtlineare) Modell drei verschiedenen Verhaltensmustern gehorchen kann; entweder es bewegt sich auf den Fixpunkt zu (der Fixpunkt ist ein Attraktor) oder es bewegt sich von diesem weg oder es kreist auf einer geschlossenen Bahn um den Fixpunkt wie der ungedämpfte harmonische Oszillator (s. Abb. 5.10).

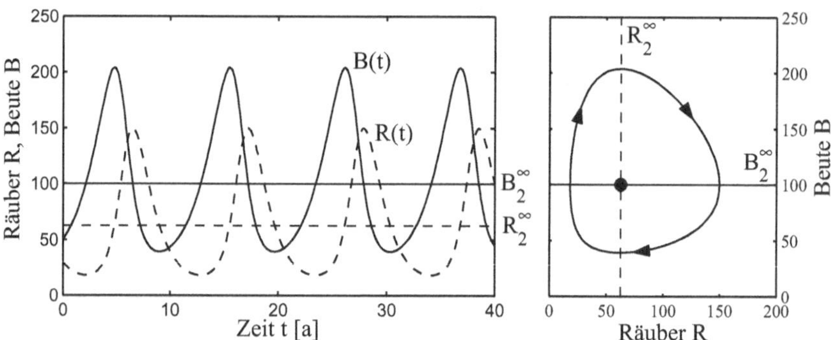

Abbildung 6.14: *Numerische Lösungen des Lotka-Volterra Beute/Räuber-Modells. Links: Zeitliches Verhalten der beiden Systemvariablen R, B. Rechts: Zustandsraum mit Stationärzustand (R_2^∞, B_2^∞). Verwendete Parameter: $k_1 = 0.5$ a^{-1}, $k_2 = 0.8\ a^{-1}$, $k_3 = 0.008\ a^{-1}$. Anfangsbedingung: $B^0 = 50, R^0 = 30$. Nichttrivialer Stationärzustand bei $B_2^\infty = 100, R_2^\infty = 62.5$.*

Man kann beweisen, dass das Lotka-Volterra-Modell zur dritten Kategorie gehört (s. z.B. Arrowsmith u. Place (1992)). In Abbildung 6.14 sind B und R sowohl als Zeitfunktionen als auch im zweidimensionalen Zustandsraum dargestellt. Die Kurven zeigen, dass die Trajektorie zwar eine geschlossene Kurve darstellt, aber nicht eine Ellipse wie in Abbildung 5.10. Entsprechend sind auch $B(t)$ bzw. $R(t)$ keine reinen Sinus- bzw. Cosinusfunktionen. Dieses nichtharmonische (aber dennoch ungedämpfte) Verhalten erinnert uns daran, dass das wirkliche Gleichungssystem (6.36) nichtlinear ist und (6.41) lediglich eine lineare Näherung darstellt.

Die Verwandtschaft zwischen dem Lotka-Volterra-Modell und dem Modell des harmonischen Oszillators legt die Vermutung nahe, die beiden Modelle teilten auch die Eigenschaft der strukturellen Instabilität. Im folgenden Beispiel zeigen wir, dass dies tatsächlich zutrifft.

Beispiel 6.7 (Räuber-Beute-Modell mit Selbstwechselwirkung)
Wir diskutieren eine geringfügige Modifikation des Räuber-Beute-
Modells von Beispiel 6.6 und nehmen zusätzlich an, bei großer Beute-
population würden sich die Beutetiere gegenseitig behindern oder gar
auffressen. Den entstehenden negativen Effekt auf die Dynamik der Beu-
tepopulation kann man in der ersten Gleichung (6.36) durch einen zusätzlichen Term der Form $(-k_4 B^2)$ beschreiben, wobei k_4 ein beliebig
kleiner Koeffizient der Selbstwechselwirkung ist. Man beachte, dass der
neue Term nur für große B-Werte relevant ist. Die modifizierten Systemgleichungen lauten:

$$\frac{\mathrm{d}B}{\mathrm{d}t} = k_1 B - k_3 BR - k_4 B^2$$

$$\frac{\mathrm{d}R}{\mathrm{d}t} = -k_2 R + k_3 BR \qquad (6.42)$$

Noch immer besitzt das System zwei Fixpunkte. Der triviale Fixpunkt
$(R_1^\infty = B_1^\infty = 0)$ bleibt unverändert, während sich der nichttriviale Fixpunkt gegenüber (6.37) leicht verändert:

$$B_2^\infty = \frac{k_2}{k_3}, \qquad R_2^\infty = \frac{k_1}{k_3} - \frac{\epsilon}{k_3}; \quad \text{mit} \quad \epsilon = k_4 \frac{k_2}{k_3} \qquad (6.43)$$

Aufgabe 6.4 besteht darin, die Jacobi-Matrix von (6.42) zu berechnen
und am nichttrivialen Fixpunkt die beiden Eigenwerte zu bestimmen. Aufgrund der Resultate ergibt sich für die Abweichung von B bzw. R vom nichttrivialen Fixpunkt folgendes approximatives lineares Gleichungssystem:

$$\frac{\mathrm{d}\delta_B}{\mathrm{d}t} = -k_2 \delta_R - \epsilon \delta_B$$

$$\frac{\mathrm{d}\delta_R}{\mathrm{d}t} = (k_1 - \epsilon)\delta_B \qquad (6.44)$$

Wir nehmen an, die Selbstwechselwirkung der Beute sei beliebig klein,
aber von null verschieden. Insbesondere soll $\epsilon \ll k_1$ gelten. Damit unterscheidet sich das System (6.44) — wie schon dasjenige des gedämpften
Pendels Gleichung (5.63) — von den ursprünglichen Gleichungen (6.41) nur
im zusätzlichen Term $(-\epsilon \delta_B)$ in der ersten Gleichung. Wir wissen schon,
was dies für die Eigenwerte bedeutet (s. Gl. 5.67): Sie erhalten einen, wenn
auch sehr kleinen, negativen Realteil:

$$\lambda_i \approx -\frac{\epsilon}{2} \pm \mathrm{i}\omega, \quad \omega = \sqrt{k_1 k_2} \qquad (6.45)$$

Damit wird der Fixpunkt (B_2^∞, R_2^∞) stabil, d.h. zum Attraktor (Abb.
6.11d). Die Oszillation der Räuber- und Beute-Population um den Fixpunkt ist gedämpft. Das System nimmt schließlich die konstanten Werte
B_2^∞ und R_2^∞ an. Übrigens: Weil der Fixpunkt kein Zentrum mehr ist wie im

Fall des ursprünglichen Räuber-Beute-Modells, wissen wir auch, dass das nichtlineare System sich qualitativ so verhält wie sein linearisiertes Gegenstück. In Abbildung 6.15 ist das dynamische Verhalten des modifizierten Räuber-Beute-Modells dargestellt.

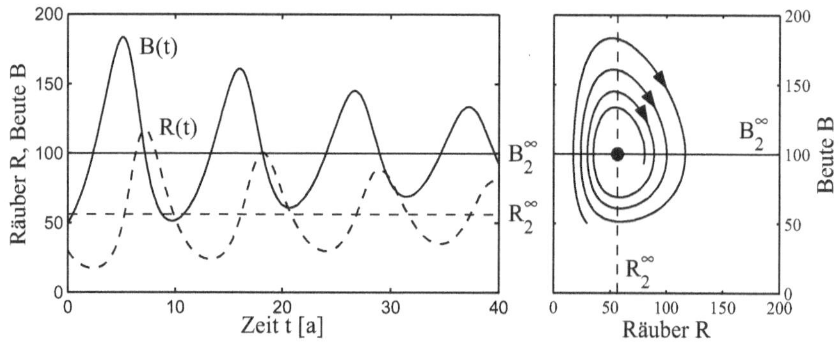

Abbildung 6.15: *Modifiziertes Räuber-Beute-Modell: Im Vergleich zu Abbildung 6.14 gibt es in der dynamischen Gleichung der Beute einen zusätzlichen Beute-Beute-Selbstwechselwirkungsterm (Gl. 6.42). Dadurch werden die Oszillationen von Räuber und Beute-Populationen, R und B, gedämpft und das System bewegt sich auf den nichttrivialen Fixpunkt zu. Die Lage des Fixpunktes selbst und die Periode der Oszillation ändern sich bei kleiner Selbstwechselwirkung nur geringfügig. Parameter und Anfangsbedingungen wie in Abbildung 6.14, ferner $k_4 = 5 \times 10^{-4}$ a^{-1}.*

Das Lotka-Volterra Modell hat die Entwicklung der mathematischen Modellierung biologischer Systeme am Anfang stark geprägt.

Das Modell von Lotka-Volterra hat das Denken der ersten biologisch-ökologischen Modellierer stark beeinflusst. Als Paradebeispiel für die periodischen Schwankungen eines Beute-Räuber-Paares, wie sie vom Modell vorausgesagt werden, wurde oft die fast hundertjährige Fangstatistik der Hudson Bay Company des kanadischen Luchses und seiner Beute, des Schneehasen, zitiert (Abb. 6.16). Die Fangstatistik spiegelt die Populationsdichten der beiden Arten wieder. Sie zeigt eine regelmäßige Fluktuation mit einer Periode von ungefähr 10 Jahren. Mit etwas gutem Willen kann man beobachten, dass tatsächlich die Maxima der Hasenpopulation kurz vor denjenigen der Luchse auftreten, wie dies durch das Lotka-Volterra-Modell vorausgesagt wird.

Allerdings hält dieser scheinbare Beweis des Lotka-Volterra-Modells einer kritischen Prüfung nicht stand. Erstens wissen wir aufgrund unserer mathematischen Überlegungen, dass dieses Modell strukturell instabil ist und es viele Gründe gäbe, wieso die Fluktuationen eigentlich verschwinden müssten. Zweitens fluktuiert die Schneehasen-Population auch in Gegenden, wo es keine Luchse gibt. Und überdies ernährt sich der Luchs nicht nur von Hasen.

Kurz, dieses Beispiel demonstriert, dass die Modellierung von Daten auch dann die Entwicklung einer neuen interessanten Theorie stimulieren kann, wenn diese für die ursprünglichen Daten gar nicht relevant ist. Tatsächlich könnte man das Lotka-Volterra-Modell geradezu als die Urzeugung der mathematischen Biologie bezeichnen. So ist es denn auch nicht

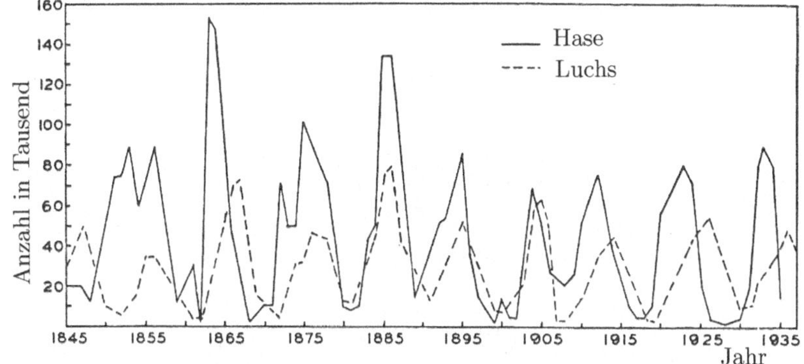

Abb. 6.16:
Populationsschwankungen von Schneehase und Luchs aus der Fangstatistik der Hudson Bay Company. Dies ist ein klassisches Beispiel für zyklische Oszillationen der Populationsdichten (nach MacLulich (1937) in Odum (1971)).

erstaunlich, dass daraus zahlreiche weitere Modelle entstanden sind, welche die Mängel ihres Vorläufers zu beheben versuchen, zum Beispiel das Räuber-Beute-Modell von Holling-Tanner.

Beispiel 6.8 (Räuber-Beute-Modell von Holling-Tanner)
Im Holling-Tanner-Modell wird die Wechselwirkung zwischen Beute B und Räuber R durch folgendes System von nichtlinearen Differentialgleichungen ausgedrückt:

$$\frac{\mathrm{d}B}{\mathrm{d}t} = r(1 - \frac{B}{B_k})B - w\frac{BR}{B + K_B} \tag{6.46}$$

$$\frac{\mathrm{d}R}{\mathrm{d}t} = s(1 - J\frac{R}{B})R \tag{6.47}$$

$$\text{mit} \quad r, s, w, J, B_k, K_B > 0$$

In Gleichung (6.46) beschreibt der erste Term das logistische Wachstum der Beute (s. Beispiel 6.1); B_k wäre die Gleichgewichtspopulation von B, wenn es keine Räuber gäbe. Der zweite Term von Gleichung (6.46) simuliert die Dezimierung der Beute durch die Räuber; im Gegensatz zum Lotka-Volterra-Modell ist die „Fresslust" der Räuber beschränkt und erreicht für $B \gg K_B$ den von B unabhängigen Wert $(-wR)$. Gleichung (6.47) beschreibt das Wachstum der Räuberpopulation. Dieses ist nur dann positiv, falls $JR/B < 1$ ist, d.h. falls $R < B/J$ ist. Anders gesagt: Die Räuber können nur dann wachsen, falls mindestens J Beuten pro Räuber zur Verfügung stehen.

Für eine ausführlichere Diskussion der Eigenschaften dieses Modells verweisen wir auf Arrowsmith u. Place (1992). Für uns ist die Feststellung wichtig, dass die Lösungen des Holling-Tanner-Modells ebenfalls periodische Schwankungen von B und R um einen Gleichgewichtswert zeigen, das Modell aber — im Gegensatz zum Lotka-Volterra-Modell — strukturell stabil ist. Neben dem trivialen ($R = B = 0$) und dem halbtrivialen Fixpunkt ($R = 0, B = B_k$), besitzt das Modell den nichttrivialen Fixpunkt(B^∞, R^∞), der sich aus dem Schnittpunkt einer Parabel und einer Geraden ergibt (Abb. 6.18).[15] Die Parabel folgt aus Gleichung (6.46) mit $dB/dt = 0$:

$$R^\infty = \frac{r}{w}(1 - \frac{B^\infty}{B_k})(B^\infty + K_B) \qquad (6.48)$$

Die Gerade folgt aus Gleichung (6.47) mit $dR/dt = 0$:

$$R^\infty = \frac{B^\infty}{J} \qquad (6.49)$$

Die Lösungen sind geschlossene Kurven um den Fixpunkt (B^∞, R^∞). Im Gegensatz zum Lotka-Volterra-Modell werden diese Kurven nicht durch den Anfangspunkt ein für alle Mal festgelegt. Vielmehr bewegen sich die Trajektorien auf eine „Attraktions-Kurve" zu und folgen ihr dann (Abb. 6.17). Eine solche Kurve nennt man einen Grenzzyklus. Ein Grenzzyklus ist also gleichsam ein „Kurven-Attraktor" , von dem das System angezogen wird. Abbildung 6.18 zeigt das Einschwingen der periodischen Schwankungen von $B(t)$ und $R(t)$ auf den Grenzzyklus.

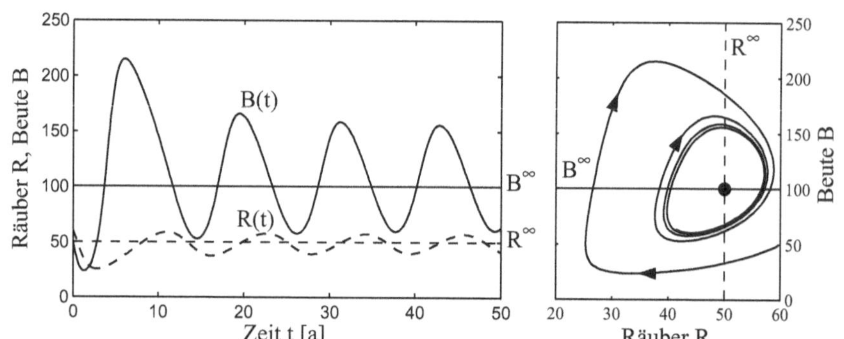

Abb. 6.17: *Numerische Lösung des Holling-Tanner Modells. Das System bewegt sich auf den Grenzzyklus zu. Verwendete Parameter: $r = 2.5\ a^{-1}$, $s = 0.225\ a^{-1}$, $w = 5\ a^{-1}$, $B_k = 300$, $K_B = 50$, $J=2$. Anfangsbedingungen: $B^0 = 50$, $R^0 = 60$.*

6.2.4   Das Verhalten von Modellen in der Nähe von Zentren

Wie wir bereits erwähnt haben, lässt sich das Verhalten eines nichtlinearen Systems *in der Umgebung eines Zentrums* mit der Methode der Linearisierung *nicht* eruieren. Folgendes Beispiel aus Arrowsmith u. Place (1992) soll diesen Sachverhalt demonstrieren.

---

[15]Die Stabilitätseigenschaften des halbtrivialen Fixpunktes sollen in Aufgabe 6.5 diskutiert werden.

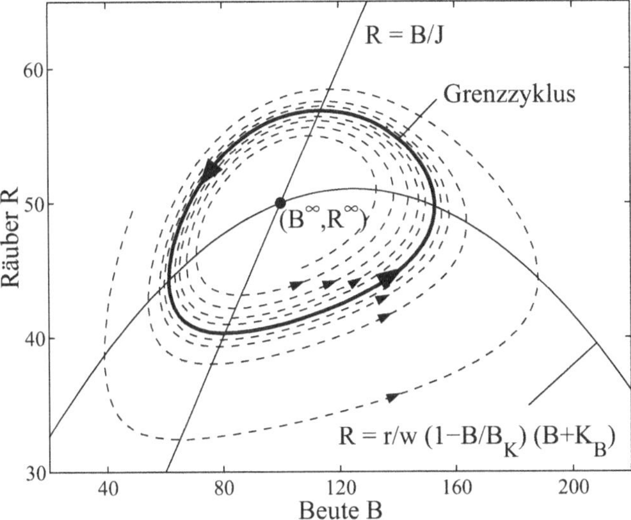

Abb. 6.18: *Bestimmung des nichttrivialen Fixpunktes (B^∞, R^∞) aus zwei Kurven (Gl. 6.48, 6.49) und Berechnung zweier Trajektorien. Die erste $(B^0 = 50, R^0 = 50)$ nähert sich dem Grenzzyklus von außen, die zweite $(B^0 = 105, R^0 = 45)$ von innen. Modellparameter wie in Abbildung 6.17.*

Beispiel 6.9 (Zwei nichtlineare Modelle mit Zentrum)

Wir betrachten die folgenden nichtlinearen Modelle (x, y sind die Systemvariablen).

Modell 1:

$$\frac{\mathrm{d}x}{\mathrm{d}t} = -y + x(x^2 + y^2)$$

$$\frac{\mathrm{d}y}{\mathrm{d}t} = x + y(x^2 + y^2) \tag{6.50}$$

Modell 2:

$$\frac{\mathrm{d}x}{\mathrm{d}t} = -y - x(x^2 + y^2)$$

$$\frac{\mathrm{d}y}{\mathrm{d}t} = x - y(x^2 + y^2) \tag{6.51}$$

Der einzige Unterschied zwischen den beiden Modellen ist das Vorzeichen der zweiten Terme auf der rechten Seite der Gleichungen. Beide Modelle haben den Fixpunkt $x = y = 0$. Auch die Jacobi-Matrizen sind identisch, nämlich am Fixpunkt:

$$\mathbf{B} = \begin{pmatrix} 0 & -1 \\ 1 & 0 \end{pmatrix} \tag{6.52}$$

Wir wissen schon, dass die Eigenwerte rein imaginär sind ($\lambda_i = \pm\mathrm{i}$). Die Fixpunkte der linearisierten Systeme sind Zentren. Wie aber verhalten sich die nichtlinearisierten Systeme tatsächlich in der Nähe des Fixpunktes? Um diese Frage zu beantworten, führen wir anstelle von x und y zwei neue

Zentrum

Variablen r und θ ein:

$$r = \sqrt{x^2 + y^2}, \qquad \theta = \arctan\frac{y}{x} \tag{6.53}$$

Natürlich haben wir die ungewohnten Bezeichnungen r und θ nicht zufällig gewählt. Es handelt sich nämlich um die Polarkoordinaten im ursprünglichen Zustandsraum (x, y). Jetzt müssen wir die neuen dynamischen Gleichungen ableiten, was zwar etwas Rechenaufwand erfordert, aber nicht mehr als die Kettenregel des Differenzierens voraussetzt. Wir demonstrieren das Vorgehen am Modell 1:[16]

$$
\begin{aligned}
\frac{dr}{dt} &= \frac{dr}{dx}\frac{dx}{dt} + \frac{dr}{dy}\frac{dy}{dt} \\[2mm]
&= \frac{x}{\sqrt{x^2+y^2}}\frac{dx}{dt} + \frac{y}{\sqrt{x^2+y^2}}\frac{dy}{dt} \\[2mm]
&= \frac{-xy}{\sqrt{x^2+y^2}} + x^2\sqrt{x^2+y^2} + \frac{xy}{\sqrt{x^2+y^2}} + y^2\sqrt{x^2+y^2} \\[2mm]
&= (x^2+y^2)^{\frac{3}{2}} = r^3 \tag{6.54}
\end{aligned}
$$

$$
\begin{aligned}
\frac{d\theta}{dt} &= \frac{d\theta}{dx}\frac{dx}{dt} + \frac{d\theta}{dy}\frac{dy}{dt} \\[2mm]
&= \frac{-y/x^2}{1+(x/y)^2}[-y + x(x^2+y^2] + \frac{1/x}{1+(x/y)^2}[x + y(x^2+y^2] \\[2mm]
&= \frac{y^2}{x^2+y^2} - xy + \frac{x^2}{x^2+y^2} + xy = 1
\end{aligned}
$$

Für das Modell 2 ist das Resultat fast identisch, außer dass dr/dt das umgekehrte Vorzeichen besitzt:

$$\frac{dr}{dt} = -r^3; \qquad \frac{d\theta}{dt} = 1 \tag{6.55}$$

---

[16]Zur Erinnerung: $\frac{d}{dz}(\arctan z) = \frac{1}{1+z^2}$

Die neuen Variablen r und θ haben die beiden Differentialgleichungssysteme (6.50) und (6.51) entkoppelt. Die Winkelfunktion $\theta(t)$ hat die triviale Form:

$$\theta(t) = \theta_0 + t \qquad (6.56)$$

d.h. in beiden Fällen dreht die Trajektorie mit konstanter Winkelgeschwindigkeit im (mathematisch) positiven Drehsinn (d.h. gegen den Uhrzeiger) um den Koordinatenursprung. Der Unterschied zwischen den beiden Modellen liegt darin, dass im Fall (6.50) der Radius mit der Zeit wächst (Spirale nach außen), im zweiten Fall hingegen der Radius abnimmt (Spirale nach innen) und das System schließlich im Fixpunkt $x = y = 0$ zur Ruhe kommt. Die beiden Lösungen sind in Abbildung 6.19 zusammen mit der Trajektorie des ungedämpften linearen Oszillators ($r = $ const.) dargestellt.

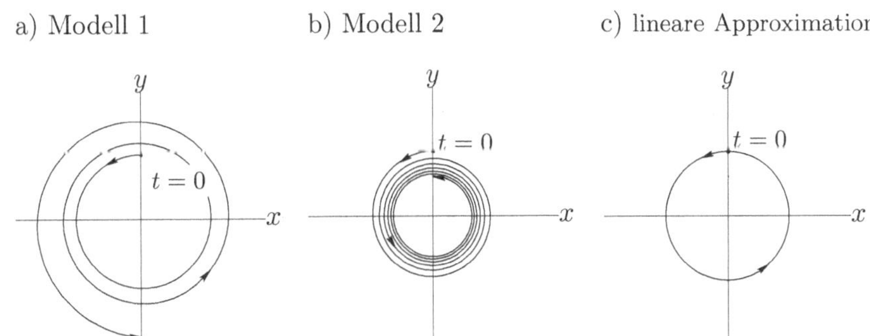

Abb. 6.19: *Das Verhalten eines Systems in der Nähe eines Zentrums lässt sich nicht aus der Jacobi-Matrix bestimmen. Modell 1 (Gl. 6.50) strebt vom Zentrum bei $x = y = 0$ weg, Modell 2 (Gl. 6.51) auf dieses zu. Die lineare Approximation ist eine Kreisbahn um das Zentrum.*

6.2.5 Nichtlineare Modelle mit drei und mehr Variablen

In nichtlinearen Differentialgleichungssystemen tritt in gewissen Fällen ein neues Phänomen auf, das deterministische Chaos. Chaotisch nennt man ein System dann, wenn zwei Trajektorien, welche von beliebig nahen Anfangspunkten ausgehen, sich plötzlich völlig verschieden entwickeln. Oft bewegen sich chaotische Systeme während einer gewissen Zeit in der Nähe eines Attraktors, um dann unvermittelt in eine völlig andere Bahn zu springen, welche sich um einen anderen Attraktor entfaltet. Solche Attraktoren nennt man chaotisch (englisch: *strange attractors*). Deterministisch (im Gegensatz zu stochastisch) nennt man das Chaos deshalb, weil die zugrundeliegenden Gleichungen völlig bestimmt (determiniert) sind, also keine Zufallsgrößen enthalten. Weil man einen Systemzustand niemals völlig exakt messen kann (keine Messung ohne Messfehler), gibt es zwischen scheinbar identischen Zuständen immer kleine Unterschiede. Diese können dafür verantwortlich sein, dass sich Trajektorien von scheinbar identischen Anfangszuständen sehr unterschiedlich entwickeln.

Eine fundierte Diskussion deterministisch chaotischer Systeme würde den Rahmen dieses Buches sprengen. Hier wollen wir lediglich ein Beispiel diskutieren, das Lorenz-System. Damit deterministisches Chaos auftreten kann, muss das Differentialgleichungssystem mindestens dreidimensional sein. Bei Differenzenmodellen genügt *eine* Dimension (Kap. 7).

Abb. 6.20: *Lösung des Lorenz-Modelles (s. Beispiel 6.10) mit den Parametern $a = 10$, $b = 28$ und $c = 8/3$. Anfangswerte $(x^0, y^0, z^0) = (-11.3, -13.3, 28.0)$. Attraktor bei $(\pm 8.4853, \pm 8.4853, 27.0000)$. Trajektoren im dreidimensionalen Zustandsraum werden links auf die (x, z)-, rechts auf die (y, z)-Ebene projiziert.*

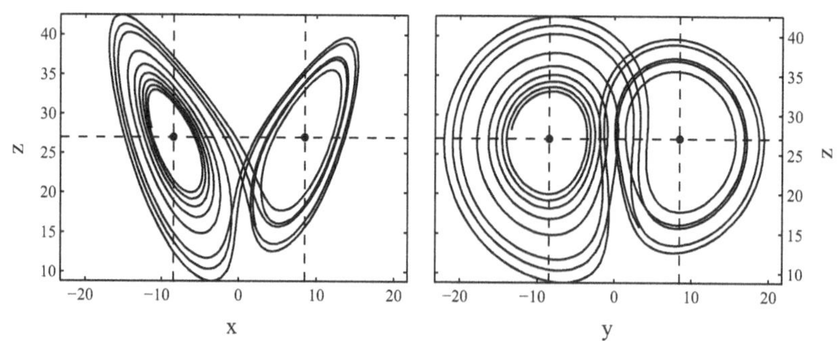

Beispiel 6.10 (Lorenz-Modell und deterministisches Chaos)

Im Jahre 1963 hat der Atmosphärenphysiker Lorenz ein einfaches Modell zur Beschreibung der Kopplung zwischen Wärmekonvektion und Wärmeleitung in einem Fluid (Wasser, Luft etc.) aufgestellt. Er benützte drei Variablen (x, y, z) mit folgender Bedeutung:

x Zirkulationsgeschwindigkeit der Konvektionsquelle

y Temperaturdifferenz zwischen dem aufwärts- bzw. abwärts strömenden Fluid

z Abweichung des vertikalen Temperaturgradienten vom Gleichgewichtswert

Das Differentialgleichungssystem hat die Form:

$$\frac{dx}{dt} = a(y - x)$$
$$\frac{dy}{dt} = bx - y - xz \tag{6.57}$$
$$\frac{dz}{dt} = xy - cz$$

a, b, c sind positive Konstanten mit $b > 1$. Das System hat drei Fixpunkte:

$$(1) \quad x = y = z = 0$$
$$(2) \quad x = y = \sqrt{(b-1)c}, \quad z = b - 1$$
$$(3) \quad x = y = -\sqrt{(b-1)c}, \quad z = b - 1$$

Für gewisse Parameterwerte a, b, c wechselt das System scheinbar zufällig zwischen Bahnen um den zweiten bzw. dritten Fixpunkt. Die resultierende Form hat zum Namen „Lorenz-Schmetterling" geführt (Abb. 6.20). Mehr über das Lorenz-Modell findet man in Jetschke (1989).

6.3 Fragen und Aufgaben

Frage 6.1 *Erkläre den Unterschied zwischen impliziter und expliziter Zeitabhängigkeit eines Modells.*

Frage 6.2 *Definiere den Begriff „autonomes" System.*

Frage 6.3 *Gebe Beispiele (etwa durch eine entsprechende Modifikation von bisher behandelten Systemen), wo die implizite und explizite Zeitabhängigkeit nicht wie in Gleichung (6.2) getrennt werden kann.*

Frage 6.4 *Zähle Eigenschaften auf, welche nichtlineare von linearen Systemen unterscheiden.*

Frage 6.5 *Was versteht man unter dem Attraktionsgebiet eines Fixpunktes?*

Frage 6.6 *Charakterisiere ein lineares System bezüglich seiner Fixpunkte.*

Frage 6.7 *Was ist ein asymptotisch stabiler Fixpunkt?*

Frage 6.8 *Was versteht man unter einem Verzweigungspunkt eines Modells?*

Frage 6.9 *Was versteht man bei einem Modell unter Hysterese? Unter welchen Bedingungen tritt diese in einem Modell mit einer Variablen auf?*

Frage 6.10 *Wieso zeigen lineare Modelle keine Hysterese?*

Frage 6.11 *Nichtlinerare Modelle könnnen synergetische Effekte beschreiben. Was ist damit gemeint?*

Frage 6.12 *Welche Eigenschaft eines linearen Modells meint man mit der Aussage, lineare Modelle zeigten keinen Synergismus?*

Frage 6.13 *Welche mathematische Idee steckt hinter der Jacobi-Matrix? Wozu kann man diese Matrix brauchen?*

Frage 6.14 *Wie lautet die Jacobi-Matrix eines eindimensionalen Modells?*

Frage 6.15 *Was versteht man unter einem Zentrum? Was ist das Besondere an Zentren?*

Frage 6.16 *Welchen Vorteil hat das Räuber-Beute-Modell von Holling-Tanner gegenüber dem von Lotka-Volterra?*

Frage 6.17 *Was versteht man unter deterministischem Chaos? Wann kann dieses bei Differentialgleichungssystemen auftreten?*

Aufgabe 6.1 (Bergsee mit zeitabhängiger Eliminationsrate) *Im Beispiel 4.13 haben wir einen Bergsee mit einem jahresperiodisch variierenden Nährstoffeintrag als lineares Modell analysiert. Die totale Stoffeliminationsrate des Sees wurde mit $k = 0.01\ d^{-1}$ angegeben. Tatsächlich schwankt diese Rate ebenfalls übers Jahr, weil die stoffspezifische Rate k_r von der Jahreszeit abhängt und ebenfalls der Abfluss, d.h. die Abflussrate k_w. Der Einfachheit halber werde angenommen, die totale Eliminationsrate hätte während den ersten sechs Monaten des Jahres den Wert $k = 0.005\ d^{-1}$, während des restlichen Jahres $k = 0.015\ d^{-1}$. Analysiere das entstehende Modell und beantworte insbesondere die Fragen:*

    a) Wird das Modell durch diese Änderung nichtlinear?

    b) Kann man das Modell in der Form von Gleichung (6.2) darstellen?

    c) Identifiziere die äußeren Relationen in diesem Modell.

    d) Skizziere einen Lösungsweg für das Modell.

Aufgabe 6.2 (Fische in einem Teich) *In Beispiel 6.2 haben wir ein Modell eines Fischteichs diskutiert. Es wurde angenommen, die Fische wachsen gemäß eines logistischen Modells, und die Abfischrate sei konstant. Das Modell hat den Nachteil, dass es formal zu negativen Fischpopulationen führen kann. Modifiziere das Modell so, dass die Abfischrate als eine lineare Funktion der Fischpopulation N beschrieben wird; die spezifische Abfischrate sei k_f.*

    a) Stelle die Modellgleichung auf und bestimme den bzw. die Fixpunkt(e) und dessen/deren Stabilität.

    b) Stelle das Modell auch grafisch mit Hilfe der einzelnen Komponenten der Veränderungsfunktion dar (wie in Abbildung 6.4).

    c) Wie muss k_f gewählt werden, damit der stationäre Fangertrag pro Zeit maximal wird?

    d) Berechne die maximal zuläßige spezifische Rate k_f, bei der die Fischpopulation nicht ausstirbt.

Aufgabe 6.3 (Jacobi-Matrix des Lotka-Volterra-Modells) *Berechne die allgemeine Jacobi-Matrix des Lotka-Volterra Modells (6.36). Werte die Matrix an den beiden Fixpunkten des Modells aus, bestimme die entsprechenden Eigenwertpaare und charakterisiere die beiden Fixpunkte bezüglich ihrer Stabilität.*

Aufgabe 6.4 (Räuber-Beute-Modell mit Selbstwechselwirkung)

Berechne die Jacobi-Matrix für das Räuber-Beute-Modell mit Selbstwechselwirkung (6.42). Bestimme daraus die Eigenwerte beim nichttrivialen Fixpunkt und charakterisiere den Fixpunkt.

Aufgabe 6.5 (Halbtrivialer Fixpunkt des Holling-Tanner-Modells)

Das Holling-Tanner-Modell (Beispiel 6.8 besitzt — nebst anderen — den Fixpunkt $B = B_k$, $R = 0$. Untersuche das Stabilitätsverhalten des Systems an diesem Fixpunkt mit Hilfe der Jacobi-Matrix und erstelle eine qualitative Skizze der Trajektorien in der Umgebung des Fixpunktes.

Aufgabe 6.6 (Nichtlineares Biomasse-Wachstum in einem Teich)

In einem vollständig durchmischten Teich mit mittlerer Wasseraufenthaltszeit $\tau_w = V/Q$ (V: Volumen des Teiches, Q: Durchflussrate) wachse Biomasse der Konzentration B aus einem sogenannten limitierenden Nährstoff der Konzentration N. Die Biomasse B und der Nährstoff N werden durch die gleichen Einheiten ausgedrückt, also beispielsweise N = Phosphat pro Volumen als gelöster Nährstoff bzw. B = Phosphat pro Volumen inkorporiert in die Biomasse. Die Wachstumsfunktion W (Transfer von Phosphat pro Volumen und Zeit in die Biomasse) hat die Form $(N_0 > 0, k_w > 0)$

$$W(N, B) = \begin{cases} f_w N (N_0 - N)\, B & \text{für} \quad 0 \leq N \leq N_0 \\ 0 & \text{für} \quad N > N_0 \end{cases}$$

Die Abbaufunktion (Rückführung von Biomasse-Phosphat in gelöstes Nährstoff-Phosphat) hat die Form

$$A(N, B) = k_A B, \qquad k_A > 0$$

Das System hat einen konstanten Nährstoff-Input J_N (Masse pro Zeit); der Biomasse-Input ist null.

a) *Zeichne ein Boxschema für das N/B-System (Durchfluss nicht vergessen).*

b) *Diskutiere grafisch den Verlauf der Wachstumsfunktion.*

c) *Bestimme die Fixpunkte und deren Stabilität.*

d) *Wie lautet die Bedingung (ausgedrückt durch die Koeffizienten), dass sich eine endliche Biomasse im Teich etablieren kann?*

Aufgabe 6.7 (Lotka-Volterra mit zwei Beuten)

Betrachte ein Lotka-Volterra-Modell, das aus drei Arten besteht (zwei Beuten B_1, B_2, ein Räuber R). Folgende Prozesse werden berücksichtigt:
Lineares Wachstum der Beute B_1, $k_1 B_1$
Lineares Wachstum der Beute B_2, $k_2 B_2$
Lineare Sterberate des Räubers, $k_3 R$
Fressrate des Räubers betreffend Beute B_1 : $k_4 B_1 R$
Fressrate des Räubers betreffend Beute B_2 : $k_5 B_2 R$

a) Zeichne ein Boxschema und formuliere die dynamischen Gleichungen.

b) Bestimme die Fixpunkte und deren Stabilität.

c) Welche Arten überleben langfristig?

$\underline{Zahlen:}$ $k_1 = 0.05 \ a^{-1}$
$k_2 = 0.03 \ a^{-1}$
$k_3 = 0.02 \ a^{-1}$
$k_4 = 0.002 \ a^{-1}$
$k_5 = 0.001 \ a^{-1}$

(Die Variablen B_1, B_2, R seien dimensionslos.)

Aufgabe 6.8 (Lotka-Volterra mit Beute-Nische) *Betrachte das modifizierte Lotka-Volterra-Modell, in welchem sich die Beute in eine Nische zurückziehen kann (Abb. 6.21).*

a) Wie lauten die dynamischen Gleichungen?

b) Wie lauten die Bedingungen, welche an die Koeffizienten k_i gestellt werden müssen, damit ein nichttrivialer [17] Fixpunkt existiert?

c) Was bedeutet die unter b) gefundene Bedingung biologisch? Wie könnte man das Modell sinnvoll (d.h. mit einer biologischen Verfeinerung) ergänzen, damit immer ein nichttrivialer Fixpunkt existiert?

Abb. 6.21:
Lotka-Volterra-Modell mit Beute-Nische. B_1 : Beute im Freien; B_2 : Beute in der Nische (geschützt vor Räubern); R : Räuber.

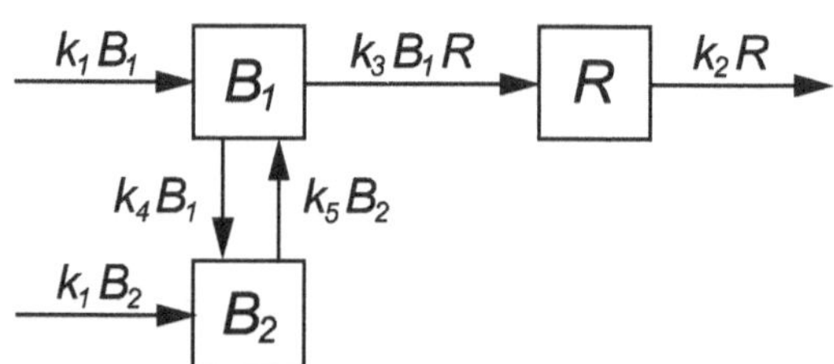

---

[17] Der triviale Fixpunkt ist $B_1 = B_2 = R = 0$.

Kapitel 7

Zeitdiskrete Modelle

7.1 Zeitdiskrete Modelle mit einer Variablen

Im Kapitel 2.4 haben wir uns bereits kurz mit der Eigenschaft von Systemen auseinander gesetzt, die sich nicht kontinuierlich, sondern nur zu bestimmten Zeiten sprunghaft verändern. Man nennt solche Systeme und die entsprechenden Modelle *zeitlich* diskret oder einfach *zeitdiskret*. Die Zeiten, an denen solche Sprünge stattfinden, kann man — ausgehend von der Anfangszeit t_0 mit der Nummer $n = 0$ — fortlaufend nummerieren: $t_1, t_2, t_3, \ldots$. Die Systemvariable $\mathcal{V}$ ist dann nur für diese (diskreten) Zeiten relevant; wir bezeichnen sie mittels eines hochgestellten Index[1] (n) : $\mathcal{V}^{(n)}$.

Ein zeitdiskretes Modell gibt an, wie man aus „früheren" Variablenwerten die Werte am nächsten diskreten Zeitpunkt $(n+1)$ berechnet. Dabei ist es eigentlich nicht wichtig, ob der Index (n) tatsächlich aufeinanderfolgende Zeiten beschreibt oder einfach eine Folge von Ereignissen. Im stochastischen Nagelbrett von Abbildung 2.7 ließen wir eine Kugel entlang eines Zufallspfades eine schiefe Ebene hinunter rollen. Die linke Achse in Abbildung 2.7 hatten wir zwar als Zeitachse angeschrieben, aber wir hätten sie gerade so gut als eine Folge von Stößen interpretieren können, bei denen die Kugel jeweils auf einen Nagel trifft und von dort gemäß einer bestimmten Wahrscheinlichkeitsverteilung zur nächst tieferen („späteren") Ebene weiter rollt.

Zur Illustration wählen wir ein einfaches Beispiel aus der Zahlentheorie. Es besagt, dass man die Reihe aller Quadratzahlen $Q^{(n)} \equiv n^2$ durch das folgende Rezept erhält:

$$Q^{(n+1)} = Q^{(n)} + 2\sqrt{Q^{(n)}} + 1 \qquad (7.1)$$

Als Ausgangspunkt wählen wir $Q^{(0)} = 0$. Man kann diese Beziehung mathematisch beweisen oder sich einfach durch explizite Berechnung von $Q^{(1)}, Q^{(2)}, \ldots$ von deren Richtigkeit überzeugen. Gleichung (7.1) vermittelt also ein Rezept, wie man von $Q^{(n)}$ zu $Q^{(n+1)}$ kommt, d.h. wie man beispielsweise $(26)^2$ berechnet, wenn man den Wert von $(25)^2 = 625$ kennt:

---

[1] Den Index setzen wir in Klammern, um ihn von einer Potenz zu unterscheiden.

$(26)^2 = 625 + 2 \times 25 + 1 = 676$. Wenn man die $Q^{(n)}$ wiederum als eine Zeitreihe interpretiert, sagt dieses Rezept aus, wie man die zeitliche Entwicklung eines zeitdiskreten Systems beschreibt. Die Rechenvorschrift (7.1) macht somit etwas Ähnliches wie eine zeitliche Differentialgleichung.

7.1.1 Differenzengleichungen und die numerische Lösung von Differentialgleichungen

Auf den ersten Blick könnte man meinen, die Analyse einer iterativen Gleichung, wie sie beispielsweise durch (7.1) gegeben ist, sei viel einfacher als die Lösung einer Differentialgleichung, welche beispielsweise die Form (4.7) hat:

$$\frac{\mathrm{d}\mathcal{V}}{\mathrm{d}t} = k^\star \cdot \mathcal{V}$$

Wir können nämlich die algebraische Lösung von Gleichung (4.7) nicht mittels eines einfachen Computerprogrammes finden[2], während sich Gleichung (7.1) für ein simples Programm geradezu aufdrängt. Tatsächlich beruht der primitivste Integrationsalgorithmus auf der Idee, den *kontinuierlichen* Gang der Zeit durch *endliche Intervallsprünge* der Größe Δt zu approximieren. Wir definieren:

$$\mathcal{V}(t_n) \equiv \mathcal{V}^{(n)} \qquad \text{mit} \qquad t_n = t_0 + n \cdot \Delta t \tag{7.2}$$

In diskreten Modellen treten Differenzengleichungen an die Stelle der Differentialgleichungen.

und schreiben (4.7) für einen endlichen Zeitschritt mittels einer so genannten *Differenzengleichung*:

$$\frac{\mathrm{d}\mathcal{V}}{\mathrm{d}t} \longrightarrow \frac{\Delta\mathcal{V}}{\Delta t} = \frac{\mathcal{V}^{(n+1)} - \mathcal{V}^{(n)}}{\Delta t} = k^\star \cdot \mathcal{V}^{(n)} \tag{7.3}$$

Auflösen nach $\mathcal{V}^{(n+1)}$ ergibt:

$$\mathcal{V}^{(n+1)} = (1 + \Delta t \cdot k^\star)\mathcal{V}^{(n)} \tag{7.4}$$

Wenn wir mit dem Anfangszustand $\mathcal{V}^{(0)}$ beginnen und die Gleichung m-mal hintereinander anwenden, ergibt sich:

$$\mathcal{V}^{(m)} = (1 + \Delta t \cdot k^\star)^m \mathcal{V}^{(0)} \tag{7.5}$$

Dieser Ausdruck scheint nicht viel Ähnlichkeit mit der exakten Lösung der Differentialgleichung (4.7) zu haben, die — wie wir in Gleichung (4.8) gelernt haben — eine Exponentialfunktion ergibt. Natürlich sollte die numerische Approximation der Lösung von (4.7) schließlich das gleiche Resultat wie die exakte Lösung ergeben, wenn man nur den Zeitschritt Δt genügend klein wählt. Soll die Integration insgesamt über den Zeitraum T geschehen, so bedingt die Wahl eines bestimmten Zeitschrittes $m = T/\Delta t$ Iterationen.

---

[2]Wir sprechen hier nicht von der Verwendung fortgeschrittener Software (wie Mathematica), mit der auch algebraisch integriert werden kann.

Im Grenzfall ist $\Delta t \longrightarrow 0$ und $m \longrightarrow \infty$. Eingesetzt in (7.5) wird somit $\mathcal{V}^{(m)} \equiv \mathcal{V}(T)$ ein Grenzwert der Form:

$$\mathcal{V}(T) = \lim_{m \to \infty} [(1 + \frac{k^\star T}{m})^m] \mathcal{V}^{(0)} \tag{7.6}$$

Wie man in mathematischen Handbüchern nachschauen kann, ist $\lim_{m \to \infty} (1 + \frac{A}{m})^m = e^A$, also mit $A \equiv k^\star T$:

$$\mathcal{V}(T) = e^{k^\star T} \mathcal{V}^0 \tag{7.7}$$

in voller Übereinstimmung mit Gleichung (4.8).

Beispiel 7.1 (Bankzinsen)

Am Jahresanfang deponierst du 1000 Euro auf dem Konto deiner Bank. Die Bank bietet einen Jahreszins von 5%. Berechne den Kontostand am Ende des Jahres, wenn

(a) der Zins jährlich zum Konto addiert wird;

(b) der Zins vierteljährlich addiert wird;

(b) der Zins monatlich addiert wird.

(d) Wie würde dein Kontostand lauten, wenn der Zins kontinuierlich gesprochen würde?

Wir wählen die Bezeichnung $N_0 = 1000€$ und $p = 0.05$. Dann gilt

a) $N(t = 1) = N_0(1 + p) = 1.05 \times 1000€ = 1050€$

b) $N(t = \frac{1}{4}) = N_0(1 + \frac{p}{4})$,   somit
$N(t = \frac{2}{4}) = N(t = \frac{1}{4})(1 + \frac{p}{4}) = N_0(1 + \frac{p}{4})^2$
$\ldots$
$\Rightarrow N(t = 1) = N_0(1 + \frac{p}{4})^4 = (1 + \frac{0.05}{4})^4 \, N_0 = 1050.95€$

c) Analog zu b) erhält man
$N(t = 1) = N_0(1 + \frac{p}{12})^{12} = 1051.16€$

d) Für die Berechnung der kontinuierlichen Zinsausschüttung benützen wir Gleichung (7.7):
$N(t = 1) = N_0 e^p = N_0 e^{0.05} = 1051.27€$

Zum Glück für die Sparer spielt also der Umstand, dass der Zins lediglich einmal im Jahr ausgeschüttet wird, bei kleinem Zinssatz nicht eine große Rolle.

In vielen, aber nicht in allen Fällen, nähert sich die numerische Lösung einer Differentialgleichung der exakten Lösung an, wenn man nur den Zeitschritt genügend klein wählt[3]. Man könnte also meinen, eine zeitdiskrete Differenzengleichung sei nichts anderes als eine „grobkörnige" Variante einer Differentialgleichung. Grundsätzlich neue Systemeigenschaften seien daher nicht zu erwarten. — Aber gehen wir schrittweise vor und lassen wir uns nicht von voreiligen Schlüssen leiten.

7.1.2 Lineare Modelle erster Ordnung

Betrachten wir nun folgende inhomogene, lineare, zeitdiskrete Gleichung erster Ordnung mit konstanten Koeffizienten a_0 und I:

$$\mathcal{V}^{(n+1)} = I + a_0 \mathcal{V}^{(n)} \tag{7.8}$$

Erster Ordnung heisst Gleichung (7.8) darum, weil $\mathcal{V}^{(n+1)}$ nur vom unmittelbaren Vorgängerwert $\mathcal{V}^{(n)}$ abhängt. Den Fall $I = 0$ haben wir mit Gleichung (7.4) und im Beispiel 7.1.1 bereits kennen gelernt. Wie wir sehen werden, könnten auf der rechten Seite von Gleichung (7.8) auch Terme der Form $a_1 \mathcal{V}^{(n-1)}$, $a_2 \mathcal{V}^{(n-2)}$ etc. auftreten. Dann heisst die Gleichung zweiter bzw. dritter Ordnung.

Wir stellen als erstes die Frage, wie die lineare Differentialgleichung aussieht, welche mit der zeitdiskreten linearen Gleichung erster Ordnung (7.8) verwandt ist. Anders gefragt: Für welche Differentialgleichung bildet Gleichung (7.8) eine numerische Approximation?

Um die Frage zu beantworten, müssen wir Gleichung (7.8) durch Subtraktion von $\mathcal{V}^{(n)}$ auf beiden Seiten in die Differenzenform (7.3) bringen:

$$\mathcal{V}^{(n+1)} - \mathcal{V}^{(n)} = I + (a_0 - 1)\mathcal{V}^{(n)}$$

$$\text{bzw.} \quad \frac{\mathcal{V}^{(n+1)} - \mathcal{V}^{(n)}}{\Delta t} = J + k^\star \mathcal{V}^{(n)} \tag{7.9}$$

$$\text{mit } J = \frac{I}{\Delta t}, \qquad k^\star = \frac{a_0 - 1}{\Delta t}$$

Die Gleichung (7.9) entsprechende Differentialgleichung, $\frac{\mathrm{d}\mathcal{V}}{\mathrm{d}t} = J + k^\star \mathcal{V}$, hat bekanntlich für $k^\star < 0$ den Stationärzustand $\mathcal{V}^\infty = -\frac{J}{k^\star}$. Wenn unsere Analogie zwischen Differential- und Differenzengleichung richtig ist, müsste somit Gleichung (7.9) nach unendlich vielen Iterationsschritten gegen den Wert

$$\mathcal{V}^\infty = -\frac{I/\Delta t}{(a_0 - 1)/\Delta t} = -\frac{I}{a_0 - 1} \tag{7.10}$$

konvergieren, falls $(a_0 - 1) < 0$ bzw. $a_0 < 1$ ist.

---

[3]Damit soll nicht suggeriert werden, die in Gleichung (7.3) benützte „Vorwärtsintegration" sei eine besonders gute Strategie für eine numerische Integration. Tatsächlich gibt es effizientere und zuverlässigere Verfahren.

Überprüfen wir, ob unsere Vermutung zutrifft, indem wir, mit $\mathcal{V}^{(0)} \equiv \mathcal{V}_0$ beginnend, Gleichung (7.8) mehrmals hintereinander anwenden:

$$\begin{aligned}
\mathcal{V}^{(1)} &= I + a_0 \mathcal{V}_0 \\
\mathcal{V}^{(2)} &= I + a_0 \mathcal{V}^{(1)} = I + a_0(I + a_0 \mathcal{V}_0) = I(1 + a_0) + a_0^2 \mathcal{V}_0 \\
\mathcal{V}^{(3)} &= I + a_0 \mathcal{V}^{(2)} = \ldots = I(1 + a_0 + a_0^2) + a_0^3 \mathcal{V}_0
\end{aligned}$$

Daraus kann man bereits die allgemeine Regel erkennen:

$$\mathcal{V}^{(n)} = I \cdot \sum_{i=0}^{n-1} (a_0)^i + a_0^n \mathcal{V}_0 \tag{7.11}$$

Mit der Formel zur Berechnung geometrischer Summen,

$$\sum_{i=0}^{n-1} (a_0)^i - \frac{a_0^n - 1}{a_0 - 1} \qquad (a_0 \neq 1) \tag{7.12}$$

folgt schließlich (für $a_0 \neq 1$):[4]

$$\mathcal{V}^{(n)} = I \frac{a_0^n - 1}{a_0 - 1} + a_0^n \mathcal{V}_0 = -\frac{I}{a_0 - 1} + a_0^n \left(\frac{I}{a_0 - 1} + \mathcal{V}_0 \right) \tag{7.13}$$

Falls $|a_0| < 1$, d.h. $-1 < a_0 < 1$ gilt, verschwindet der zweite Term in Gleichung (7.13) für $n \longrightarrow \infty$, d.h.

$$\mathcal{V}^\infty = \lim_{n \to \infty} \mathcal{V}^{(n)} = -\frac{I}{a_0 - 1}, \quad -1 < a_0 < 1 \tag{7.14}$$

Die in Gleichung (7.10) formulierte Vermutung stimmt also nur bezüglich der *oberen* Grenze von a_0 ($a_0 < 1$); tatsächlich darf a_0 auch nicht zu klein werden, sonst oszilliert das System zwischen immer größer werdenden positiven bzw. negativen Werten hin und her. Abbildung 7.1 fasst die verschiedenen Fälle zusammen. Zum Schluss möchten wir darauf hinweisen, dass man, ähnlich wie im Fall einer inhomogenen linearen Differentialgleichung, Gleichung (7.8) durch das Einführen einer neuen Variable in eine homogene Differenzengleichung hätte verwandeln können, um sie dann gemäß Gleichung (7.5) zu lösen (s. Aufgabe 7.1).

---

[4] Für $a_0 = 1$ ergibt sich direkt aus (7.11): $\mathcal{V}^{(n)} = nI + \mathcal{V}_0$

Abb. 7.1: *Verschiedene Lösungen des linearen diskreten Modells erster Ordnung (Gl. 7.8) mit $I = 1$. (a) $0 < a_\circ < 1$: direkte Konvergenz, (b) $-1 < a_\circ < 0$: oszillierende Konvergenz, (c) $a_\circ > 1$: direkte Divergenz;, (d) $a_\circ < -1$: oszillierende Divergenz.*

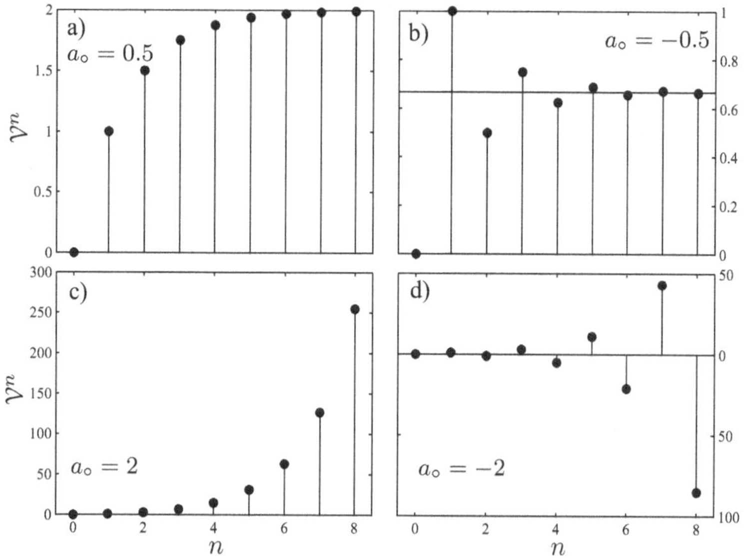

Beispiel 7.2 (Fischpopulation in einem Teich)

In einem Fischteich überleben in der Zeitspanne von einem Jahr aufgrund des Abfischens und der natürlichen Mortabilität nur gerade 40% der Exemplare einer bestimmten Fischart. Jeden Frühling werden 1200 Individuen aus einer Zuchtanstalt im Teich ausgesetzt. Anfangs des Jahres 2000 waren 1000 Individuen im Teich.

(a) Berechne die Populationsgröße $N^{(n)}$ anfangs 2001 und 2002.

(b) Welcher Fischbestand stellt sich langfristig am Jahresbeginn ein?

(c) Hätten sich anfangs 2000 gar keine Fische im Teich befunden, wie lange ginge es, bis der Unterschied zum ersten Fall weniger als 10 Fische betragen würde?

a) Wir beginnen die Zeitrechnung im Jahre 2000 ($N^0 = 1000$) und wenden Gleichung (7.8) mit $a_0 = 0.4$, $I = 1200$ an:
Im Jahre 2001: $N^{(1)} = 1200 + 0.4 \times 1000 = 1600$
Im Jahre 2002: $N^{(2)} = 1200 + 0.4 \times 1600 = 1840$

b) Da $|a_0| < 1$ ist, erreicht gemäß Gleichung (7.14) der Fischbestand im Winter den Wert:
$$N^\infty = -\frac{1200}{0.4 - 1} = 2000$$

c) Wenn wir Gleichung (7.13) auf unser Beispiel anwenden,
$$N^{(n)} = \frac{I}{(1 - a_0)}(1 - a_0^n) + a_0^n N^0,$$

sehen wir, dass sich der Einfluss des Anfangszustandes N^0 auf den letzten Term beschränkt. Im ersten Fall ist dieser Term $(0.4)^n \times 1000$, im zweiten Fall ist er null. Es stellt sich somit die Frage, für welches n folgende Beziehung gilt:

$$(0.4)^n \times 1000 = 10$$

Falls wir den Ausdruck umformen und auf beiden Seiten den Logarithmus bilden, folgt[5]:

$$n = \frac{\log(10/1000)}{\log(0.4)} = \frac{\log(0.01)}{\log(0.4)} = \frac{-2}{-0.40} = 5$$

Nach spätestens 5 Jahren spielt es somit keine Rolle mehr, ob anfänglich 1000 oder null Fische im Teich waren.

7.1.3 Lineare Modelle höherer Ordnung

Zeitdiskrete Modelle höherer, z.B. q-ter Ordnung, werden durch eine Iterationsgleichung beschrieben, in der q hintereinander liegende Parameterwerte $(V^{(n)}, V^{(n+1)}, \ldots, V^{(n+q)})$ miteinander in Beziehung gesetzt werden. Ist das System linear, so kann man die Gleichung in die Form

$$I + a_0 V^{(n+q)} + a_1 V^{(n+q-1)} + \ldots + a_q V^{(n)} = 0 \tag{7.15}$$

bringen. Tatsächlich lässt sich die inhomogene Gleichung (7.15) durch die Wahl einer neuen Variablen in eine homogene Gleichung verwandeln, in welcher der Term I fehlt. Genauer gesagt wählen wir die neue Variable:

$$\hat{V}^{(j)} = V^{(j)} + b, \quad j = 1, 2, \ldots \tag{7.16}$$

Falls $\sum\limits_{i=0}^{q} a_i \neq 0$ ist und

$$b = \frac{I}{\sum\limits_{i=0}^{q} a_i} \tag{7.17}$$

gewählt wird, entsteht eine Iterationsgleichung für $\hat{V}^{(n)}$, welche bis auf den fehlenden Term I genau die Form (7.15) hat. Beachte, dass die Lösung von (7.15) die Angabe von q Anfangswerten (z.B. $V^{(0)}, V^{(1)}, \ldots, V^{(q-1)}$) voraussetzt.

---

[5] Man kann den natürlichen oder den 10-er Logarithmus benützen. Die Zahlen entsprechen dem 10-er Logarithmus.

Beispiel 7.3 (Recycling von Mehrwegflaschen)
Eine Getränkefirma lanciert ein neues Produkt in einer speziellen Mehrwegflasche. Aus Kapazitätsgründen kann der Flaschenhersteller pro Monat höchstens 10'000 Flaschen produzieren. Aufgrund von Erfahrungszahlen ist bekannt, dass 70% der Flaschen im darauf folgenden Monat zurück kommen und einen Monat später nochmals 10%. Die restlichen Flaschen gehen verloren. Der Getränkehersteller möchte wissen,

(a) wie sich die Anzahl der monatlich zur Verfügung stehenden Flaschen zeitlich entwickelt und

(b) wie viele Flaschen langfristig pro Monat neu gefüllt werden können.

Der Verkauf des Produktes beginnt im Monat 1 mit den ersten 10'000 Flaschen.

Die Iterationsgleichung für das Problem hat die Form

$$N^{(n+2)} = 0.7N^{(n+1)} + 0.1N^{(n)} + 10'000 \tag{7.18}$$

wobei $N^{(n)}$ die Anzahl zur Verfügung stehender Flaschen im Monat n nach der Lancierung des Produktes ist. Die Anfangsbedingungen lauten:

$$\begin{aligned}
N^{(0)} &= 0 \\
N^{(1)} &= 10'000
\end{aligned}$$

Ohne grosse Rechnung lässt sich die Frage nach der langfristig zur Verfügung gestellten Flaschenzahl (d.h. nach deren Stationärzustand N^∞) leicht beantworten: 20% der ausgegebenen Flaschen kommen nie zurück, müssen also durch die neuen Flaschen (10'000 monatlich) ersetzt werden. Das heißt, im Stationärzustand werden jeden Monat 50'000 Flaschen abgefüllt, denn 20% davon entspricht gerade den 10'000 Neuen.
Der Flaschenbestand entwickelt sich wie folgt:

$$\begin{aligned}
\text{2. Monat: } N^{(2)} &= 0.7N^{(1)} + 0.1N^{(0)} + 10'000 \\
&= 7'000 + 0 + 10'000 = 17'000 \\
\text{3. Monat: } N^{(3)} &= 0.7N^{(2)} + 0.1N^{(1)} + 10'000 \\
&= 11'900 + 1'000 + 10'000 = 22'900
\end{aligned}$$

Im Stationärzustand muss gelten: $N^{(n+2)} = N^{(n+1)} = N^{(n)} = N^\infty$, also:

$$\begin{aligned}
N^\infty &= 0.7N^\infty + 0.1N^\infty + 10'000 \\
\rightarrow N^\infty &= \frac{10'000}{0.2} = 50'000
\end{aligned}$$

Wie gesagt, es ist absolut problemlos, mit einem Computer aus der „Rezeptgleichung" die Monatswerte $N^{(n)}$ zu berechnen und sich dabei zu überzeugen, dass sich der Wert tatsächlich asymptotisch $N^\infty = 50'000$ annähert.

Flaschenrecycling

In Kapitel 7.1.2 haben wir aber gesehen, dass ein zeitdiskretes Modell auch instabil sein kann (s. Abb. 7.1). Es wäre daher nützlich, ein mathematisches Werkzeug zu haben, mit dem man Gleichungen der Form (7.15) allgemein analysieren kann.

Zu diesem Zweck betrachten wir die homogene Form von Gleichung (7.15), die wir mittels der Transformation (7.16) erhalten,

$$a_0 \hat{V}^{(n+q)} + a_1 \hat{V}^{(n+q-1)} + \ldots + a_q \hat{V}^{(n)} = 0 \qquad (7.19)$$

und behaupten, die Funktion[6]

$$\hat{V}^{(n)} = \lambda^n \qquad (7.20)$$

sei eine Lösung von Gleichung (7.19). Einsetzen in Gleichung (7.19) ergibt:

$$a_0 \lambda^{n+q} + a_1 \lambda^{n+q-1} + \ldots + a_q \lambda^n = 0$$

Nach Division durch λ^n erhält man eine Gleichung, welche unabhängig vom Iterationsschritt n ist:

$$a_0 \lambda^q + a_1 \lambda^{q-1} + \ldots + a_q = 0 \qquad (7.21)$$

Das ist die so genannte *charakteristische Gleichung* von (7.19); im Allgemeinen hat sie q (reelle oder komplexe) Lösungen λ_j ($j = 1, \ldots, q$). Die allgemeine Lösung von Gleichung (7.19) ergibt sich somit als lineare Kombination aller λ_j-Potenzen:

$$\hat{V}^{(n)} = \sum_{j=1}^{q} A_j (\lambda_j)^n \qquad (7.22)$$

wobei die A_j aus den Anfangsbedingungen bestimmt werden. Wir wollen uns bei der Diskussion von Gleichung (7.22) auf jene Situationen beschränken, in denen die Wurzeln der charakteristischen Gleichung λ_j reell sind, und unterscheiden folgende zwei Fälle:

---

[6]Gleichung (7.20) macht klar, wieso wir wohlweislich $\mathcal{V}^{(n)}$ schreiben: Das in Klammern gesetzte n gibt den n-ten Iterationsschritt an, während λ^n tatsächlich die n-te Potenz bedeutet.

(1) Der Betrag aller λ_j ist kleiner als 1: $|\lambda_j| < 1$. Dann konvergiert $\hat{V}^{(n)}$ für $n \to \infty$ gegen null.

(2) Mindestens eine Wurzel ist betragsmäßig ≥ 1. Dann folgt $\hat{V}^{(n)} \to \pm\infty$ (spezielle Anfangsbedingungen ausgenommen).

Zur Erinnerung: Falls Gleichung (7.19) tatsächlich aus einer inhomogenen Gleichung entstanden ist, dann gilt für den ersten Fall ($\hat{V}^{(n)} \to 0$) wegen (7.16):

$$\lim_{n\to\infty} V^{(n)} = \lim_{n\to\infty} \hat{V}^{(n)} - b = -b = -\frac{I}{\sum_{i=0}^{q} a_i} \tag{7.23}$$

Analysieren wir nun mittels der allgemeinen Theorie noch einmal Beispiel 7.3 und schreiben dafür (7.18) in der Form (7.15):

$$10'000 - N^{(n+2)} + 0.7N^{(n+1)} + 0.1N^{(n)} = 0 \tag{7.24}$$

Die charakteristische Gleichung lautet:

$$\begin{aligned}
-\lambda^2 + 0.7\lambda + 0.1 &= 0 \\
\to \quad \lambda &= -\frac{1}{2}[-0.7 \pm \{(0.7)^2 + 0.4\}^{1/2}] \\
&= -\frac{1}{2}[-0.7 \pm 0.943] \\
\to \quad \lambda_1 &= +0.822; \quad \lambda_2 = -0.122
\end{aligned}$$

Wir haben es mit Fall 1 zu tun (Konvergenz), d.h. nach Gleichung (7.23):

$$N^\infty = -b = -\frac{10'000}{(-1 + 0.7 + 0.1)} = \frac{10'000}{0.2} = 50'000$$

in Übereinstimmung mit dem bereits früher abgeleiteten Wert. Die allgemeine Lösung von Gleichung (7.24) mit den Anfangswerten $N^{(0)} = 0$, $N^{(1)} = 10'000$ lautet schließlich (s. Aufgabe 7.4):

$$N^{(n)} = 50'000 - 48'850\,(0.822)^n - 1'150\,(-0.122)^n \tag{7.25}$$

7.1.4 Nichtlineare Modelle

Wenn auch die Frage, ob ein lineares Differenzenmodell einem Stationärzustand zustrebt, nicht so einfach zu beantworten ist wie für den Fall linearer Differentialgleichungen, so existieren dennoch, wie beispielsweise in Abbildung 7.1 gezeigt, einfache Rezepte, um das Langzeitverhalten solcher Modelle zu analysieren. Weit komplexer wird die Sache für den Fall nichtlinearer Modelle. Wir werden uns im Folgenden nur mit Modellen erster Ordnung beschäftigen und auch hier lediglich anhand eines einzigen Beispiels einen Eindruck von der vielfältigen Welt solcher Modelle zu vermitteln versuchen.

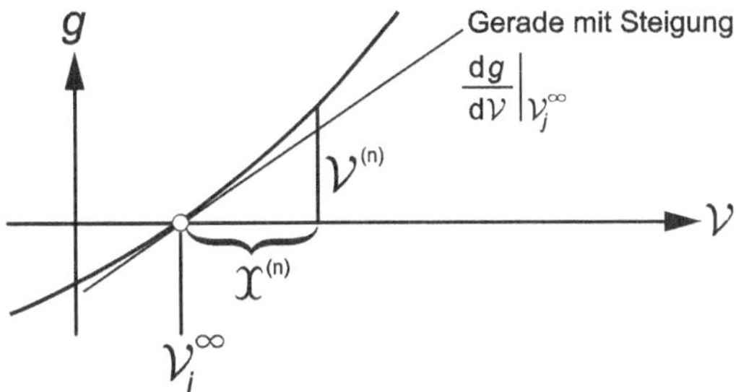

Abb. 7.2: *Wie im Fall eindimensionaler nichtlinearer Differentialgleichungen kann man das Verhalten eines nichtlinearen Differenzenmodells in der Nähe eines Fixpunktes durch lokale Linearisierung untersuchen. Dabei wird am Fixpunkt $\mathcal{V}_j^\infty$ die Funktion $g(\mathcal{V})$ durch eine Gerade ersetzt, welche die Steigung $\frac{\mathrm{d}g}{\mathrm{d}\mathcal{V}}|_{\mathcal{V}_j^\infty}$ hat. $\mathcal{X}^{(n)}$ ist die Abweichung von $\mathcal{V}^{(n)}$ vom Fixpunkt.*

Wir betrachten ein Differenzenmodell (bzw. zeitdiskretes Modell) der Form

$$\mathcal{V}^{(n+1)} - \mathcal{V}^{(n)} = g(\mathcal{V}^{(n)}) \tag{7.26}$$

$g(\mathcal{V}^{(n)})$ ist eine beliebige Funktion von $\mathcal{V}^{(n)}$, zum Beispiel die logistische Wachstumsfunktion (s. Gl. (6.4))

$$g(\mathcal{V}^{(n)}) = k(b - \mathcal{V}^{(n)})\mathcal{V}^{(n)} \ , \quad k, b > 0 \tag{7.27}$$

Offensichtlich sind die Nullstellen der Funktion $g(\mathcal{V}^{(n)})$ Fixpunkte des Modells, denn dann gilt gemäß (7.26): $\mathcal{V}^{(n+1)} = \mathcal{V}^{(n)}$. Wie im Fall nichtlinearer Differentialgleichungen untersuchen wir das Verhalten des Systems beim Fixpunkt $\mathcal{V}_j^\infty$, indem wir die neue diskrete Variable

$$\mathcal{X}^{(n)} - \mathcal{V}^{(n)} - \mathcal{V}_j^\infty \tag{7.28}$$

einführen. Dann folgt aus Gleichung (7.26):

$$\mathcal{X}^{(n+1)} - \mathcal{X}^{(n)} = g(\mathcal{V}^{(n)}) = g(\mathcal{V}_j^\infty + \mathcal{X}^{(n)}) \tag{7.29}$$

Falls die Abweichung vom Fixpunkt ($\mathcal{X}^{(n)}$) klein ist, kann man g in eine Taylor-Reihe entwickeln und nach dem linearen Term abbrechen (s. Abb. 7.2):

$$g(\mathcal{V}_j^\infty + \mathcal{X}^{(n)}) = g(\mathcal{V}_j^\infty) + \frac{\mathrm{d}g}{\mathrm{d}\mathcal{V}}\bigg|_{\mathcal{V}_j^\infty} \mathcal{X}^{(n)} + \ldots \tag{7.30}$$

Da $\mathcal{V}_j^\infty$ ein Fixpunkt ist, ist definitionsgemäß $g(\mathcal{V}_j^\infty) = 0$. Wir erhalten eine lineare Differenzengleichung für $\mathcal{X}^{(n)}$:[7]

$$\mathcal{X}^{(n+1)} - \mathcal{X}^{(n)} = \frac{\mathrm{d}g}{\mathrm{d}\mathcal{V}}\bigg|_{\mathcal{V}_j^\infty} \mathcal{X}^{(n)} \tag{7.31}$$

Eine einfache Umformung ergibt:

$$\mathcal{X}^{(n+1)} = \left(1 + \frac{\mathrm{d}g}{\mathrm{d}\mathcal{V}}\bigg|_{\mathcal{V}_j^\infty}\right) \mathcal{X}^{(n)} = A\,\mathcal{X}^{(n)} \tag{7.32}$$

---

[7]Offensichtlich ist das Vorgehen vollständig analog zu demjenigen, das wir bei der Diskussion nichtlinearer Differentialgleichungen (Kap. 6) verwendet haben.

Aus unserer früheren Diskussion (z.B. Abb. 7.1) wissen wir schon, dass Gleichung (7.32) gegen den Fixpunkt konvergiert, falls gilt:

$$|A| = \left|1 + \left.\frac{\mathrm{d}g}{\mathrm{d}\mathcal{V}}\right|_{\mathcal{V}_j^\infty}\right| < 1 \tag{7.33}$$

Ausgedrückt durch $\left.\frac{\mathrm{d}g}{\mathrm{d}\mathcal{V}}\right|_{\mathcal{V}_j^\infty}$ heißt das in Übereinstimmung mit dem kontinuierlichen Fall (Gl. (6.12)), dass der Fixpunkt $\mathcal{V}_j^\infty$ instabil ist, falls gilt:

$$\left.\frac{\mathrm{d}g}{\mathrm{d}\mathcal{V}}\right|_{\mathcal{V}_j^\infty} > 1 \quad \Leftrightarrow \quad \mathcal{V}_j^\infty \ \text{instabil} \tag{7.34}$$

Das Umgekehrte gilt allerdings nicht; tatsächlich kann wegen (7.33) der Fixpunkt auch als Folge einer zu stark *negativen* Steigung der Funktion g instabil sein. Die Bedingung für Stabilität lautet insgesamt:

$$0 > \left.\frac{\mathrm{d}g}{\mathrm{d}\mathcal{V}}\right|_{\mathcal{V}_j^\infty} > -2 \quad \Leftrightarrow \quad \mathcal{V}_j^\infty \ \text{stabil} \tag{7.35}$$

> **Beispiel 7.4 (Diskretes logistisches Wachstum)**
> Das diskrete logistische Wachstum wird durch Gleichung (7.27) beschrieben. Das Modell hat die zwei Fixpunkte $\mathcal{V}_1^\infty = 0$ und $\mathcal{V}_2^\infty = b$. Die Modellfunktion (7.26) hat die Ableitung:
>
> $$\frac{\mathrm{d}g}{\mathrm{d}\mathcal{V}} = -2k\mathcal{V}^{(n)} + kb \ , \tag{7.36}$$
>
> was für die beiden Fixpunkte ergibt:
>
> $$\left.\frac{\mathrm{d}g}{\mathrm{d}\mathcal{V}}\right|_{\mathcal{V}_1^\infty} = +kb \ , \quad \left.\frac{\mathrm{d}g}{\mathrm{d}\mathcal{V}}\right|_{\mathcal{V}_2^\infty} = -kb \ , \quad k,b > 0 \tag{7.37}$$
>
> Solange $bk < 2$ ist, ist der zweite Fixpunkt $\mathcal{V}_2^\infty$ stabil, $\mathcal{V}_1^\infty = 0$ ist immer instabil.

Das zeitdiskrete logistische Wachstumsmodell eignet sich gut, wenigstens beispielshaft einen kurzen Blick in die überraschende Welt der nichtlinearen Differenzenmodelle zu werfen. Die folgende Diskussion wird übersichtlicher, wenn wir die neue Variable $x^{(n)} = \frac{k}{1+kb}\mathcal{V}^{(n)}$ einführen. Wir überspringen die mathematischen Details und schreiben direkt die transformierte Gleichung an:

$$x^{(n+1)} = \mu(1 - x^{(n)})x^{(n)} \equiv F_\mu(x^{(n)}) \ , \quad \mu \equiv 1 + bk \tag{7.38}$$

wobei die Funktion $F_\mu(x)$ eine nach unten geöffnete Parabel mit Scheitel bei $x = \frac{1}{2}$ darstellt, welche die x-Achse bei $x = 0$ und $x = 1$ schneidet (Abb. 7.3a). Man beachte, dass $F_\mu(x)$ nur noch von dem einen Parameter

μ abhängt; dieser wird eine wichtige Rolle spielen, weswegen wir ihn als Index der Funktion F beifügen.

Das Modell hat dann ein Gleichgewicht x^∞ erreicht, wenn gilt:

$$x^\infty = F_\mu(x^\infty) = \mu x^\infty(1 - x^\infty) \tag{7.39}$$

Auflösen nach x^∞ ergibt (neben der trivialen Lösung $x^\infty = 0$):

$$x^\infty = \frac{\mu - 1}{\mu} \tag{7.40}$$

Grafisch erhält man x^∞ als den Schnittpunkt der Parabel $y = F_\mu(x)$ mit der Geraden $y = x$ (Abb. 7.3a). Auch den Weg von einem Anfangspunkt $x^{(0)}$ zum Fixpunkt x^∞ kann man grafisch finden (Abb. 7.3b).

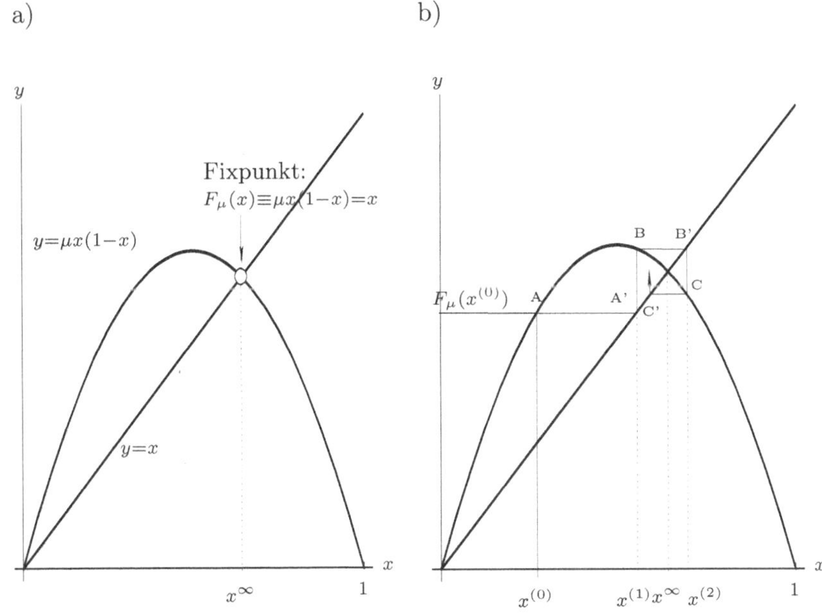

Abb. 7.3: *(a) Grafische Bestimmung des Fixpunktes des diskreten Modells $x^{(n+1)} = \mu x^{(n)}(1 - x^{(n)}) \equiv F_\mu(x^{(n)})$. Siehe Text für weitere Erklärungen. (b) Die Bewegung des Modells vom Anfangszustand $x^{(0)}$ bis zum Fixpunkt x^∞ kann man grafisch bestimmen: Durch den ersten Iterationsschritt wird $F_\mu(x^{(0)})$ bei Punkt A zum neuen x-Wert $x^{(1)}$. Ihn findet man durch Spiegelung von $x^{(1)} = F_\mu(x^{(0)})$ an der Geraden $x = y$ (Punkt A'). Der zu $x^{(1)}$ gehörende Wert $F_\mu(x^{(1)})$ liegt bei B. Durch die Spiegelung von B an der Geraden $x = y$ (Punkt B') erhält man $x^{(2)}$ bzw. Punkt C usw. bis zum stationären Punkt x^∞. Aus Arrowsmith and Place (1992).*

Allerdings suggeriert Abbildung 7.3b, dass sich das System notwendigerweise auf den Fixpunkt x^∞ zu bewegt. Tatsächlich ist das aber nicht immer der Fall. Beispielsweise endet das System für den Wert $\mu = 3.2$ auf einem geschlossenen Pfad, der zwischen den zwei Werten x_1^∞ und x_2^∞ oszilliert (Abb. 7.4)[8]. Anders gesagt: Wenn wir nur noch jeden zweiten Wert $x^{(n)}$ betrachten (d.h. nur die geraden bzw. die ungeraden n), erreichen diese Folgen wiederum einen Fixpunkt. Wir müssen also aus der Iterationsgleichung (7.38) eine neue Vorschrift konstruieren, welche uns direkt von $x^{(n)}$

---

[8]Genau genommen gilt das nur dann, wenn der Anfangspunkt nicht zufällig bei $x^\infty = \frac{\mu-1}{\mu} = \frac{(3.2-1)}{3.2} = 0.6875$ liegt.

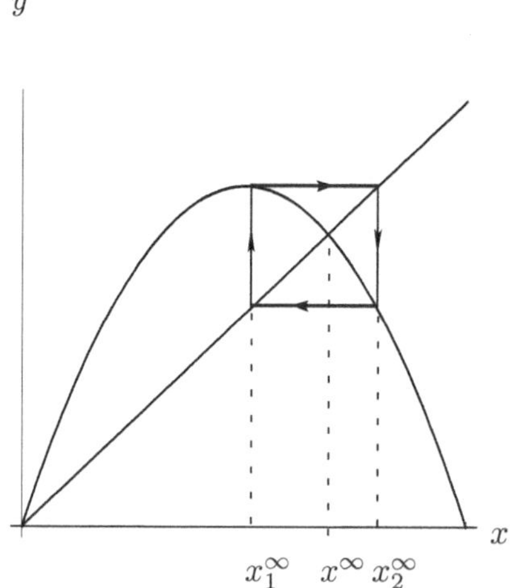

nach $x^{(n+2)}$ bringt und den Zwischenschritt $x^{(n+1)}$ überspringt. Wir bezeichnen diese „Doppelsprungfunktion" mit $F_\mu^{(2)}$. Man erhält $F_\mu^{(2)}$ aus F_μ, indem man $y = \mu x(1 - x)$ in die Funktion $F_\mu(y) = \mu x(1 - y)$ einsetzt:

$$F_\mu^{(2)}(x) = \mu^2 x(1 - x)[1 - \mu x(1 - x)] \tag{7.41}$$

$F_\mu^{(2)}$ ist ein Polynom vierten Grades und darf nicht mit dem Quadrat von F_μ verwechselt werden. Seine Stationärzustände berechnen sich — wie im Falle von F_μ — aus der Gleichung

$$x^\infty = F_\mu^{(2)}(x^\infty) \tag{7.42}$$

bzw. grafisch aus dem Schnittpunkt von $y = F_\mu^{(2)}(x)$ mit der Geraden $y = x$.

In Abbildung 7.5 haben wir $F_\mu^{(2)}(x)$ für drei verschiedene μ-Werte aufgetragen. Uns interessieren die nichttrivialen ($x \neq 0$) Schnittpunkte der Kurve mit der Geraden $x = y$. Für $\mu = 2.8$ (Abb. 7.5a) gibt es einen einzigen Schnittpunkt x^∞. Selbstverständlich ist er identisch mit dem Fixpunkt der „Einsprungfunktion" F_μ (nach Gleichung (7.40) ist $x_\infty = \frac{1.8}{2.8} = 0.643$), denn wenn sich das System nach einem einfachen Sprung nicht mehr bewegt, dann gilt das selbstverständlich auch nach zwei oder drei oder q Sprüngen.

Für $\mu = 3$ hat die Kurve $y = F_\mu^{(2)}(x)$ beim Schnittpunkt gerade die Steigung 1 — wie auch die Funktion $y = x$ (Abb. 7.5b). Für noch größere μ-Werte (z.B. für $\mu = 3.2$, Abbildung 7.5c) teilt sich der ursprüngliche Schnittpunkt x^∞ in zwei neue Schnittpunkte x_1^∞ und x_2^∞ auf; diese laufen für wachsendes μ weiter auseinander. Das „Zweisprungsystem" hat dann insgesamt drei Fixpunkte (wobei der mittlere (x^∞) instabil ist), während

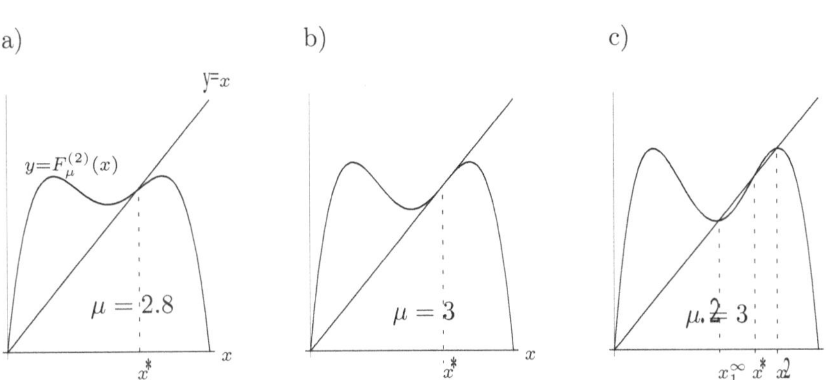

Abb. 7.5: *(a) Die Stationärzustände der „Zweisprungfunktion" (Gl. 7.32) ergeben sich aus dem Schnittpunkt der Kurven $y = F_\mu^{(2)}(x)$ und $y = x$. (b) Bei $\mu = 3$ hat das System eine Bifurkation: Der Schnittpunkt x^∞ spaltet sich in die beiden Punkte x_1^∞ und x_2^∞ auf (Periodenverdoppelung). (c) „Zweisprungfunktion" zur in Abbildung 7.4 dargestellten Situation. Aus Arrowsmith u. Place (1992).*

das „Einsprungsystem" zwischen x_1^∞ und x_2^∞ hin und her springt. Tatsächlich entspricht Abbildung 7.5c dem in Abbildung 7.4 als „Einsprungsystem" dargestellten Fall.

Das Verhalten des Systems bei $\mu = 3$ nennt man eine *Periodenverdoppelung*, und die Punkte, wo diese Verdopplung auftritt, heißen *Bifurkationspunkte*. Um weitere Bifurkationspunkte zu erhalten, muss man die „Viersprungfunktion" $F_\mu^{(4)}$ bzw. $F_\mu^{(8)}$, $F_\mu^{(16)}$ etc. untersuchen. Tatsächlich durchläuft das Modell mit wachsendem μ weitere Periodenverdoppelungen. Aber damit ist die Geschichte noch nicht zu Ende: Oberhalb des kritischen Wertes $\mu^\star = 3.8284\ldots$ treten zusätzlich auch Situationen auf, für die keine periodischen Zyklen existieren. Für $\mu > 4$ spielen diese aperiodischen Fluktuationen die wichtigste Rolle, wenn das System nicht zufällig auf einer periodischen Lösung startet. Dieses seltsame Verhalten nennt man *deterministisches Chaos* (Abb. 7.6).

Bifurkation

Schon eindimensionale nichtlineare Differenzenmodelle können chaotisches (nicht einfach voraussagbares) Verhalten aufweisen.

Ganz so überraschend für unsere eigene Erfahrungswelt ist das Auftreten von deterministischen, aber dennoch nicht voraussagbaren , d.h. scheinbar chaotischen Systemen auch nicht. Nehmen wir zum Beispiel die 104 Karten eines Patience-Spiels: Wir können sie auf 104! („104 Fakultät", eine Zahl mit über 160 Stellen) verschiedene Arten mischen. Wenn wir nun mit diesem Kartenpaket eine bestimmte Patience legen und unsere Entscheide (beim Umlegen der Karten) stur nach bestimmten Regeln treffen, so wird für gewisse Kartenpakete die Patience aufgehen, für andere hingegen nicht. Es mag genügen, zwei Karten zu vertauschen, um aus einem Kartenstapel ohne Lösung einen solchen mit Lösung zu machen. Obschon alle Schritte vollständig determiniert sind, wird es uns nicht gelingen eine Gesetzmäßigkeit abzuleiten, welche uns vorauszusehen erlaubt, ob das Spiel aufgeht oder nicht.

Abb. 7.6:
Bifurkationsdiagramm für das Modell $x^{(n+1)} = \mu x^{(n)}(1 - x^{(n)})$. Die schwarzen Punkte zeigen stabile periodische Lösungen an. Oberhalb $\mu^\star = 3.8284$ treten Situationen ohne periodische Lösungen auf (deterministisches Chaos). Aus Arrowsmith u. Place (1992).

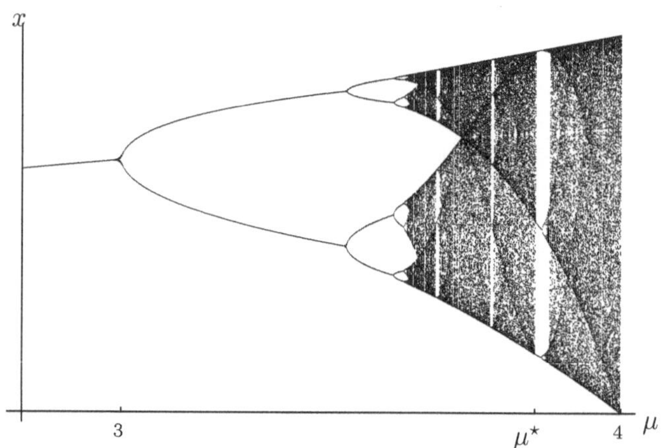

7.2 Zeitdiskrete Modelle mit mehreren Variablen

7.2.1 Lineare Modelle

Nach diesem kurzen Blick in die komplexe Welt des Chaos suchen wir wieder festeren Boden und wenden uns zum Abschluss von Kapitel 7 noch den mehrdimensionalen diskreten Modellen zu. Wir werden uns hier aber im Wesentlichen auf die Diskussion mehrdimensionaler linearer Modelle erster Ordnung beschränken und dabei nur das zweidimensionale Modell explizit lösen.

Ein q-dimensionales lineares Differenzenmodell erster Ordnung lässt sich durch folgendes algebraisches Gleichungssystem ausdrücken:

$$\mathcal{V}_i^{(n+1)} = I_i + \sum_{j=1}^{q} p_{ij} \mathcal{V}_j^{(n)} \;, \quad i = 1 \ldots q \tag{7.43}$$

Dabei sind die p_{ij} die Elemente der Koeffizientenmatrix $\mathbf{P} = (p_{ij})$, die wir bereits für die mehrdimensionalen linearen Differentialgleichungen eingeführt haben (s. Gl. (5.81)). Wir können also Gleichung (7.43) auch in Matrixform schreiben:

$$\mathbf{v}^{(n+1)} = \mathbf{I} + \mathbf{P}\mathbf{v}^{(n)} \tag{7.44}$$

wobei $\mathbf{P}$ eine $(q \times q)$-Matrix und $\mathbf{v}^{(n+1)}, \mathbf{v}^{(n)}$ und $\mathbf{I}$ q-dimensionale Vektoren sind.

Äußerlich sieht die Differenzengleichung (7.44) nun wie Gleichung (7.8) aus, nur dass der dortige Koeffizient a_0 zur Matrix $\mathbf{P}$ und $\mathbf{v}^{(n)}$ bzw. $\mathbf{I}$ zu Vektoren geworden sind. Tatsächlich kann man formell die Lösung von Gleichung (7.44) in der gleichen Weise aufschreiben wie Gleichung (7.11), nämlich:

$$\mathbf{v}^{(n)} = (\mathbf{P})^n \cdot \mathbf{v}^0 + \sum_{i=0}^{n-1} (\mathbf{P})^i \, \mathbf{I} \tag{7.45}$$

Allerdings ist die Berechnung von Potenzen von Matrixen im allgemeinen Fall ziemlich kompliziert, so dass die formelle Lösung (7.45) für eine konkrete Rechnung wenig taugt. Allerdings gibt es eine wichtige Ausnahme: Sollte nämlich die Matrix $\mathbf{P}$ zufälligerweise diagonale Form haben, dann wären auch ihre Potenzen diagonal, wobei die Diagonalelemente der ursprünglichen Matrix einfach in die entsprechende Potenz erhoben werden. Wenn aber $\mathbf{P}$ diagonal ist, heißt dies, das ursprüngliche algebraische Gleichungssystem (7.43) zerfalle in q disjunkte Gleichungen, welche alle isoliert, d.h. unabhängig voneinander gelöst werden können.

Und damit sind wir, wie bereits im Kapitel 5.2, zurück bei den Eigenwerten und Eigenfunktionen. Wenn es uns nämlich gelingen sollte, durch Einführen neuer Variablen die Koeffizientenmatrix zu diagonalisieren, könnten wir für die Lösung von Gleichung (7.43) all jene Dinge verwenden, welche wir im Kapitel 7.1.2 für eindimensionale Systeme gelernt haben.

Anstatt mit weiteren theoretischen Überlegungen das Gefühl für das Wesentliche zu verlieren, wollen wir im nächsten Abschnitt das Vorgehen anhand eines zweidimensionalen Systems Schritt für Schritt erläutern.

7.2.2 Lineare Modelle mit zwei Variablen

Beispiel 7.5 (Wer gewinnt im Spiel mit der Bank?)
Zwei Personen (X und Y) einigen sich auf die folgenden Regeln eines Geldspieles, welche sukzessive bei jeder Spielrunde angewendet werden sollen:
1. Spieler X erhält von bzw. zahlt an die Bank 2/3 des Betrages, den er im Augenblick besitzt, minus 1/3 des Betrages, den Spieler Y besitzt.

2.   Gleichzeitig erhält Spieler Y von der Bank (zahlt an die Bank) 1/3 des Betrages, den er hat, minus 2/3 des Betrages den Spieler X besitzt.

Die Anfangsguthaben sind $X^0 = 600$ und $Y^0 = 900$. Wie entwickeln sich die Guthaben der Spieler? Leite eine allgemeine Formel ab für die Guthaben nach k Runden, $X^{(k)}$ und $Y^{(k)}$. Beachte: Die Guthaben $X^{(k)}$ und $Y^{(k)}$ können auch negativ werden. Geht die Bank pleite?

Stellen wir zuerst die Iterationsgleichung auf, in dem wir die Regeln Stück für Stück in mathematische Ausdrücke übersetzen. Die Veränderung der Guthaben im k-ten Schritt ist:

$$
\begin{aligned}
X^{(k)} - X^{(k-1)} &= \frac{2}{3}X^{(k-1)} - \frac{1}{3}Y^{(k-1)} \\
Y^{(k)} - Y^{(k-1)} &= -\frac{2}{3}X^{(k-1)} + \frac{1}{3}Y^{(k-1)}
\end{aligned}
\tag{7.46}
$$

Gleichung (7.46) kann man umformen zu:

$$
\begin{aligned}
X^{(k)} &= \frac{5}{3}X^{(k-1)} - \frac{1}{3}Y^{(k-1)} \\
Y^{(k)} &= -\frac{2}{3}X^{(k-1)} + \frac{4}{3}Y^{(k-1)}
\end{aligned}
\tag{7.47}
$$

bzw. in Matrixform schreiben als:

$$
\begin{pmatrix} X^{(k)} \\ Y^{(k)} \end{pmatrix} = \begin{pmatrix} 5/3 & -1/3 \\ -2/3 & 4/3 \end{pmatrix} \begin{pmatrix} X^{(k-1)} \\ Y^{(k-1)} \end{pmatrix} = \mathbf{P} \begin{pmatrix} X^{(k-1)} \\ Y^{(k-1)} \end{pmatrix}
\tag{7.48}
$$

wobei wir die (2×2)-Matrix mit $\mathbf{P}$ bezeichnet haben.

Die Frage, ob die Bank pleite geht, lässt sich dadurch beantworten, dass wir die Entwicklung der Summe $S^{(k)} = X^{(k)} + Y^{(k)}$ im Laufe des Spieles anschauen. Wenn wir die beiden Gleichungen von (7.47) zusammen zählen, ergibt sich:

$$
S^{(k)} \equiv X^{(k)} + Y^{(k)} = X^{(k-1)} + Y^{(k-1)} \equiv S^{(k-1)}
\tag{7.49}
$$

Für die Bank besteht also keine Gefahr, denn die Summe der Guthaben bleibt konstant bei $S^0 = X^0 + Y^0 = 1500$. Umgekehrt macht natürlich die Bank auch keinen Gewinn. Aber wie steht es mit der Verteilung des Gesamtbetrages unter den beiden Spielern?

In Tabelle 7.1 haben wir durch sukzessive Anwendung der Gleichungen (7.47) den Spielstand nach den ersten vier Runden berechnet. Kein gutes Spiel für Y! Obschon er/sie mit einem Vorsprung beginnt, rutscht er/sie schon in der vierten Runde in die roten Zahlen. Wie geht es weiter?

Es wäre natürlich elegant, wenn wir die Lösung des Gleichungssystems in ähnlicher Form darstellen könnten wie diejenige des eindimensionalen Systems (7.8). Erinnern wir uns an Gleichung (7.49): Die Differenzengleichung der Summe $S^{(k)} \equiv X^{(k)} + Y^{(k)}$ ist für sich allein lösbar, ohne dass wir die

Tabelle 7.1: *Beispiel 7.5: Spielstand nach den ersten vier Runden*

k	$X^{(k)}$	$Y^{(k)}$	$S^{(k)}$
0	600	900	1500
1	700	800	1500
2	900	600	1500
3	1300	200	1500
4	2100	-600	1500

Einzellösungen von $X^{(k)}$ und $Y^{(k)}$ berechnen. Nun suchen wir nach einer zweiten Linearkombination[9] von $X^{(k)}$ und $Y^{(k)}$, deren Iterationsgleichung für sich allein lösbar ist. Tatsächlich gibt es eine solche Form, nämlich:

$$T^{(k)} = 2X^{(k)} - Y^{(k)} \tag{7.50}$$

Ersetzen wir nämlich in Gleichung (7.50) mit Hilfe der ursprünglichen Iterationsgleichungen (7.47) die Variablen $X^{(k)}$ und $Y^{(k)}$ durch ihre entsprechenden „Vorgängerinnen" $X^{(k-1)}$ und $Y^{(k-1)}$, so folgt:

$$\begin{aligned}
T^{(k)} &= 2\left[\frac{5}{3}X^{(k-1)} - \frac{1}{3}Y^{(k-1)}\right] - \left[-\frac{2}{3}X^{(k-1)} + \frac{4}{3}Y^{(k-1)}\right] \\
&= \left[\frac{10}{3} + \frac{2}{3}\right]X^{(k-1)} - \left[\frac{2}{3} + \frac{4}{3}\right]Y^{(k-1)} \\
&= 4X^{(k-1)} - 2Y^{(k-1)} = 2\left(2X^{(k-1)} - Y^{(k-1)}\right)
\end{aligned}$$

Also:

$$T^{(k)} = 2T^{(k-1)} . \tag{7.51}$$

Siehe da, die Lösung der Iterationsgleichung wird jetzt sehr einfach, nämlich:

$$T^{(k)} = 2^k T^0 = 2^k \left(2X^0 - Y^0\right) = 2^k \times 300 \tag{7.52}$$

Nun bleibt uns nur noch die Aufgabe, die ursprünglichen Variablen $X^{(k)}$ und $Y^{(k)}$ durch die neuen Variablen $S^{(k)}$ und $T^{(k)}$, deren Lösung wir kennen (s. Gl. (7.49) und (7.52)), zu ersetzen. Nach ein bisschen Algebra finden wir:

$$\begin{aligned}
X^{(k)} &= \frac{1}{3}\left(S^{(k)} + T^{(k)}\right) \\
Y^{(k)} &= \frac{1}{3}\left(2S^{(k)} - T^{(k)}\right)
\end{aligned} \tag{7.53}$$

---

[9]Eine Linearkombination der zwei Variablen X und Y ist ein beliebiger linearer Ausdruck der Form $aX + bY$. Offensichtlich ist die Summe von X und Y die Linearkombination mit $a = b = 1$.

Mit Hilfe der Lösungen für $S^{(k)}$ und $T^{(k)}$ können wir somit auch diejenigen von $X^{(k)}$ und $Y^{(k)}$ konstruieren:

$$X^{(k)} = \frac{1}{3}\left(S^{(0)} + 2^k T^{(0)}\right)$$

$$= \frac{1}{3}\left(1500 + 2^k \times 300\right) \tag{7.54}$$

$$Y^{(k)} = \frac{1}{3}\left(2S^{(0)} - 2^k T^{(0)}\right)$$

$$= \frac{1}{3}\left(3000 - 2^k \times 300\right) \tag{7.55}$$

Jetzt wird sofort klar, dass Spieler Y verlieren muss. In Aufgabe 7.6 stellen wir die Frage, wie groß die Anfangssummen $X^{(0)}$ und $Y^{(0)}$ der beiden Spieler sein müssen, dass bei den gleichen Spielregeln der Spieler Y gewinnt bzw. dass die Beträge der beiden Spieler konstant bleiben. Letztere Situation entspricht natürlich einem Stationärzustand bzw. Fixpunkt des Systems.

Im folgenden Abschnitt werden wir die tiefere Bedeutung obiger Lösung diskutieren.

7.2.3   Die Rolle von Eigenwerten und Eigenfunktionen

So elegant die Lösung des Beispiels 7.5 auch aussehen mag, so erklärt sie nicht, welcher Eingebung wir gefolgt sind, als wir die neuen Variablen $S^{(k)}$ und $T^{(k)}$ (Gl. 7.49 und 7.50) eingeführt haben. Konnte man aus dem Gleichungssystem (7.46) oder (7.47) mit etwas Erfahrung noch relativ leicht sehen, dass die Summe der beiden Variablen $X^{(k)}$ und $Y^{(k)}$ konstant bleibt, so musste die Wahl von Gleichung (7.50) ziemlich willkürlich erscheinen.

Natürlich steckt hinter dem Vorgehen jenes mathematische Konzept, das wir schon öfters erwähnt haben: die Bestimmung der Eigenwerte und der zugehörigen Eigenfunktionen eines linearen Systems. Im Anhang D wird das Vorgehen für ein n-dimensionales System erklärt. Ohne Verwendung von Computern lassen sich mit vernünftigem Aufwand höchstens zweidimensionale Systeme von Hand lösen. In Tabelle 7.2 wird anhand des Beispieles 7.5 das Vorgehen zusammengefasst.

Obschon es noch viel zu sagen gäbe über zeitdiskrete Modelle und ihre Differenzengleichungen (mehrdimensionale nichtlineare Modelle haben wir ja nicht einmal erwähnt), wollen wir an dieser Stelle die Diskussion abschließen und die Leserinnen und Leser, welche sich weiter in das Thema vertiefen wollen, auf die Literatur verweisen, z.B. auf Luenberger (1979).

Tabelle 7.2: *Die Lösung von zweidimensionalen Differenzenmodellen mit Eigenfunktionen, erklärt anhand von Beispiel 7.2.2. Hinweis: Anhang D gibt einen Überblick über alle verwendeten Gleichungen.*

Die Matrix $\mathbf{P}$ des Systems (7.47) lautet:

$$\mathbf{P} = \left(\begin{array}{cc} 5/3 & -1/3 \\ -2/3 & 4/3 \end{array} \right) \tag{7.56}$$

mit

$$\mathrm{Sp}(\mathbf{P}) = \frac{5}{3} + \frac{4}{3} = 3$$

$$\det(\mathbf{P}) = \frac{1}{9}(20 - 2) = 2$$

Eigenwerte (D.13):

$$\lambda_i = \frac{1}{2}[3 \pm \sqrt{3^2 - 4 \times 2}] = \frac{1}{2}[3 \pm 1]$$

$$\lambda_1 = 2, \quad \lambda_2 = 1$$

Eigenfunktionen (D.17):

$$\begin{aligned} z_1 &= -\frac{2}{3}X + (2 - 5/3)Y = -\frac{2}{3}X + \frac{1}{3}Y \\ &= -\frac{1}{3}(2X - Y) \\ z_2 &= (1 - 4/3)X - \frac{1}{3}Y = -\frac{1}{3}(X + Y) \end{aligned}$$

Beachte: Bis auf die konstanten Faktoren entsprechen z_1 und z_2 den Variablen S und T, nämlich $z_1 = -\frac{T}{3}$, $z_2 = -\frac{S}{3}$. Die Eigenfunktionen sind tatsächlich nur bis auf einen konstanten Faktor bestimmt.

Determinante (D.21):

$$D = -2 \times 2 + 2 \times \frac{4}{3} + 1 \times \frac{5}{3} = \frac{1}{3}[-12 + 8 + 5] = \frac{1}{3}$$

Also gemäß (D.20) ist die Rücktransformation:

$$\begin{aligned} X &= 3\left[-\frac{1}{3}z_1 - (2 - \frac{5}{3})z_2\right] = -(z_1 + z_2) \\ Y &= 3\left[-(1 - \frac{4}{3})z_1 - \frac{2}{3}z_2\right] = z_1 - 2z_2 \end{aligned}$$

Das Resultat stimmt mit den Gleichungen (7.53) überein, wenn man — wie vorher erwähnt — berücksichtigt, dass $z_1 = -T/3$ und $z_2 = -S/3$ ist.

7.3 Fragen und Aufgaben

Frage 7.1 *Erkläre den Unterschied zwischen einem zeitlich diskreten und zeitlich kontinuierlichen Modell.*

Frage 7.2 *Erläutere den Zusammenhang zwischen den Begriffen „Differenzenmodell" und „zeitlich diskretes Modell".*

Frage 7.3 *Wieso spielt es bei Zinssätzen von mehr als 10% pro Jahr eine Rolle, ob der Zins jährlich oder vierteljährlich gutgeschrieben wird, bei 2% Zins aber kaum?*

Frage 7.4 *Erkläre den Unterschied zwischen „Ordnung" und „Dimension" eines Differenzenmodells.*

Frage 7.5 *Gib algebraische Formelbeispiele für*

  a) Ein eindimensionales, lineares Differenzenmodell erster Ordnung.

  b) Wie a), aber nichtlinear

  c) Wie a), aber zweiter Ordnung

  d) Wie a), aber zweidimensional

  e) Wie d), aber nichtlinear

Frage 7.6 *Wie unterscheiden sich eindimensionale, nichtlineare Differenzenmodelle von den entsprechenden Differentialmodellen, wenn es um die Frage der Stabilität eines Fixpunktes geht?*

Frage 7.7 *Erläutere den Unterschied von $(F_\mu)^2$ (Gl. 7.38) und $F_\mu^{(2)}$ (Gl. 7.4*

Frage 7.8 *Was versteht man unter deterministischem Chaos bei Differenzenmodellen?*

Frage 7.9

  a) Welche Dimension muss ein nichtlineares Differenzenmodell erster Ordnung mindestens haben, damit im Prinzip ein deterministisch chaotisches Verhalten auftreten kann?

  b) Wie lautet die Antwort bei nichtlinearen Differentialgleichungssystemen?

Frage 7.10 *Was ist die charakteristische Gleichung eines linearen Differenzenmodells q-ter Ordnung? Gibt es eine charakteristische Gleichung für nichtlineare Modelle?*

Aufgabe 7.1 (Elimination des inhomogenen Terms) *Berechne den Stationärzustand V^∞ des zeitdiskreten Modells $V^{(n+1)} = I + a_0 V^{(n)}$ durch Einführen einer neuen Variablen $\hat{V}^{(n)}$, welche die Modellgleichung in die homogene Beziehung $\hat{V}^{(n+1)} = b\hat{V}^{(n)}$ umwandelt. Leite ein entsprechendes Rezept für ein lineares Iterationsmodell q-ter Ordnung ab.*

Aufgabe 7.2 (Kleinkredit) *Eine Kreditbank berechnet den Inhabern ihrer Kreditkarten jeden Monat einen Zins von 2.5% auf den ausstehenden Betrag. Welchem Jahreszins entspricht dieser Zins?*

Aufgabe 7.3 (Reaktor) *In einen chemischen Reaktor gelangt pro Woche 10 kg Chlorid und vermischt sich mit dem Wasser des Tankes. Einmal pro Woche wird 20% der Lösung des Tankes geleert.*

a) *Wie groß ist die Chlorid-Menge im Tank unmittelbar vor der wöchentlichen Teilentleerung, wenn der Reaktor schon sehr lange in Betrieb gewesen ist?*

b) *Falls der Reaktor zur Zeit $t = 0$ noch kein Chlorid enthält, wie viele Wochen dauert es, bis der Reaktor den unter a) berechneten Wert bis auf 5% erreicht hat?*

Hinweis: Chlorid ist im Reaktor konservativ, d.h. es geht keine Reaktionen ein. Der Reaktor werde vor der wöchentlichen Entnahme vollständig durchmischt.

Aufgabe 7.4 (Mehrwegflaschen) *(a) Beweise Gleichung (7.25).*
(b) Leite eine entsprechende Beziehung her, falls im Monat 1 zunächst nur 5'000 Flaschen produziert werden und danach 10'000 monatlich.

Aufgabe 7.5 (Fibonacci-Zahlen) *Die sogenannten Fibonacci- Zahlen bilden eine Zahlenfolge, welche durch die Iterationsgleichung $y^{(n+2)} = y^{(n+1)} + y^{(n)}$ gebildet wird. Mit $y^{(1)} = y^{(2)} = 1$ lauten sie also $1, 1, 2, 3, 5, 8, \ldots$. Leite mit Hilfe der charakteristischen Gleichung eine Beziehung der Form $y^{(n)} = A_1 \lambda_1^n + A_2 \lambda_2^n, \ \ldots$ her, welche die Fibonacci-Zahlen beschreibt.*

Hinweis: Das Resultat wird sowohl für die λ-Werte als auch die Koeffizienten A_i irrationale Ausdrücke liefern (sie enthalten $\sqrt{5}$), und trotzdem werden die entstehenden $y^{(n)}$ rational, ja sogar ganzzahlig sein!

Aufgabe 7.6 (Geldspiel) *Wie müssen im Beispiel 7.5 bei unveränderten Spielregeln die Anfangsbeträge der beiden Spieler (X^0 und Y^0) gewählt werden, dass*

a) *Spieler Y gewinnt?*

b) *beide Spieler ein konstantes Guthaben behalten?*

Aufgabe 7.7 (Anzahl Studierende im Studiengang) *Für einen bestimmten Studiengang schreiben sich pro Jahr 120 Studierende ein. Durchschnittlich 5 pro Jahr geben den Studiengang wieder auf. Die Studiendauer beträgt 5 Jahre. Wie viele Studierende sind insgesamt eingeschrieben, wenn das System einen Stationärzustand erreicht hat?*

Aufgabe 7.8 (Fische im Teich) *In einem Teich werden jeden Winter $J = 10'000$ Fische eingesetzt. Sie bilden zusammen mit den aus natürlicher Verlaichung geborenen Fischen im Sommer die Altersgrupppe $N_1^{(i)}$ des i-ten Jahres. Der Anteil $a = 0.1$ dieser Altersgruppe überlebt den Winter (der Rest wird abgefischt oder stirbt) und wird im nächsten Jahr zur Altersgruppe 2, $N_2^{(i+1)}$. Höhere Altersgruppen werden nicht betrachtet, da diese wegen der Befischung zahlenmäßig nicht ins Gewicht fällt. Der Anteil der Naturverlaichung an $N_1^{(i)}$ berechnet sich folgendermaßen: Pro Fisch der Altersgruppe 1 des Vorjahres gibt es $b_1 = 0.5$ Zuwachs (d.h. $b_1 N_1^{(i-1)}$), pro Fisch der Altersgruppe 2 des Vorjahres $b_2 = 2$ (d.h. $b_2 N_2^{(i-1)}$).*

a) *Zeichne ein Boxschema zur Beschreibung von $N_1^{(i)}$ und $N_2^{(i)}$.*

b) *Stelle die Iterationsgleichungen für $N_1^{(i)}$ und $N_2^{(i)}$ auf.*

c) *Verwandle die zwei gekoppelten Differenzengleichungen erster Ordnung in eine einzige Iterationsgleichung zweiter Ordnung für $N_1^{(i)}$.*

d) *Berechne $N_1^{(i)}$ und $N_2^{(i)}$ durch Iteration für die ersten Jahre. Benütze die Anfangswerte $N_1^{(0)} = 0$, $N_2^{(0)} = 0$.*

e) *Löse diese Gleichung durch Verwandlung der inhomogenen in eine homogene Gleichung mit Hilfe einer neuen Variablen (s. Gl. 7.16) und suche eine allgemeine Lösung für $N_1^{(i)}$ (und dann auch für $N_2^{(i)}$) mit der Methode der charakteristischen Gleichung.*

f) *Wie groß ist die Fischpopulation im Stationärzustand (falls es einen solchen gibt), d.h. berechne $N_1^{(\infty)} + N_2^{(\infty)}$.*

Kapitel 8

Modelle in Raum und Zeit

8.1 Mischung und Transformation

Natürliche Systeme besitzen eine räumliche Struktur. Bis jetzt haben wir diese entweder ganz unterschlagen (wie im Falle des Einbox-Modells) oder dann nur sehr vereinfacht beschrieben (wie im Zweibox-Modell für den geschichteten See, Beispiel 5.1.5).

In diesem Kapitel diskutieren wir Situationen, bei denen die kontinuierliche Entwicklung sowohl in der Zeit als auch im Raum eine Rolle spielt. Im allgemeinsten Fall geht es um die mathematische Beschreibung der Systemvariablen $\mathcal{V}_i$ als kontinuierliche Funktion der Raumkoordinaten (x, y, z)[1] und der Zeit t:

$$\mathcal{V}_i \rightarrow \mathcal{V}_i(x, y, z, t) \tag{8.1}$$

$\mathcal{V}_i$ kann irgend eine skalare Größe darstellen, zum Beispiel die dreidimensionale Temperaturverteilung im Atlantik in Abhängigkeit der Zeit oder die

---

[1] x, y, z sind die 3 Achsen eines kartesischen Koordinatensystems. Man könnte selbstverständlich auch andere Koordinaten benützen, zum Beispiel die Kugelkoordinaten r, θ, φ.

Nord/Süd-gerichtete Komponente der Windgeschwindigkeit in der Troposphäre. In letzterem Fall kann man die Variable mit den Geschwindigkeiten entlang der beiden anderen kartesischen Koordinatenachsen (Ost/West bzw. aufwärts/abwärts) zum dreidimensionalen Vektorfeld des Windes kombinieren, welches in jedem Wetter- und Klimamodell eine wichtige Rolle spielt.

Hier werden wir es allerdings meistens mit skalaren Feldern (Temperatur, Konzentration etc.) zu tun haben und uns ferner auf eindimensionale räumliche Modelle konzentrieren. Beispielsweise interessieren wir uns für ein Modell, mit dem die in Abbildung 2.6 dargestellte Dynamik der vertikalen Sauerstoffverteilung in einem See, $C(z,t)$, beschrieben werden kann. Bevor wir dieses Problem wenigstens deskriptiv angehen, müssen wir uns überlegen, ob es gerechtfertigt ist, die räumliche Konzentrationsentwicklung nur entlang der vertikalen Achse zu betrachten und die Konzentrationsveränderungen entlang der horizontalen Achsen x und y zu vernachlässigen.

Im Falle der Sauerstoffverteilung in einem See würden die Fachleute mit dem Hinweis argumentieren, ihre Messungen zeigten, dass auch in Seen mit einigen zehn Kilometern Größe die O_2-Konzentrationen in einer bestimmten Tiefe ziemlich gleich seien, während sie hingegen entlang der Vertikalen schon über eine Distanz von wenigen Metern stark variierten. Dies rechtfertige es, die dreidimensionale O_2-Verteilung $C(x,y,z,t)$ durch ein einziges (mittleres oder in der Seemitte gemessenes) Vertikalprofil $C(z,t)$ zu approximieren, wie wir das in Abbildung 2.6 getan haben. Die Limnologen erklären das eindimensionale Verhalten der Seen damit, dass die O_2-Produktion durch Photosynthese des Planktons bzw. die O_2-Zehrung durch Respiration und Abbau von organischem Material in erster Linie mit der zur Verfügung stehenden Lichtintensität, d.h. also mit der Tiefe variieren. Die Physik steuert noch eine weitere Beobachtung hinzu, welche die Erklärung vollständig macht: Im Meer und in Seen sind die Mischungsprozesse entlang der Horizontalen viel rascher und intensiver als in der Vertikalen. Allenfalls vorkommende Konzentrationsunterschiede entlang der horizontalen Richtung werden also rasch ausgeglichen, während sie in der Vertikalen lange bestehen bleiben können.

Was für den See einleuchtet, lässt sich als Basis für eine allgemeine Theorie der räumlichen Struktur von skalaren Feldern benützen. An jedem Ort eines natürlichen Systems finden gleichzeitig Transport- und Transformationsprozesse statt.[2] Die relative Geschwindigkeit der beiden Prozesse entscheidet darüber, ob sich räumliche Strukturen ausbilden und halten können oder ob die Transportprozesse für einen ständigen Ausgleich sorgen und das System in einem Zustand homogener Durchmischung halten. In Abbildung 8.1 vergleichen wir typische Mischungszeiten τ_{mix} mit Transformationszeiten τ_r. Erstere geben beispielsweise an, wie lange es dauert, bis ein in die Atmosphäre abgegebener Stoff sich vertikal in der Troposphäre ausgebreitet hat (vertikale troposphärische Mischungszeit). Man könnte

---

[2] Transportprozesse treten nicht nur in fluiden Systemen (Atmosphäre, Hydrosphäre) auf, sondern beispielsweise auch in Festkörpern, nur sind sie dort viel langsamer (molekulare Diffusion in Festkörpern) und daher nicht so offensichtlich.

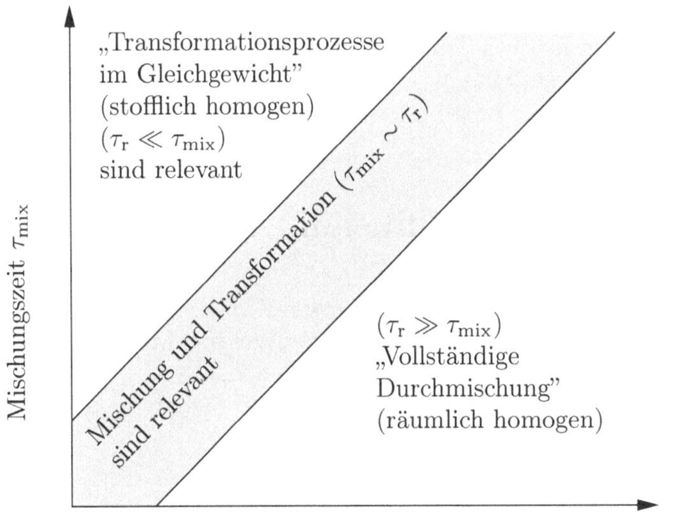

Abb. 8.1: *Schematische Darstellung der relativen Größe von Transformationszeit τ_r und Mischungszeit τ_{mix}. Für $\tau_r \gg \tau_{mix}$ verschwinden die räumlichen Inhomogenitäten, für $\tau_r \ll \tau_{mix}$ sind alle Systemkomponenten lokal im Gleichgewicht und im Übergangsbereich ($\tau_r \sim \tau_{mix}$) bestimmen Mischung und Transformation gemeinsam die räumliche Struktur des Systems.*

auch die horizontale troposphärische Mischung in einer Hemisphäre, die globale troposphärische Mischung oder die Mischung zwischen Troposphäre und Stratosphäre betrachten. Diese (in der erwähnten Reihenfolge im Allgemeinen wachsenden) Mischungszeiten sind systemspezifisch, d.h. sie hängen von den Eigenschaften des Systems ab, in dem die Mischungsprozesse stattfinden, im erwähnten Beispiel also von der Mischungsdynamik der Atmosphäre.

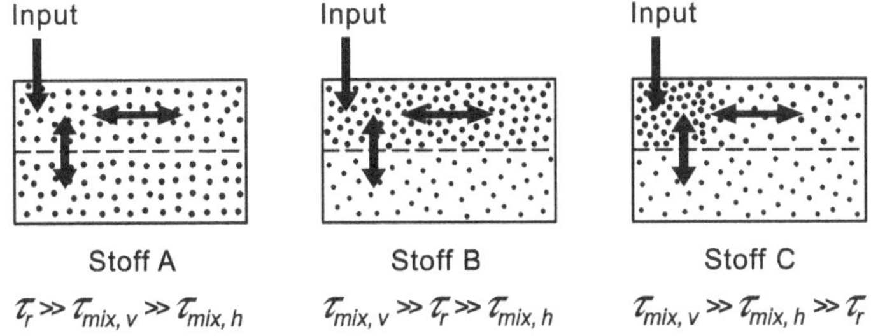

Abb. 8.2: *Räumliche Verteilung von drei Stoffen A, B, C in einem System mit rascher horizontaler (h) bzw. langsamer vertikaler (v) Mischung ($\tau_{mix,h} \ll \tau_{mix,v}$). Die Transformationszeit von Stoff A ist am größten (kleine Reaktivität), diejenige von Stoff C am kleinsten (große Reaktivität). Stoff A ist quasi gleichmäßig im System verteilt, Stoff C sehr unregelmäßig. Stoff B ist horizontal homogen, vertikal inhomogen verteilt.*

Im Gegensatz zur Mischungszeit ist die Transformationszeit τ_r, d.h. die Zeit für den vollständigen (oder fast vollständigen) Ablauf eines Transformationsprozesses, eine substanzspezifische Größe. Beispielsweise können die Halbwertszeit $\tau_{1/2}$ eines radioaktiven Isotopes (Beispiel 4.7) oder die in Beispiel 4.8 erwähnte Anpassungszeit einer reaktiven chemischen Substanz als Maß für τ_r gewählt werden. In einem durch eine bestimmte Mischungszeit τ_{mix} charakterisierten System können gleichzeitig Stoffe mit Transformationszeiten τ_r vorhanden sein, welche entweder viel größer, viel kleiner oder von ähnlicher Größe wie τ_{mix} sind. In Abbildung 8.1 lägen diese Stoffe im Bereich „vollständige Durchmischung", „Transformationsprozesse im

Gleichgewicht" bzw. im Übergang (Diagonale). Beispiele für das verschiedene Zusammenspiel von Transformation und Transport sind qualitativ in Abbildung 8.2 dargestellt.

8.2   Advektion, Diffusion, Austausch

In den folgenden Unterkapiteln werden wir die für Transport und Mischung verantwortlichen Prozesse diskutieren und zeigen, wie man die oben erwähnten Mischungszeiten τ_{mix} quantifizieren kann.

8.2.1   Advektion (gerichteter Transport)

Transportprozesse können gerichtet oder die Folge vieler zufälliger Prozesse sein.

Es gibt grundsätzlich zwei Arten von Transportprozessen, gerichtete und ungerichtete (zufällige) Prozesse. Der *gerichtete Prozess* heißt Advektion. In einem fluiden System (Wasser, Luft etc.) entsteht Advektion durch Strömung. Strömungen quantifiziert man durch den Strömungsvektor $v = (v_x, v_y, v_z)$. Alle Stoffe, welche in einem durch Strömung bewegten Fluidelement enthalten sind, werden in gleiche Richtung (nämlich in Richtung des Strömungsvektors v) transportiert (Abb. 8.3a). Deswegen bezeichnen wir den advektiven Transport als gerichtet. Die Distanz, welche ein Fluidelement und die darin enthaltenen Stoffe bei geradliniger Strömung in der Zeit t zurücklegt, ist $x_{ad} = vt$. Die Mischungszeit durch Advektion in einem System mit der Ausdehnung L lässt sich schreiben als:

$$\tau_{mix,ad} = \frac{L}{v} \tag{8.2}$$

Der advektive Massenfluss $\boldsymbol{F}_{ad}$ (transportierte Masse pro Fläche senkrecht zur Strömung und pro Zeit) ist:

$$\boldsymbol{F}_{ad} = C\ \boldsymbol{v}\quad [\text{M L}^{-2}\text{T}^{-1}] \tag{8.3}$$

wobei $C\ [\text{M L}^{-3}]$ die Konzentration des betrachteten Stoffes ist. Die Vektorgleichung (8.3) kann man auch komponentenweise schreiben:

$$F_{ad,x} = Cv_x\ ;\quad F_{ad,y} = Cv_y\ ;\quad F_{ad,z} = Cv_z \tag{8.4}$$

x, y, z sind die kartesischen (rechtwinkligen) Koordinaten und $F_{ad,x}, v_x$, ... die entsprechenden Komponenten der Vektoren $\boldsymbol{F}_{ad,x}$ und $\boldsymbol{v}$.

a)

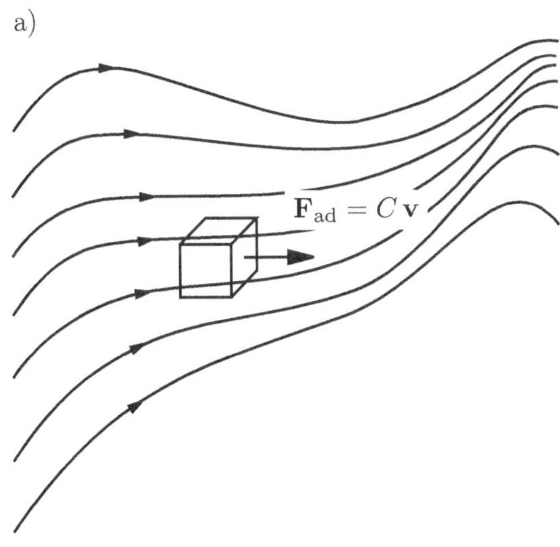

b)

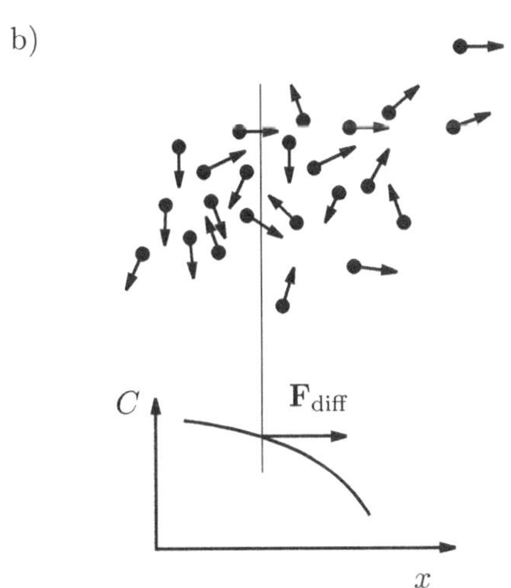

Abbildung 8.3: *(a) Der Transport in einem Strömungsfeld (advektiver Transport) ist gerichtet, d.h. er hat für alle in einem Luftvolumen enthaltenen Substanzen die gleiche Richtung, aber einen zu den verschiedenen Stoffkonzentrationen C proportionalen Betrag. (b) Der diffusive Transport kommt durch eine Vielzahl zufallsverteilter individueller Bewegungen zustande. Der Nettofluss geht von der höheren zur tieferen Konzentration (1. Fick'sches Gesetz).*

Gerichtete und ungerichtete Bewegung

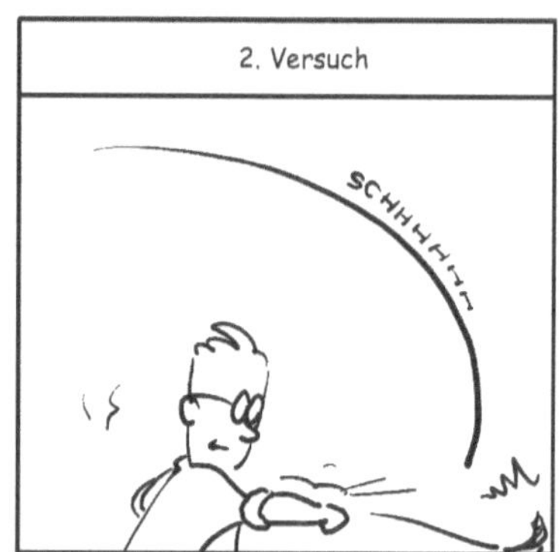

8.2.2   Diffusion: Ungerichteter Transport

Der diffusive Transport ist eine Folge vieler, zufällig ausgerichteter individueller Bewegungen. Das beste Beispiel ist die thermische Bewegung von Gasmolekülen. Betrachten wir beispielsweise das Verhalten von Benzen-Molekülen, welche inhomogen (d.h. ungleichmäßig) in einem Luftvolumen verteilt sind (Abb. 8.3b). Auch wenn die Geschwindigkeitsvektoren der einzelnen Benzenmoleküle nicht in eine bestimmte Richtung zeigen, so entsteht trotzdem ein Nettotransport von Benzen von links nach rechts, einfach deswegen, weil die Konzentration des Benzens links größer ist als rechts und damit die Wahrscheinlichkeit, dass ein Molekül eine virtuelle Grenze (gestrichelte Linie) von links nach rechts überquert, größer ist als für eine Querung in umgekehrter Richtung.

Mathematisch wird dieses Verhalten durch das *erste Fick'sche Gesetz* ausgedrückt. In einer räumlichen Dimension geschrieben (x-Achse) lautet es:[3]

$$F_{diff,\ x} = -D_x \frac{\partial C}{\partial x} \quad [\,\mathrm{M\ L^{-2}T^{-1}}\,] \tag{8.5}$$

D_x	$[\,\mathrm{L^2T^{-1}}\,]$	Diffusionskoeffizient in x-Richtung
$\dfrac{\partial C}{\partial x}$	$[\,\mathrm{M\ L^{-4}}\,]$	Partielle Ableitung der Stoffkonzentration in x-Richtung

Entsprechende Gleichungen gelten für die y- und z-Richtung. Falls die Ursache des Transports die thermische Bewegung der Moleküle ist, nennt man D_x den molekularen Diffusionskoeffizienten. Meist ist er in alle Richtungen gleich ($D_x = D_y = D_z \equiv D$). Dann kann man die drei Komponenten von (8.5) zu einer Vektorgleichung zusammenfassen.

$$\boldsymbol{F}_{diff} = -D\,\boldsymbol{\nabla} C \tag{8.6}$$

---

[3]Weil C von mehreren Koordinaten abhängt ($t, x, \ldots$), benützen wir im Folgenden das besondere Zeichen für die partielle Ableitung (∂), um daran zu erinnern, dass bei der Ableitung die anderen Koordinaten konstant gehalten werden.

∇ ist der Gradienten-Operator:

$$\nabla C = \begin{pmatrix} \partial C/\partial x \\ \partial C/\partial y \\ \partial C/\partial z \end{pmatrix} \tag{8.7}$$

Man nennt Gleichung (8.5) bzw. (8.6) ein *Flux-Gradienten Modell*. Das Minuszeichen zeigt, dass der Transport immer *gegen* den Gradienten, d.h. von der großen Konzentration zur tieferen gerichtet ist. Wo immer ungerichtete Zufallsprozesse am Werk sind, treten Flux-Gradienten Modelle auf, so zum Beispiel bei der Wärmeleitung (Gesetz von Fourier).

Etwas schwieriger als bei der Advektion ist es, die mit der Diffusion verbundene Mischungszeit $\tau_{mix,diff}$ zu bestimmen. Wir können uns beispielsweise fragen, wie sich ein Konzentrationssprung (eine Front) diffusiv in einem Fluid bewegt oder wie rasch sich eine anfänglich in einem Punkt konzentrierte Stoffmenge (ein-, zwei- oder dreidimensional) im Raum ausbreitet. In all diesen Fällen werden wir — bis auf unterschiedliche numerische Faktoren a — die diffusive Mischungsdistanz durch folgende Gleichung ausdrücken können:

$$L_{diff} = a(Dt)^{1/2} \tag{8.8}$$

Im Fall der eindimensionalen Diffusion ist $a = \sqrt{2}$. Dann erhalten wir das berühmte Gesetz von Einstein-Smoluchowski:[4]

$$L_{diff} = (2Dt)^{1/2} \tag{8.9}$$

Beachte, dass im Gegensatz zur Advektion, bei welcher die Distanz L linear mit der Zeit t wächst, die Diffusion nur proportional zu $\sqrt{t}$ vorankommt, weil sie ungerichtet, nicht „zielorientiert" ist. Aus Gleichung (8.8) folgt für $\tau_{mix,diff}$:

$$\tau_{mix,diff} = \frac{1}{a^2} \frac{L^2}{D} = \frac{L^2}{2D} \tag{8.10}$$

wobei der Ausdruck ganz rechts dem Gesetz von Einstein-Smoluchowski entspricht.

8.2.3 Austausch an Grenzflächen

In gewissen Situationen findet der Massenfluss nicht — wie in Abbildung 8.3b angedeutet — durch eine *imaginäre*, sondern durch eine *reelle* (physische) Grenzfläche statt, zum Beispiel durch die Grenzfläche zwischen einer Flüssigkeit und einem Gas. In diesem Fall spricht man von *Gasaustausch*. Allerdings macht beim Phasenwechsel die Konzentration (ausgedrückt als Masse pro Volumen) einen Sprung, so dass an dieser Stelle der Konzentrationsgradient, den wir für die Anwendung von Gleichung (8.5) brauchen, unendlich gross wird. In Kapitel 3.1 haben wir gezeigt, dass man das chemische Gleichgewicht zwischen zwei Phasen A und B durch eine statische

---

[4]Im Kapitel 8.4.1 werden wir für einen speziellen Fall einen Beweis des Gesetzes geben (s. Gl. 8.54)

Gleichgewichtsbeziehung der Form (eq = equilibrium)

$$K_{A/B} = \left(\frac{C_A}{C_B}\right)_{eq} \tag{8.11}$$

beschreiben kann. Stehen A für Luft ($A = L$) und B für Wasser ($B = W$), so heißt $K_{L/W}$ der Henrykoeffizient (Gl. 3.2).

Den Massenfluss durch eine reelle Grenzfläche (wie die Wasseroberfläche) beschreibt man durch den Ausdruck

$$F_{A/B} = v_{A/B}(C_A - C_A^{eq}) \quad [\text{M L}^{-2}\text{T}^{-1}] \tag{8.12}$$

$F_{A/B}$:   Massenfluss pro Fläche und Zeit zwischen und B ($F_{A/B} > 0$, falls Nettotransport von nach B)

$v_{A/B}$ $[\text{L T}^{-1}]$:   Austauschgeschwindigkeit an der Grenzfläc

$C_A^{eq} = C_B K_{A/B}$ $[\text{M L}^{-3}]$:   Konzentration in A, welche mit Konzentrat C_B im Gleichgewicht ist (Gl. 8.11).

Auch Gleichung (8.12) ist das Resultat eines ungerichteten Transportes. Die Moleküle (oder andere Objekte) queren die Grenzfläche in beiden Richtungen. Am Gleichgewicht ($C_A = C_A^{eq}$) kompensieren sich die beiden Flüsse ($F_{A/B} = 0$).

Man kann das Austauschmodell (8.12) auch zwischen den gleichen Phasen anwenden. Im Beispiel 5.1.5 haben wir den Massenaustausch zwischen dem Epilimnion und dem Hypolimnion eines geschichteten Sees durch ein pro Zeit ausgetauschtes Wasservolumen Q_{ex} beschrieben. Normiert man Q_{ex} auf die Fläche A, durch welche der Austausch stattfindet, ergibt sich die entsprechende Austauschgeschwindigkeit: $v_{ex} = Q_{ex}/A$ $[\text{L T}^{-1}]$. Im Beispiel 8.1 lernen wir eine weitere Anwendung des Austauschmodells (8.12) kennen.

Beispiel 8.1 (Das Museum mit dem römischen Goldschatz)

In einem Museum ist in einem separaten Raum A ein berühmter römischer Goldschatz ausgestellt. Der Raum ist nur vom Nachbarraum B her erreichbar (Abb. 8.4). Bei großem Besucherandrang entsteht in A oft ein Gedränge. Die Museumsleitung entschließt sich daher das Besucherverhalten zu untersuchen, damit das Aufsichtspersonal in B die prekären Verhältnisse vorhersehen und jeweils rechtzeitig Massnahmen ergreifen kann. Die Studie bringt folgendes Resultat:

(1) Pro Minute entscheiden sich 30% der sich in Raum B aufhaltenden Besucher, die Schatzkammer A zu betreten.

(2) Pro Minute verlassen 10% der sich in der Schatzkammer aufhaltenden Personen diese wieder.

Konkret soll verhindert werden, dass die Besucherzahl in A den kritischen Wert $N_A^{krit} = 30$ überschreitet.

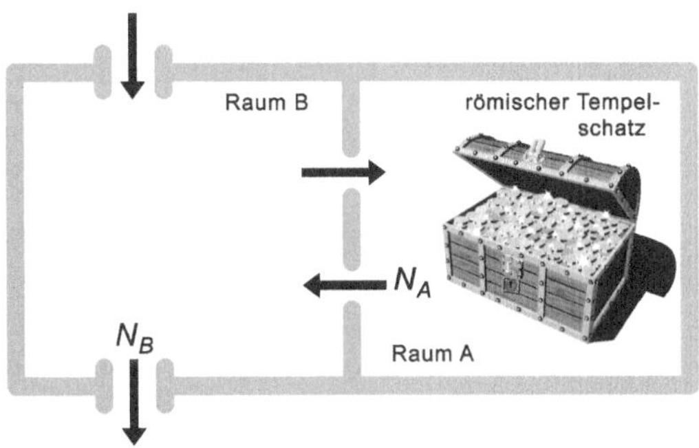

Abb. 8.4: Der Besucherfluss zwischen dem nicht direkt zugänglichen Ausstellungsraum A mit dem römischen Goldschatz und dem vorgelagerten Raum B kann durch ein Austauschmodell beschrieben werden. N_A, N_B = Anzahl der Besucher und Besucherinnen in den Räumen A und B.

Wir bezeichnen die Durchgangsrate der Besucher von B nach A mit $k_B N_B$, diejenige von A nach B mit $k_A N_A$. Dabei sind N_A, N_B die Anzahl Personen in den Räumen A und B. Aus den Beobachtungen (1) und (2) folgt $k_B = 0.3$ min^{-1}, $k_A = 0.1$ min^{-1}. Also beträgt der *Nettofluss* von Besuchern von B in A:

$$F_{B \to A} = k_B N_B - k_A N_A \tag{8.13}$$

Raum A ist dann mit Raum B im Gleichgewicht, wenn $F_{B \to A} = 0$ ist, d.h. für

$$N_A^{eq} = \frac{k_B}{k_A} N_B \tag{8.14}$$

Ersetzen wir in Gleichung (8.13) N_B durch N_A^{eq}, folgt:

$$F_{B \to A} = k_B \left(\frac{k_A}{k_B} N_A^{eq} \right) - k_A N_A = k_A (N_A^{eq} - N_A) \tag{8.15}$$

Diese Beziehung hat die gleiche Form wie der Austauschfluss (8.12). Damit $N_A \leq N_A^{krit}$ bleibt, muss $N_A^{eq} < N_A^{krit}$ sein, also

$$N_A^{eq} = \frac{k_B}{k_A} N_B \leq N_A^{krit} \tag{8.16}$$

Dies ist dann erfüllt, solange gilt:

$$N_B \leq \frac{k_A}{k_B} N_A^{krit} = \frac{0.1}{0.3} 30 = 10 \tag{8.17}$$

Wenn N_B sehr plötzlich diesen Wert überschreitet, bleibt dem Aufsichtspersonal eine Zeit von der Größenordnung $\tau \sim 1/k_A = 10$ min, um den Eingang zum Raum A zu sperren.

Nachtrag: Der in Gleichung (8.13) bis (8.17) entwickelte Formalismus täuscht eine Genauigkeit und absolute Kontrollierbarkeit der Situation vor, die in Wirklichkeit natürlich so nicht existiert. Tatsächlich gilt das typische

Besucherverhalten, welches wir der Bestimmung der Modellparameter k_A und k_B zugrunde gelegt haben, nur in einem *statistischen* Sinn. Die Parameter streuen um ihren Mittelwert, wobei die Streuung unter Umständen durch die Standardabweichungen σ_A und σ_B charakterisiert werden kann. Falls wir die Streuung in unsere Überlegungen einbeziehen, wäre die *absolute* Forderung, N_A dürfe N_A^{krit} auf keinen Fall überschreiten, mit dem beschriebenen Modell nicht zu lösen. Hingegen könnten wir als Zielgröße fordern, N_A dürfe N_A^{krit} höchstens mit der Wahrscheinlichkeit p (z.B. $p =$ 0.05 bzw. 5%) überschreiten. Die Lösung dieser Frage ist ein typisches Problem der Wahrscheinlichkeitsrechnung. — Schließlich könnten wir natürlich am Ein- und Ausgang der Schatzkammer Lichtschranken einrichten, welche es erlauben, N_A ständig zu berechnen und ein Signal auszulösen, sobald N_A^{krit} überschritten ist.

Grenzflächen

8.2.4   Gasaustausch

Das erste Fick'sche Gesetz (Gl. 8.5) und das Austauschmodell (Gl. 8.12) sind zwei unterschiedliche mathematische Ansätze für das gleiche physikalische Phänomen. In beiden Fällen entsteht der Nettofluss durch die Summierung vieler zufälliger Einzelprozesse. Anhand des Gasaustausches wollen wir zeigen, dass die Modelle auch mathematisch miteinander verwandt sind.

Das so genannte Film-Modell für den Austausch einer flüchtigen Substanz (Substanz mit großem Henrykoeffizient) geht davon aus, dass auf der Wasserseite der Wasseroberfläche ein dünner Film existiert (die molekulare Grenzschicht mit der Dicke δ), welchen die gelösten Stoffe nur via molekularer Diffusion durchqueren können (Abb. 8.5). In der Luft und im Wasser unterhalb der Grenzschicht ist die Mischung so rasch, dass die entsprechenden Konzentrationen C_L und C_W als konstant angenommen werden können. Unmittelbar an der Grenzfläche zwischen Wasser und Luft sind die beiden Phasen im Gleichgewicht ($C_W^{eq} = C_L K_{W/L} = C_L/K_{L/W}$, $K_{L/W} = (K_{W/L})^{-1}$ = dimensionsloser Henrykoeffizient). In der Grenzschicht stellt

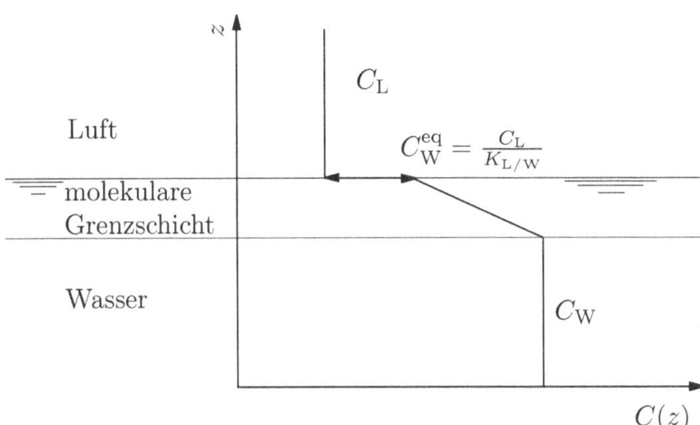

Abb. 8.5: *Filmmodell zur Beschreibung des Gasaustausches für eine flüchtige Substanz. Siehe Text für Erklärungen.*

sich ein lineares Konzentrationsprofil von C_W^{eq} nach C_W ein. Dann ist der Massenfluss gemäß dem ersten Fick'schen Gesetz (Gl. 8.5):

$$
\begin{aligned}
F_{W \to L} &= -D\frac{\partial C}{\partial x} = -D\frac{C_W^{eq} - C_W}{\delta} \\
&= v_{W/L}(C_W - C_W^{eq}), \quad v_{W/L} = \frac{D}{\delta}
\end{aligned}
\tag{8.18}
$$

Die Austauschgeschwindigkeit $v_{W/L}$ kann also auch im Rahmen der Fick'schen Diffusion interpretiert werden. Einen ähnlichen Fall diskutieren wir in Beispiel 8.2.5. Mehr über die Modellierung des Austausches an Grenzflächen findet man in Schwarzenbach et al. (2003).

8.2.5 Turbulente Diffusion

Die Trennung zwischen advektivem und diffusivem Transport ist in Wirklichkeit nicht so einfach, wie dies das bisher Gesagte vermuten ließe. Tatsächlich sind Strömungsprozesse in natürlichen Systemen (Atmosphäre, Hydrosphäre) praktisch immer turbulent. Turbulente Strömungen — im Gegensatz zur laminaren — bestehen aus einer Überlagerung von Strömungsmustern unterschiedlichster örtlicher und zeitlicher Struktur. Misst man beispielsweise die Windgeschwindigkeit an einem festen Punkt entlang einer gegebenen Richtung als Funktion der Zeit und mittelt sie über ein bestimmtes zeitliches Intervall (1 Minute, 5 Minuten, 1 Stunde etc.), so kann man daraus die mittlere Windgeschwindigkeit $\bar{v}$ bestimmen. Zu einem festen Zeitpunkt weicht die momentane Windgeschwindigkeit $v(t)$ von $\bar{v}$ um den Betrag $v'(t)$ ab: $v(t) = \bar{v} + v'(t)$.[5] Die turbulente Geschwindigkeitsfunktion $v'(t)$ schwankt in scheinbar zufälliger Weise um den Mittelwert 0.

Eine Auswertung der adjektiven Transportgleichung (8.3) ist wegen der stochastischen (d.h. nicht vorhersagbaren) v'-Komponente nur möglich, wenn man sich auf die mittlere Strömung beschränkt. Man kann zeigen,

---

[5] $\bar{v}$ ist natürlich auch zeitabhängig, aber diese Variation ist wegen der Mittelung langsamer als diejenige von v'.

dass die Wirkung der Fluktuation v' auf den Massenfluss zusätzlich einem ungerichteten Transport entspricht. So erstaunt es nicht, dass dieser so genannte turbulente Massenfluss oft in der gleichen Form wie Gleichung (8.5) geschrieben wird:

$$F_{turb,x} = -K_x \frac{\partial C}{\partial x} \ , \qquad\qquad (8.19)$$

nur dass der molekulare Diffusionskoeffizient durch den viel größeren *turbulenten Diffusionskoeffizient K* ersetzt ist. Weil die Wirkung der Turbulenz in der Horizontalen meistens viel größer ist als in der Vertikalen (s. Kap. 8.1), ist es angezeigt, beim turbulenten Diffusionskoeffizient die Raumkoordinate mittels eines Index anzugeben, entlang welcher der turbulente Transport betrachtet wird (z.B. K_x, K_y, K_z).

Im Gegensatz zum molekularen Diffusionskoeffizient, der eine Eigenschaft des diffundierenden Stoffes und des Fluids ist, in dem die Diffusion stattfindet, und der in physikalisch-chemischen Handbüchern tabelliert ist, hängt der turbulente Diffusionskoeffizient vom Medium (See, Ozean, Atmosphäre etc.) und von der betrachteten Zeit ab (windstill, windig, Gewitter, Tornado etc.). Insbesondere die horizontale Diffusion im Meer und in der Atmosphäre hängt wegen der willkürlichen Unterscheidung zwischen mittlerer Strömung und Turbulenz, wie sie durch die Wahl des Mittelungsintervalls zum Ausdruck kommt, von der räumlichen Ausdehnung des betrachteten Diffusionsvorganges ab. Die in Tab. 8.1 gegebenen Zahlen sind als typische Werte zu verstehen. Die quantitative Bestimmung des turbulenten Diffusionskoeffizienten ist unter Umständen sehr aufwendig. Mehr darüber findet man beispielsweise in Schwarzenbach et al. (2003). Dort wird auch ein weiteres verwandtes Phänomen erklärt, die *Dispersion*; sie tritt entlang der Strömungsrichtung (beispielsweise in Fliessgewässern) auf.

Beispiel 8.2 (Turbulenter Austausch durch die Sprungschicht)
In Abbildung 8.6 ist das vertikale Konzentrationsprofil von gelöstem molekularem Sauerstoff (O_2) dargestellt, das im Juni in einem kleinen, 25 m tiefen See gemessen worden ist. Aufgrund der gemessenen Sedimentation von Biomasse schätzt man, dass unterhalb 10 m eine O_2-Zehrung von $R = 1.5$ g m^{-2}d^{-1} stattfindet. Aus Temperaturmessungen haben die Seephysiker für die Schicht zwischen 5 und 10 m Tiefe (Sprungschicht) einen vertikalen turbulenten Diffusionskoeffizient von $K_z = 0.6$ m^{2}d^{-1} bestimmt. In größeren Tiefen ist K_z etwa zehnmal, in der Schicht oberhalb 5 m gar rund hundertmal, größer.

Schätze ab, ob der vertikale O_2-Transport die O_2-Zehrung zu kompensieren vermag und falls nicht, wie lange es noch etwa dauert, bis das Tiefenwasser vollständig anoxisch (O_2-frei) wird. Die aktuelle O_2-Menge im Tiefenwasser beträgt $M^\star = 30$ g m^{-2}.

Tabelle 8.1: *Typische Diffusionskoeffizienten in der Umwelt (aus Schwarzenbach et al. (2003))*

System	Diffusionskoeffizient $(\mathrm{cm^2 s^{-1}})$[a]
Molekular	
In Wasser	$10^{-6} - 10^{-5}$
In Luft	10^{-1}
Turbulent im Ozean	
Vertikal, Oberflächenschicht[b]	$10^{-1} - 10^{4}$
Vertikal, Tiefenwasser	$1 - 10$
Horizontal	$10^{2} - 10^{8}$
Turbulent, in Seen	
Vertikal, Epilimnion[b]	$10^{-1} - 10^{4}$
Vertikal, Hypolimnion	$10^{-3} - 10^{-1}$
Horizontal[c]	$10^{1} - 10^{7}$
Turbulent, in der Atmosphäre	
Vertikal	$10^{4} - 10^{5}$
Hinweis: In der Atmosphäre erfolgt der horizontale Transport vor allem via Advektion (Wind)	
In Fliessgewässern	
Turbulent, vertikal	$1 - 10$
Turbulent, lateral	$10^{1} - 10^{3}$
Longitudinale Dispersion	$10^{-5} - 10^{6}$

[a] $1\ \mathrm{cm^2 s^{-1}} = 8.64\ \mathrm{m^2 d^{-1}}$
[b] Maximale Werte
[c] Die horizontale Diffusion hängt von der betrachteten räumlichen Ausdehnung ab

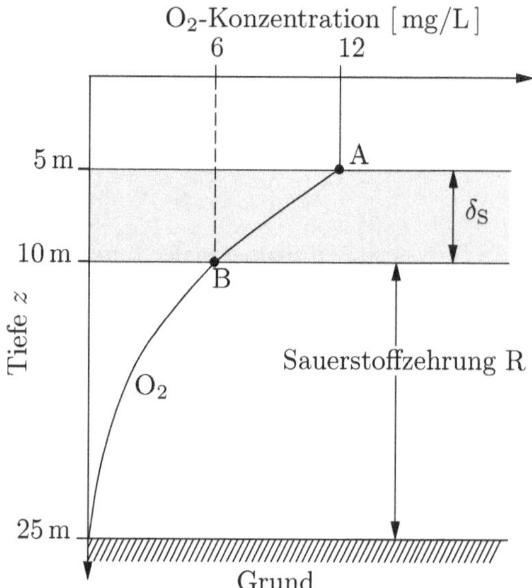

Abb. 8.6: *Vertikales Profil der Konzentration von molekularem Sauerstoff (O₂) in einem See (s. Beispiel 8.2) und Aufgabe 8.2)*

Der vertikale O_2-Transport wird in der Sprungschicht begrenzt; oberhalb und unterhalb der Sprungschicht ist er bedeutend rascher. Nach Gleichung (8.18) gilt:

$$F_{Sprungsch} = \frac{K_z}{\delta_S}(C_A - C_B) = v_{ex}(C_A - C_B)$$

mit

$K_z = 0.6 \text{ m}^2\text{d}^{-1}$

$\delta_S = 5 \text{ m}$

$v_{ex} = K_z/\delta_S = 0.12 \text{ m d}^{-1}$

C_A, C_B: O_2-Konzentration bei A bzw. B: $C_A = 12 \text{ mg/L} = 12 \text{ g m}^{-3}$, $C_B = 6 \text{ g m}^{-3}$

Somit:

$F_{Sprungsch} = 0.12 \text{ m d}^{-1} \times 6 \text{ g m}^{-3} = 0.72 \text{ g m}^{-2}\text{d}^{-1}$

Im Tiefenwasser findet ein Netto O_2-Schwund von $(R - F_{Sprungsch}) \sim 0.8 \text{ g m}^{-2}\text{d}^{-1}$ statt; die Reserven $M^\star = 30 \text{ g m}^{-2}$ reichen nur noch ca. 5 Wochen.

Bemerkung: Wenn die O_2-Reserven im Tiefenwasser abnehmen, verändert sich natürlich auch die Konzentration in 10 m Tiefe (C_B) und damit der Fluss durch die Sprungschicht. Falls C_A konstant bleibt, nimmt $F_{Sprungsch}$ den maximalen Wert (für $C_B = 0$) von

$$F_{Sprungsch} \text{ (max.)} = v_{ex}C_A = 0.12 \text{ m d}^{-1} \times 12 \text{ g m}^{-3} = 1.44 \text{ g m}^{-2}\text{d}^{-1}$$

an. Erst wenn der Sauerstoff im Tiefenwasser vollständig verschwunden ist, wird $F_{Sprungsch}$ von vergleichbarer Größenordnung wie die Zehrung R. In Aufgabe 8.2 gehen wir der Frage nach, ob C_A tatsächlich konstant bleibt.

8.3 Stationäre Transport/Transformations-modelle

In diesem Kapitel wollen wir die Transportprozesse, die wir bisher nur in Form von Gleichungen für Massenflüsse und Mischungszeiten behandelt haben, mit den Transformationsprozessen kombinieren und zu integralen Transport/Transformationsmodellen ausbauen.

8.3.1 Der Satz von Gauss: Vom Fluss zur lokalen Veränderung

Um von den Massenflüssen auf die lokale Veränderung einer Systemeigenschaft (Konzentration, Temperatur etc.) zu kommen, betrachten wir das in Abbildung 8.7 gezeichnete Testvolumen mit der Länge Δx entlang der x-Achse und mit den Stirnflächen A senkrecht zur x-Achse. Wir nehmen an, die Transportflüsse in y- und z-Richtung seien null. Ferner sei die betrachtete Eigenschaft im Testvolumen konservativ, d.h. die Transformationsrate sei null. Dann lautet die Bilanzgleichung für das Testvolumen $V = A\Delta x$:

$$\frac{\partial M}{\partial t} = AF_x(x) - AF_x(x + \Delta x) \qquad (8.20)$$

wobei:

M: Totale Eigenschaft („Masse") in V
$F_x(x), F_x(x+\Delta x)$: Eigenschaftsfluss („Massenfluss") pro Fläche und Zeit in x-Richtung an der Stelle x bzw. Δx.

Die mittlere Eigenschaftsdichte (Stoffkonzentration) in V ist $C = M/V$. Für konstantes V gilt somit:

$$V\frac{\partial C}{\partial t} = A\Delta x\frac{\partial C}{\partial t} = A(F_x(x) - F_x(x + \Delta x))$$

Nach Division durch $A\Delta x$:

$$\frac{\partial C}{\partial t} = \frac{F_x(x) - F_x(x + \Delta x)}{\Delta x} = -\frac{F_x(x + \Delta x) - F_x(x)}{\Delta x}$$

Bilden wir schließlich den Grenzwert $\Delta x \to 0$, so steht rechts genau die negative räumliche Ableitung von F_x nach x:

$$\frac{\partial C}{\partial t} = -\frac{\partial F_x}{\partial x} \qquad (8.21)$$

In analoger Weise können wir nun auch die Wirkung der anderen Flusskomponenten (F_y, F_z) auf C berechnen und erhalten schließlich:

$$\frac{\partial C}{\partial t} = -\left(\frac{\partial F_x}{\partial x} + \frac{\partial F_y}{\partial y} + \frac{\partial F_z}{\partial z}\right) = -\boldsymbol{\nabla} \boldsymbol{F} \qquad (8.22)$$

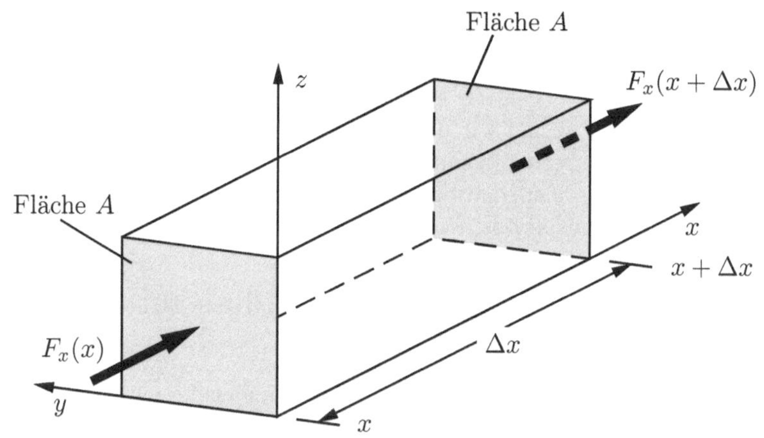

Abb. 8.7: *Herleitung des Satzes von Gauss: Der Zusammenhang zwischen Flüssen und lokalen Eigenschaftsveränderungen.*

Rechts steht die so genannte Divergenz des Transportvektors $\boldsymbol{F}$.[6] Gleichung (8.22) heißt der *Satz von Gauss*. Er sagt aus, dass die Veränderung einer skalaren Größe (Konzentration C) im Inneren eines unendlich kleinen Testvolumens gleich der Divergenz des Vektors $\boldsymbol{F}$ ist, welcher den Fluss dieser Größe beschreibt. Oder anders gesagt: Man weiss, was im Innern passiert, wenn man alle Flüsse an den Grenzen kennt — dies natürlich immer unter der Voraussetzung, es gäbe im Innern keine Quellen und Senken, sonst müssten diese mitberücksichtigt werden.

Es ist bemerkenswert, dass wir für die Ableitung des Satzes von Gauss (8.22) keinerlei Angaben darüber benötigt haben, wie der Fluss zustande kommt und wie man ihn mathematisch formuliert. Der Satz gilt für jedes konservative Vektorfeld. Wir wollen nun den Satz von Gauss (8.22) auf die advektive bzw. diffusive Flussgleichung anwenden:[7]

Für die Advektion (Gl. 8.4):

$$\left(\frac{\partial C}{\partial t}\right)_{ad} = -\frac{\partial}{\partial x}(Cv_x) - \frac{\partial}{\partial y}(Cv_y) - \frac{\partial}{\partial z}(Cv_z)$$

$$= -C\left(\frac{\partial v_x}{\partial x} + \frac{\partial v_y}{\partial y} + \frac{\partial v_z}{\partial z}\right) - v_x\frac{\partial C}{\partial x} - v_y\frac{\partial C}{\partial y} - v_z\frac{\partial C}{\partial z} \qquad (8.23)$$

Man kann zeigen, dass für ein nichtkompressibles Fluid die Divergenz des Strömungsfeldes null ist, d.h. dass der Klammerausdruck in (8.23) verschwindet. Es bleibt:

$$\left(\frac{\partial C}{\partial t}\right)_{ad} = -v_x\frac{\partial C}{\partial x} - v_y\frac{\partial C}{\partial y} - v_z\frac{\partial C}{\partial z} \qquad (8.24)$$

---

[6]Man beachte Unterschied und Ähnlichkeit der Symbole ∇ in Gleichung (8.22) bzw. Gleichung (8.6). Im letzten Fall macht ∇ aus einem Skalar (C) einen Vektor (den Gradientenvektor), im ersten Fall aus einem Vektor ($\boldsymbol{F}$) einen Skalar (die Divergenz).

[7]Wir brauchen dazu die Ableitungsregel für ein Produkt zweier Funktionen.

Für die Diffusion (Gl. 8.6):

$$\left(\frac{\partial C}{\partial t}\right)_{diff} = -\frac{\partial}{\partial x}\left(-D_x\frac{\partial C}{\partial x}\right) - \frac{\partial}{\partial y}\left(-D_y\frac{\partial C}{\partial y}\right) - \frac{\partial}{\partial z}\left(-D_z\frac{\partial C}{\partial z}\right)$$

$$= D_x\frac{\partial^2 C}{\partial x^2} + D_y\frac{\partial^2 C}{\partial y^2} + D_z\frac{\partial^2 C}{\partial z^2}$$

$$+ \frac{\partial D_x}{\partial x}\frac{\partial C}{\partial x} + \frac{\partial D_y}{\partial y}\frac{\partial C}{\partial y} + \frac{\partial D_z}{\partial z}\frac{\partial C}{\partial z} \tag{8.25}$$

Falls die Diffusionskoeffizienten örtlich konstant sind, fallen die drei letzten Terme von Gleichung (8.25) weg. Die drei ersten Terme bilden dann das so genannte *zweite Fick'sche Gesetz*. Für den Fall *isotroper* Diffusion ($D_x = D_y = D_z \equiv D$, d.h. für Diffusion, die in alle Raumrichtungen gleich groß ist, was normalerweise für molekulare, nicht aber für turbulente Diffusion zutrifft), nimmt das zweite Fick'sche Gesetz die in den meisten Büchern verwendete Form an:

$$\frac{\partial C}{\partial t} = D\left(\frac{\partial^2 C}{\partial x^2} + \frac{\partial^2 C}{\partial y^2} + \frac{\partial^2 C}{\partial z^2}\right) \tag{8.26}$$

Tabelle 8.2 vermittelt einen Überblick über die Wirkung von Diffusion und Advektion auf die Flüsse bzw. auf die lokalen Veränderungen eines Skalars (Konzentration, Temperatur etc.).

Tabelle 8.2: *Die Wirkung von Diffusion und Advektion auf den Fluss bzw. die lokale Veränderung einer Eigenschaft. (Die Gleichungen sind für den Fall formuliert, dass die Eigenschaft eine Konzentration C ist.) Man beachte, dass sich die Ableitung von C mit jedem Wechsel eines Feldes nach unten oder nach rechts um eine Stufe erhöht und das Vorzeichen des Ausdruckes wechselt.*

	Fluss F $[\text{M L}^{-2}\text{T}^{-1}]$	Lokale Konzentrationsveränderung $\frac{\partial C}{\partial t}\,[\text{ML}^{-3}\text{T}^{-1}]^a$
Advektion	$+v_x\,C$	$-v_x\frac{\partial C}{\partial x}$
Diffusion	$-D_x\frac{\partial C}{\partial x}$	$+D_x\frac{\partial^2 C}{\partial x^2}$

[a] Gilt für v_x, $D_x = $ const. Analoge Gleichungen für die anderen Raumkoordinaten y und z.

8.3.2   Transport und Transformation: Stationärzustand

Wir betrachten ein eindimensionales System, in dem Diffusion, Advektion und Transformation vorkommen. Die lokale Konzentrationsveränderung ist (falls $D_x, v_x = \text{const.}$):

$$
\begin{aligned}
\frac{\partial C}{\partial t} &= \left(\frac{\partial C}{\partial t}\right)_{diff} + \left(\frac{\partial C}{\partial t}\right)_{ad} + \left(\frac{\partial C}{\partial t}\right)_{transformation} \\
&= D_x \frac{\partial^2 C}{\partial x^2} - v_x \frac{\partial C}{\partial x} + \left(\frac{\partial C}{\partial t}\right)_{transformation} \qquad (8.27)
\end{aligned}
$$

Wenn wir uns auf Reaktionen nullter und erster Ordnung beschränken, folgt:[8]

$$
\frac{\partial C}{\partial t} = D_x \frac{\partial^2 C}{\partial x^2} - v_x \frac{\partial C}{\partial x} - k_r C + J \qquad (8.28)
$$

Das ist eine lineare partielle Differentialgleichung zweiter Ordnung. Ihre Lösungen hängen von den Anfangs- und Randbedingungen ab. Beispiele werden wir im Kapitel 8.4 und im Anhang E diskutieren. Hier geht es vorerst um stationäre Zustände. Man erhält sie, indem man die linke Seite von Gleichung (8.28) null setzt. Weil dann nur noch die Ableitung nach der Raumkoordinate x vorkommt, wird (8.28) wiederum zu einer gewöhnlichen Differentialgleichung, wobei hier die Ableitungen nach dem Ort, nicht — wie bisher — nach der Zeit betrachtet werden.

Der Stationärzustand von Gleichung (8.28) wird beschrieben durch:

$$
D_x \frac{d^2 C}{dx^2} - v_x \frac{dC}{dx} - k_r C + J = 0 \qquad (8.29)
$$

Beachte, dass wir die partielle durch die gewöhnliche Ableitung ersetzt haben.

Gleichung (8.29) ist eine (gewöhnliche) lineare, inhomogene Differentialgleichung zweiter Ordnung. Man kann sie in ein System von zwei gekoppelten linearen Differentialgleichungen erster Ordnung umwandeln. Im Kapitel 5.1.1 haben wir gelernt, dass die Lösungen im Allgemeinen aus zwei Exponentialfunktionen und einem konstanten Term bestehen, falls die Koeffizienten (D_x, v_x, k_r, J) konstant sind. Das Ergebnis steht im Anhang C.3. Angewendet auf Gleichung (8.29) ergibt sich:

$$
C(x) = A_1 e^{\lambda_1 x} + A_2 e^{\lambda_2 x} + \frac{J}{k_r} \qquad (8.30)
$$

wobei λ_i $(i = 1, 2)$ wiederum die Eigenwerte des Systems sind. Man erhält sie aus der so genannten *charakteristischen Gleichung*, welche für den Fall eines linearen Systems *zweiter* Ordnung eine Gleichung *zweiter* Ordnung, d.h. eine quadratische Gleichung ist:

$$
D_x \lambda_i^2 - v_x \lambda_i - k_r = 0 \qquad (8.31)
$$

---

[8]Es ist sinnvoll, die Reaktion nullter Ordnung als positive, diejenige erster Ordnung als negative Funktion einzuführen.

Die Lösungen lauten:

$$\lambda_i \;=\; \frac{1}{2D_x}\left[v_x \pm (v_x^2 + 4D_x k_r)^{1/2}\right]$$

$$= \frac{v_x}{2D_x}\left[1 \pm \left(1 + \frac{4D_x k_r}{v_x^2}\right)^{1/2}\right] \qquad [\,\mathrm{L^{-1}}\,] \qquad (8.32)$$

Die λ_i bestimmen die räumliche Struktur der Lösung, beispielsweise das Verhalten von $C(x)$ für $x \to \pm\,\infty$; sie haben die Dimension $[\,\mathrm{L^{-1}}\,]$. Beachte, dass die Eigenwerte nicht vom inhomogenen Term J abhängen.

Die Koeffizienten A_i hängen von den Randbedingungen des Systems ab. Eine Gleichung zweiter Ordnung braucht zwei Randbedingungen, damit ihre Lösung eindeutig bestimmt ist. Wenn wir die Lösung von Gleichung (8.29) für einen endlichen Bereich, z.B. für das Intervall auf der x-Achse zwischen $x = 0$ und $x = x_L$ suchen, haben wir sechs Möglichkeiten, die Randbedingungen zu spezifizieren. Wir können entweder die zwei Randwerte festlegen:

$$C_0 = C(x = 0) \;\; ; \;\; C_L \equiv C(x = x_L) \qquad (8.33)$$

oder die beiden ersten Ableitungen an den Rändern:

$$C_0' \equiv \left.\frac{dC}{dx}\right|_{x=0} \;\; ; \;\; C_L' \equiv \left.\frac{dC}{dx}\right|_{x=x_L} \qquad (8.34)$$

oder eine beliebige Kombination davon. Falls das System unbegrenzt ist ($x_L \to \infty$), muss in Gleichung (8.30) jenes A_i, dessen zugehöriger Eigenwert λ_i einen positiven Realteil besitzt, null sein, damit die Lösung $C(x)$ für $x \to \infty$ nicht unendlich wird. Explizite Ausdrücke für A_i für all diese Möglichkeiten sind in Tabelle 8.3 zusammengestellt.

Beispiel 8.3 (Radon-222 im Ozean)

Aus dem Zerfall des in den Sedimenten des Ozeans abgelagerten Radium-226 (^{226}Ra) entsteht das radioaktive Edelgas Radon-222 (^{222}Rn, Halbwertszeit $\tau_{1/2} = 3.8$ d). Dieses diffundiert von der Sedimentoberfläche mit einem zeitlich konstanten Fluss F pro Fläche und Zeit ins überstehende Wasser und wird dort durch turbulente Diffusion verteilt. Wir interessieren uns für das stationäre Radonprofil als Funktion der vertikalen Distanz h vom Sediment, $C(h)$. Die Produktion pro Volumen und Zeit von ^{222}Rn im Wasser durch den Zerfall von gelöstem ^{226}Ra sei C_{Ra}. Da man in erster Näherung die Sedimentoberfläche als unendlich große horizontale Ebene beschreiben kann, sind die horizontalen Konzentrationsgradienten und damit die horizontalen diffusiven Flüsse null. Auch die mittlere vertikale Strömung v_z ist null, da das Sediment weder eine Quelle noch eine Senke für Wasser ist.

Tabelle 8.3: *Koeffizienten A_i der Lösung der stationären linearen Transport/Transformationsgleichung (Gl. (8.29) und (8.30)) für verschiedene Randbedingungen bei $x = 0$ bzw. $x = x_L$.*

Randbedingungen[a]	A_1	A_2
(1) C_0, C_L	$\dfrac{\left(C_L - \frac{J}{k_r}\right) - \left(C_0 - \frac{J}{k_r}\right)\mathrm{e}^{\lambda_2 x_L}}{\mathrm{e}^{\lambda_1 x_L} - \mathrm{e}^{\lambda_2 x_L}}$	$\dfrac{-\left(C_L - \frac{J}{k_r}\right) + \left(C_0 - \frac{J}{k_r}\right)\mathrm{e}^{\lambda_1 x_L}}{\mathrm{e}^{\lambda_1 x_L} - \mathrm{e}^{\lambda_2 x_L}}$
(2) C_0', C_L'	$\dfrac{C_L' - C_0'\mathrm{e}^{\lambda_2 x_L}}{\lambda_1(\mathrm{e}^{\lambda_1 x_L} - \mathrm{e}^{\lambda_2 x_L})}$	$\dfrac{-C_L' + C_0'\mathrm{e}^{\lambda_1 x_L}}{\lambda_2(\mathrm{e}^{\lambda_1 x_L} - \mathrm{e}^{\lambda_2 x_L})}$
(3) C_0, C_0'	$\dfrac{C_0' - \lambda_2\left(C_0 - \frac{J}{k_r}\right)}{\lambda_1 - \lambda_2}$	$\dfrac{-C_0' + \lambda_1\left(C_0 - \frac{J}{k_r}\right)}{\lambda_1 - \lambda_2}$
(4) C_0, C_L'	$\dfrac{C_L' - \left(C_0 - \frac{J}{k_r}\right)\lambda_2\mathrm{e}^{\lambda_2 x_L}}{\lambda_1\mathrm{e}^{\lambda_1 x_L} - \lambda_2\mathrm{e}^{\lambda_2 x_L}}$	$\dfrac{-C_L' + \left(C_0 - \frac{J}{k_r}\right)\lambda_1\mathrm{e}^{\lambda_1 x_L}}{\lambda_1\mathrm{e}^{\lambda_1 x_L} - \lambda_2\mathrm{e}^{\lambda_2 x_L}}$

Falls das System einseitig unbegrenzt ist (z.B. $x_L \to \infty$), genügt eine einzige Randbedingung, C_0 oder C_0':

Randbedingungen	A_1	A_2
(5) C_0	0	$C_0 - J/k_r$
(6) C_0'	0	C_0'/λ_2

[a]siehe Definitionen in Gleichung (8.33) und (8.34). Beachte, dass die zwei fehlenden Kombinationen (C_L, C_L' und C_0', C_L) aus den anderen vier Kombinationen durch eine entsprechend geänderte Raumkoordinate ($x = 0$ wird zu $x = L$ und umgekehrt) folgen.

Mit $v_z = 0$ lautet gemäß Gleichung (8.29) die stationäre vertikale Transport/Transformationsgleichung für die ^{222}Rn-Konzentration C:

$$\frac{\partial C}{\partial t} = K_z \frac{\partial^2 C}{\partial h^2} - \lambda_{Rn} C + C_{Ra} = 0 \qquad (8.35)$$

h (m):   Höhe über dem Sediment
K_z $(m^2 d^{-1})$:   Vertikaler turbulenter Diffusionskoeffizient (statt D_z)
$k_{Rn} =$ $\ln \lambda / \tau_{1/2} = 0.693/3.8$ d $= 0.18$ d^{-1}:
                          Zerfallskonstante von ^{222}Rn (s. Gl. 4.45)
C(Bq m^{-3}):   Aktivitätskonzentration von ^{222}Rn im Wasser
                          (1 Bq = 1 Becquerel = 1 Zerfall pro Sekunde)
C_{Ra}(Bq m^{-3}s^{-1}):   In-situ Produktion von ^{222}Rn durch Zerfall von ^{226}Ra.

Die Eigenwerte von Gleichung (8.35) sind nach Gleichung (8.32):

$$\lambda_i = \pm (k_{Rn}/K_z)^{1/2}$$

Da der Ozean für das relativ rasch zerfallende ^{222}Rn unendlich tief ist, muss in Glcichung (8.30) A_1, das zum positiven Eigenwert λ_1 gehort, null sein. Um den einzigen verbleibenden Koeffizienten A_2 zu bestimmen, wandeln wir den gegebenen ^{222}Rn-Fluss am Sediment F_{Rn} mit dem ersten Fick'schen Gesetz (Gl. 8.5) in einen Gradienten bei $h = 0$ um:

$$\left. \frac{\partial C}{\partial h} \right|_{h=0} = -\frac{F_{Rn}}{K_z} \qquad (8.36)$$

Nach Tabelle 8.3, Fall 6, und Gleichung (8.30) lautet die Lösung (beachte, dass $\lambda_2 = -(\lambda_{Rn}/K_z)^{1/2}$):

$$\begin{aligned} C(h) &= \frac{C_{Ra}}{k_{Rn}} - \frac{F_{Rn}}{K_z \lambda_2}\ e^{-(k_{Rn}/K_z)^{1/2}h} \\ &= \frac{C_{Ra}}{k_{Rn}} - \frac{F_{Rn}}{(K_z k_{Rn})^{1/2}}\ e^{-(k_{Rn}/K_z)^{1/2}h} \qquad (8.37) \end{aligned}$$

Die ^{222}Rn-Aktivität fällt über dem Sediment exponentiell gegen den konstanten Wert $C_\infty = C_{Ra}/k_{Rn}$. In Aufgabe 8.4 beschäftigen wir uns mit der Frage, wie aus der Messung von ^{222}Rn im Ozean der vertikale turbulente Diffusionskoeffizient bestimmt werden kann.

8.3.3 Räumliche Strukturen: Peclet Zahl und Damköhler Zahl

Um den Einfluss der Eigenwerte λ_i auf die räumliche Struktur der Lösung von Gleichung (8.29) zu verdeutlichen, führen wir die dimensionslose Koordinate $\xi = x/x_L$ ein, welche das Lösungsintervall $x = \{0, x_L\}$ auf den Bereich $\xi = \{0, 1\}$ normiert. Um die Lösung (8.30) in den neuen Raumkoordinaten zu schreiben, müssen wir einzig die Eigenwerte mit x_L multiplizieren, denn $\lambda_i x = \lambda_i^\star \xi$:

$$\lambda_i^\star = \lambda_i x_L = \frac{x_L v_x}{2 D_x}\left[1 \pm \left(1 + \frac{4 D_x k_r}{v_x^2}\right)^{1/2}\right] \quad [\text{-}] \qquad (8.38)$$

Die $\lambda_i^\star$ sind dimensionslos. Die Lösung (8.30) lautet nun:

$$C(\xi = x/x_L) = A_1\, e^{\lambda_1^\star \xi} + A_2\, e^{\lambda_2^\star \xi} + \frac{J}{k_r} \qquad (8.39)$$

Da ξ nur zwischen 0 und 1 variiert, bestimmt die Größe von $\lambda_i^\star$, ob die räumlichen Funktionen $\exp(\lambda_i^\star \xi)$ überhaupt einen Einfluss auf die Form von $C(\xi)$ haben. Ist beispielsweise $|\lambda_i^\star| \ll 1$, so variiert $\exp(\lambda_i^\star \xi)$ kaum mit ξ und ist überall ungefähr eins. Falls umgekehrt $(-\lambda_i^\star) \gg 1$, fällt $\exp(\lambda_i^\star \xi)$ vom Wert 1 bei $\xi = 0$ innerhalb einer sehr kurzen Distanz auf 0, d.h. die räumliche Variation dieses Beitrags zur Lösung (8.39) ist ganz an den Rand des räumlichen Intervalls gedrängt.

Um die Möglichkeiten des räumlichen Verhaltens von Gleichung (8.30) bzw. (8.39) systematisch zu diskutieren, schreiben wir die dimensionslosen Eigenwerte als Funktion zweier dimensionsloser Zahlen:

$$\lambda_i^\star = \frac{\text{Pe}}{2}\,[\text{sgn}(v_x) \pm (1 + 4\,\text{Da})^{1/2}], \quad i = 1, 2 \qquad (8.40)$$

mit $\text{sgn}(v_x) = $ Vorzeichen von v_x und den Definitionen:

$$\text{Pe} \equiv \frac{|v_x| x_L}{D_x} \geq 0 \quad \text{Peclet Zahl} \qquad (8.41)$$

$$\text{Da} \equiv \frac{D_x k_r}{v_x^2} \geq 0 \quad \text{Damköhler Zahl}^9 \qquad (8.42)$$

Peclet und Damköhler Zahl messen den relativen Einfluss von gerichtetem Transport, diffusivem Transport und Transformation.

In Aufgabe 8.5 soll gezeigt werden, dass die Peclet Zahl Pe als Mass für die relative Geschwindigkeit von Advektion und Diffusion im Intervall x_L interpretiert werden kann (für $\text{Pe} \gg 1$ ist die Advektion schneller als die Diffusion und umgekehrt). Die Damköhler Zahl Da ist ein Mass für das Verhältnis zwischen diffusiver und advektiver Ausbreitung während der mittleren Lebensdauer k_r^{-1} der reaktiven Substanz.

Abbildung 8.8 vermittelt einen Überblick über den Einfluss von Pe und Da auf $\lambda_i^\star$ und zeigt schematisch die Struktur des Konzentrationsprofils $C(x)$, das sich im Stationärzustand zwischen $x = 0$ und $x = x_L$ einstellt. Die Extremfälle lassen sich folgendermaßen charakterisieren:

Falls $\text{Da} \gg 1$ (d.h. $v_x^2 \ll D_x k_r$), sind gemäß Gleichung (8.40) die dimensionslosen Eigenwerte nicht von v_x abhängig: $\lambda_i^\star \sim \text{Pe}(\text{Da})^{1/2} = (k_r/D_x)^{1/2} x_L$. Daher nennt man dies das *Diffusions-Reaktions-Regime*. Dieses Regime lässt sich weiter unterteilen:

---

[9]Verschiedene Autoren z.B.Domenico u. Schwartz (1998) unterscheiden zwischen mehreren Typen von Damköhler Zahlen; für unsere Zwecke ist (8.42) die adäquate Form.

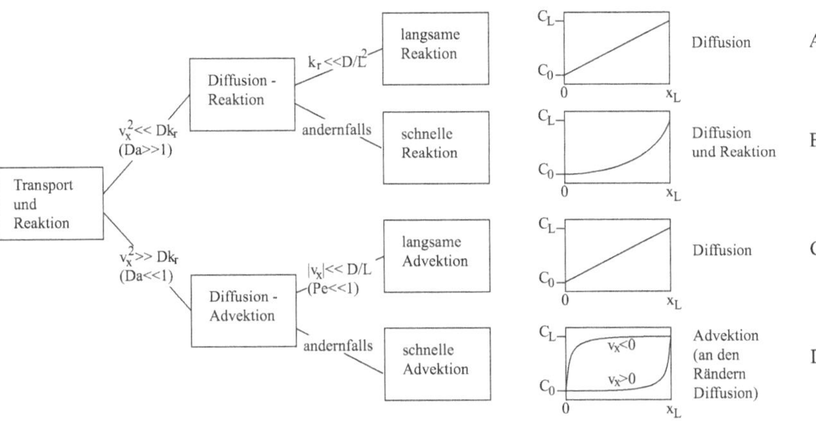

Abb. 8.8:
Eindimensionale Diffusions-Advektions-Transformationsprofile im Stationärzustand: Die dimensionslosen Peclet und Damköhler Zahlen bestimmen die Form des Profils und die unterschiedlichen Einflüsse von Diffusionskoeffizient (D_x), Advektionsgeschwindigkeit (v_x) bzw. spezifischer Reaktionsrate (k_r). Siehe Text für weitere Erklärungen.

Fall A — Rein diffusives Regime: $Da \gg 1$ und $k_r \ll D_x/x_L^2$.
Die Reaktivität ist so klein, dass sie das lineare Diffusionsprofil (z.B. Abb. 8.5) kaum verändert.

Fall B — Diffusiv-reaktives Regime: $Da \gg 1$, k_r ist nicht $\ll D_x/x_L^2$.
Die Zeit, welche die Diffusion über die Distanz x_L benötigt, ist so groß, dass während dieser Zeit ein Teil der diffundierenden Substanz reagiert. (Beispiel 8.3.2 gehört in diese Kategorie.)

Falls $Da \ll 1$ (d.h. $v_x^2 \gg D_x k_r$), verhält sich die Substanz näherungsweise konservativ ($k_r \sim 0$). Dann entscheidet die Größe der Peclet Zahl, ob Diffusion bzw. Advektion der dominante Transportprozess ist.

Fall C — Langsame Advektion ohne Reaktion: $Da \ll 1$, $Pe \ll 1$.
Die Substanz ist während des Transports quasi-konservativ ($Da \ll 1$), der Transport ist durch Diffusion bestimmt ($Pe \ll 1$).

Fall D — Schnelle Advektion ohne Reaktion: $Da \ll 1$, Pe nicht $\ll 1$.
Wie Fall C, aber Advektion dominiert mit Ausnahme der Randzonen.

Zusammenfassend halten wir fest, dass die Struktur eines Konzentrationsprofils durch die Eigenwerte der linearen Differentialgleichung zweiter Ordnung (8.29) bestimmt wird und die Eigenwerte ihrerseits von den drei Koeffizienten D_x, v_x und k_r abhängen Gleichung (8.32). k_r ist eine Stoffeigenschaft, v_x eine Systemeigenschaft und D_x allgemein eine Stoff- *und* Systemeigenschaft. Das bedeutet, dass unterschiedliche Stoffe im gleichen System unterschiedliche Transport/Transformations-Verhältnisse „spüren". In einem System mit (substanzunabhängiger) turbulenter Diffusion ist die Pecletzahl nur eine Eigenschaft des Systems. Das folgende Beispiel illustriert diesen Sachverhalt.

> **Beispiel 8.4 (Vertikaler Transport im Ozean)**
>
> In den großen Ozeanen (Atlantik, Pazifik) gibt es einen Tiefenbereich (typischerweise zwischen 1 km und 5 km Tiefe, s. Abb. 8.9), in dem als Kompensation der Tiefenwasserbildung im N-Atlantik und im antarktischen Zirkumpolarstrom Wasser extrem langsam nach oben strömt (sogenanntes Up-welling). Ferner findet dort turbulente Mischung statt. Wir betrachten die stationären vertikalen Profile von zwei im Wasser gelösten radioaktiven Isotopen, von Radium-226 (^{226}Ra, $\tau_{1/2} = 1600$ a) und dem superschweren Wasserstoff Tritium (^{3}H, $\tau_{1/2} = 12$ a). Wir nehmen an, die Konzentrationen an der unteren bzw. oberen Grenze des Tiefenwassers werden durch das Bodenwasser bzw. das Oberflächenwasser kontrolliert und seien konstant. Radium stammt aus dem Sediment; seine Konzentration im Oberflächenwasser sei null ($C_{OW} = 0$). Tritium gelangt von der Atmosphäre in die Oberflächenschicht und diffundiert nach unten; im Bodenwasser hat es kein Tritium ($C_{BW} = 0$).[a]
>
> ---
>
> [a]Die Annahmen vereinfachen natürlich das wirkliche Bild stark. Insbesondere war und ist die (durch den Menschen bedingte) atmosphärische Tritiumkonzentration zeitlich sehr variabel. Auch vernachlässigen wir die *in situ* Produktion von Radium ($J = 0$).

Abb. 8.9: *Vereinfachte Darstellung der vertikalen Wasserschichten im Pazifik und Atlantik: Das Tiefenwasser wird unten durch das Bodenwasser, oben durch das Oberflächenwasser begrenzt. Im Tiefenwasser strömt das Wasser sehr langsam aufwärts (Up-welling); zugleich findet turbulente Mischung statt.*

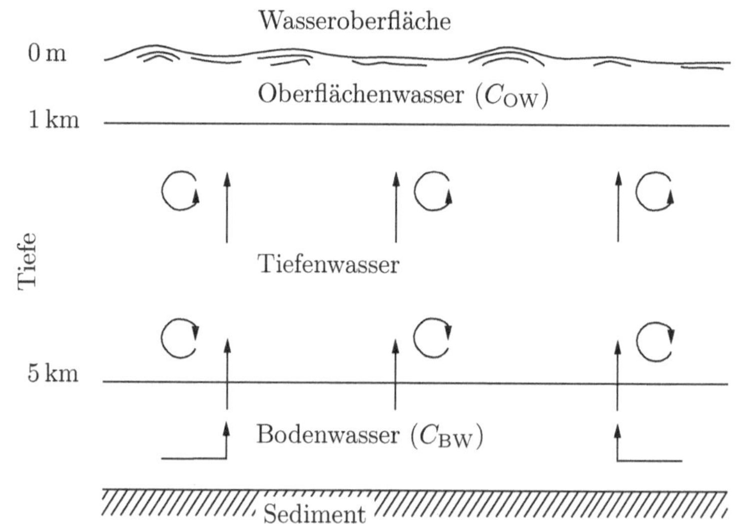

Verwendete Zahlen:

$K_z = 1 \text{ cm}^2\text{s}^{-1} = 3.2 \times 10^3 \text{m}^2\text{a}^{-1}$: Vertikale turbulente Diffusivität

$v_z = 2 \text{ m a}^{-1}$: Up-welling Geschwindigkeit

$k_{Ra} = 0.693/1600 \text{ a} = 4.3 \times 10^{-4}\text{a}^{-1}$: Zerfallskonstante von ^{226}Ra

$k_T = 0.693/12 \text{ a} = 0.058 \text{ a}^{-1}$: Zerfallskonstante von Tritium

Koordinatensystem: Positiv nach oben, $\xi = 0$ an der Grenze zum Bodenwasser, $\xi = 1$ an der Grenze zum Oberflächenwasser, $x_L = 4 \text{ km} = 4 \times 10^3 \text{m}$.

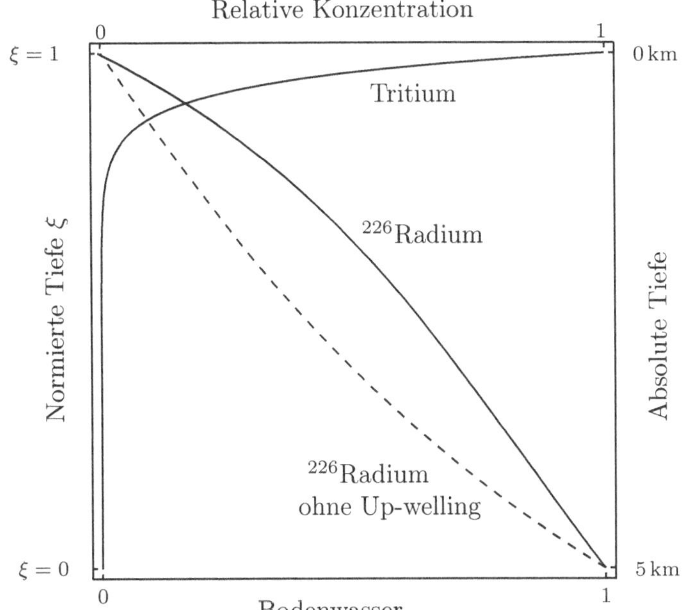

Abb. 8.10: *Relatives vertikales Konzentrationsprofil zweier Radionuklide im Tiefenwasser des Pazifiks (s.Abb. 8.9). Das kurzlebige Tritium ($\tau_{1/2} = 12\,$a) wird durch das Up-welling kaum beeinflusst. Hingegen unterscheiden sich für das langlebige Radium-226 ($\tau_{1/2} = 1600\,$a) die Profile ohne bzw. mit Up-welling deutlich.*

Radium-226

Wir normieren das Konzentrationsprofil mittels der unteren Grenzkonzentration C_{BW}, setzen also $C_0 = C(\xi - 0) = 1$, $C_L = 0$, und berechnen die wichtigen Parameter:

$$\text{Pe} \;=\; \frac{v_x x_L}{K_z} = \frac{2\ \text{m a}^{-1} \times 4 \times 10^3 \text{m}}{3.2 \times 10^3 \text{m}^2\text{a}^{-1}} = 2.5$$

$$\text{Da} \;=\; \frac{K_z k_{Ra}}{v_z^2} = \frac{3.2 \times 10^3 \text{m}^2\ \text{a}^{-1} \times 4.3 \times 10^{-4}\ \text{a}^{-1}}{(2\ \text{m a}^{-1})^2} = 0.344$$

Eigenwerte : $\lambda_1^\star = 3.18,\quad \lambda_2^\star = -0.68$

Gemäss Tab. 8.3, Fall (1) mit $C_0 = 1$, $C_L = 0$, $J = 0$:

$$A_1 = -0.0217,\quad A_2 = 1.0217$$

Das normierte Radium-Profil hat somit die Form:

$$C_{Ra}(\xi) = -0.0217\exp(3.18\xi) + 1.0217\exp(-0.68\xi) \qquad (8.43)$$

Das Profil ist in Abbildung 8.10 dargestellt. Um den Effekt des Up-wellings zu illustrieren, vergleichen wir es mit einem Profil mit $v_z = 0$. Man sieht, dass die Konzentration in einer bestimmten Tiefe durch die Aufwärtsströmung zu höheren Werten verschoben wird.

Tritium (^{3}H)
Randbedingungen: $C_0 = 0, \quad C_L = 1$

$$\mathtt{Pe} = 2.5 \quad (\text{wie für } ^{226}\text{Ra})$$

$$\mathtt{Da} = \frac{3.2 \times 10^3 \mathrm{m}^2 \mathrm{a}^{-1} \times 0.058 \ \mathrm{a}^{-1}}{(2 \ \mathrm{m \ a}^{-1})^2} = 46.4$$

Eigenwerte:[10] $\lambda_1^\star = 18.3, \quad \lambda_2^\star = -15.8$

$$A_1 = \frac{1}{e^{\lambda_1^\star} - e^{\lambda_2^\star}} \sim e^{-\lambda_1^\star} \quad (\text{beachte } e^{\lambda_1^\star} \gg e^{\lambda_2^\star})$$

$$A_2 = -A_1 \sim -e^{-\lambda_1^\star}$$

Das normierte Profil hat somit die Form

$$
\begin{aligned}
C_T(\xi) &= e^{-\lambda_1^\star} e^{\lambda_1^\star \xi} - e^{-\lambda_1^\star} e^{\lambda_2^\star \xi} \sim e^{-\lambda_1^\star} e^{\lambda_1^\star \xi} = e^{-\lambda_1^\star(1-\xi)} \\
&= e^{-18.3(1-\xi)}
\end{aligned}
\tag{8.44}
$$

Es entspricht einer in negativer ξ-Richtung stark abfallenden Exponential-kurve mit dem Grenzwert $C_t(\xi = 1) = 1$. Der Einfluss des Up-wellings auf das Tritium-Profil ist sehr schwach.

Die Aufrechterhaltung der stationären Radium- und Tritiumprofile bedingt, dass an den Grenzen entsprechende Isotopenflüsse vom bzw. ins Tiefenwasser existieren. In Aufgabe 8.8 diskutieren wir die relative Größe dieser Grenzflüsse und vergleichen sie mit dem *in situ* Verlust der Isotope als Folge des radioaktiven Zerfalls.

8.4 Zeitabhängige Lösung der Transport/ Transformationsgleichung

Räumlich kontinuierliche Modelle führen, wie wir bereits eingangs des Kapitels 8 festgestellt haben, zu partiellen Differentialgleichungen. Diese können nur in besonderen Fällen algebraisch gelöst werden. Die für natürliche Systeme besonders wichtigen dynamischen Gleichungen für Fluide[11], die sog. Navier-Stokes-Gleichungen, gehören nicht zur Kategorie der allgemein lösbaren partiellen Differentialgleichungen. Tatsächlich stellt die numerische Analyse des gekoppelten Atmosphäre-Ozean-Systems eine der größten Herausforderungen an Kapazität und Geschwindigkeit von Grosscomputern dar, weswegen Wetter- und Klimavorhersagen so aufwendig und schwierig sind.

Die Behandlung von solchen Modellen liegt jenseits der Absicht dieses Buches. Um aber wenigstens ein Fenster in diese Welt aufzustoßen, wollen

---

[10]Da die Damköhler Zahl $\mathtt{Da} \gg 1$, wären in erster Näherung die Eigenwerte $\lambda_i^\star = \pm x_L (k_r/K_z)^{1/2} = \pm 17$.

[11]„Fluid" steht hier als Überbegriff für flüssige und gasförmige Systeme. Die wichtigsten fluiden Systeme der Erde sind das Meer und die Atmosphäre.

wir am Schluss anhand weniger Beispiele zeigen, wie die zeitabhängigen
Lösungen von Transportmodellen aussehen können. Wir beginnen mit dem
eindimensionalen Fall.

8.4.1 Die eindimensionale Diffusionsgleichung

Wir betrachten die eindimensionale Diffusionsgleichung mit konstantem
Diffusionskoeffizienten D_x. Man erhält sie aus Gleichung (8.26), indem die
Ableitungen nach y und z weggelassen werden (zweites Fick'sches Gesetz):

$$\frac{\partial C}{\partial t} = D_x \frac{\partial^2 C}{\partial x^2} \tag{8.45}$$

Die Lösungen von (8.45) hängen von den Anfangs- und Randbedingungen
ab. Wir nehmen an, das System sei entlang der x-Achse in beiden Richtungen unbeschränkt, d.h. der durch die Konzentration C beschriebene Stoff
könne sich auf der x-Achse von $-\infty$ bis $+\infty$ ausbreiten. Wir betrachten
zwei verschiedene Anfangsbedingungen.

(1) Die δ-Funktion
Die Stoffmenge m ist zur Zeit $t = 0$ vollständig am Punkt $x = 0$ konzen-
triert.[12] Um eine endliche Stoffmenge auf einen (definitionsgemäß ausdeh-
nungslosen) Punkt bei $x = 0$ zu konzentrieren, haben die Mathematiker die
δ-Funktion erfunden. Sie ist folgendermaßen definiert:

$$\delta(x) = \begin{cases} 0 & \text{für} \quad x \neq 0 \\ \infty & \text{für} \quad x = 0 \end{cases} \quad \text{wobei} \quad \int_{-\infty}^{\infty} \delta(x)\,\mathrm{d}x = 1 \tag{8.46}$$

Die Anfangsbedingung von (8.45) lautet somit:

$$C(x, t = 0) = m\,\delta(x) \tag{8.47}$$

Wir behaupten nun, dass die Lösung von Gleichung (8.45) mit der Anfangsbedingung (8.47) folgende Form hat:

$$C(x, t) = \frac{m}{2(\pi D_x t)^{1/2}} \exp\left(-\frac{x^2}{4 D_x t}\right) \tag{8.48}$$

und überlassen es den Lesern, sich durch Einsetzen von Gleichung (8.48)
in (8.45) davon zu überzeugen, dass diese Funktion eine Lösung des zweiten Fick'schen Gesetzes ist (s. Aufgabe 8.9). Tatsächlich ist $C(x, t)$ eine
Normalverteilung mit der Streuung

$$\sigma_x = (2 D_x t)^{1/2} \tag{8.49}$$

Die Normal- oder Gaussverteilung ist im Anhang E.1 definiert. Die totale Stoffmenge (aus dem Integral von $C(x, t)$ zwischen $x = -\infty$ und $+\infty$ berechnet) ist m, d.h. zeitlich konstant. Dieses Ergebnis ist für uns nicht ganz

---

[12]Man beachte, dass für den eindimensionalen Fall m die Dimension $[ML^{-2}]$ (Masse
pro Fläche senkrecht zur x-Achse) hat.

überraschend, haben wir doch schon im Beispiel 2.6 (Nagelbrett) gesehen, dass Zufallsprozesse zu sich mit der Zeit verbreiternden Normalverteilungen führen, deren Standardabweichung mit wachsender Zeit zunimmt.

Für $t = 0$ werden σ_x und der Nenner von (8.48) null, d.h. $C(x, t = 0)$ beschreibt eine Normalverteilung mit Streuung $\sigma_x = 0$. Die in Gleichung (8.46) eingeführte δ-Funktion kann man als den Grenzfall einer Normalverteilung mit $\sigma_x \to 0$ definieren, womit nachgewiesen ist, dass Gleichung (8.48) die gewählte Anfangsbedingung von Gleichung (8.46) tatsächlich erfüllt.

Beispiel 8.5 (Stoffausbreitung in einem Kanal)

In einen stillgelegten, nicht fließenden Kanal gelangt in Folge eines Unfalls örtlich eine gewisse Menge M des Herbizids Atrazin. Das Atrazin breitet sich ziemlich rasch über den Querschnitt des Kanals aus (Breite b, mittlere Tiefe h). Die Mischung entlang der Kanalachse erfolgt durch turbulente Diffusion (turbulenter Diffusionskoeffizient K_x). Wie lange dauert es, bis die Atrazinkonzentration $C(x, t)$ überall unter den Toleranzwert für Trinkwasser C_{tol} gesunken ist?

Zahlen: $M = 1\,\text{kg}$, $C_{tol} = 0.1\,\mu\text{g/L} = 10^{-4}\,\text{g}\,\text{m}^{-3}$

$$b = 50\,\text{m}, \quad h = 8\,\text{m}, \quad K_x = 0.1\,\text{m}^2\,\text{s}^{-1}$$

Wir nehmen an, das Atrazin gelange am Ort $x = 0$ in den Kanal, und vernachlässigen die Zeit, die es braucht, um das Atrazin homogen im Querschnitt zu verteilen. Die weitere Verbreitung des Atrazins kann dann mit Gleichung (8.45) und der Anfangsbedingung (8.47) beschrieben werden, wobei:

$$m = \frac{M}{b\,h} = \frac{10^3\text{g}}{50\text{m} \times 8\text{m}} = 2.5\,\text{g}\,\text{m}^{-2}$$

Gemäß der Lösung (8.48) bleibt das Maximum der Konzentration an der Eintrittsstelle $x = 0$. Dort ist die Konzentration

$$C(x = 0, t) = \frac{m}{2(\pi K_x t)^{1/2}}$$

Wir suchen nach der Zeit t_0, bei der $C(x = 0, t_0) = C_{tol}$: $C_{tol} = \frac{m}{2(\pi K_x t_0)^{1/2}}$. Auflösung nach t_0 ergibt:

$$t_0 \;=\; \frac{m^2}{4\pi K_x C_{tol}^2} \;=\; \frac{(2.5\,\text{g}\,\text{m}^{-2})^2}{4\pi \times 0.1\,\text{m}^2\text{s}^{-1}(10^{-4}\text{g}\,\text{m}^{-3})^2}$$

$$\;=\; 5.0 \times 10^8\,\text{s} \sim 16\text{a}\,(!)$$

Diese natürlich unrealistisch lange Zeit weist darauf hin, dass das Verschwinden des Herbizids nicht durch Diffusion, sondern durch andere Prozesse (chemische Umwandlung, Sorption an suspendierten Partikeln und an der Sedimentoberfläche) bestimmt sein dürfte. Im Beispiel 8.4.2 zeigen wir, dass die diffusive Ausbreitung in zwei oder drei Dimensionen die Diffusionszeit t_0 drastisch verkleinert.

Wir können die Lösung dieses Problems leicht auf den Fall verallgemeinern, dass zusätzlich zur horizontalen Diffusion eine Längsströmung der Geschwindigkeit v_x existiert. Das Maximum der Konzentrationsverteilung verschiebt sich nach der Gleichung $x_m = v_x t$, während die Verteilung relativ zu x_m immer noch die Form von Gleichung (8.48) hat. Ausgeschrieben lautet die Lösung (s. auch Aufgabe 8.9):

$$C(x,t) = \frac{m}{2(\pi D_x t)^{1/2}} \, \exp\left(-\frac{(x - v_x t)^2}{4 D_x t}\right) \qquad (8.50)$$

Beachte, dass die Strömung keinen Einfluss auf die im Beispiel 8.4.1 berechnete Zeit hat, sondern lediglich den Ort des Konzentrationsmaximums entlang der x-Achse verschiebt. Die Wirkungen von Advektion bzw. Diffusion werden in Abbildung 8.11 verglichen.

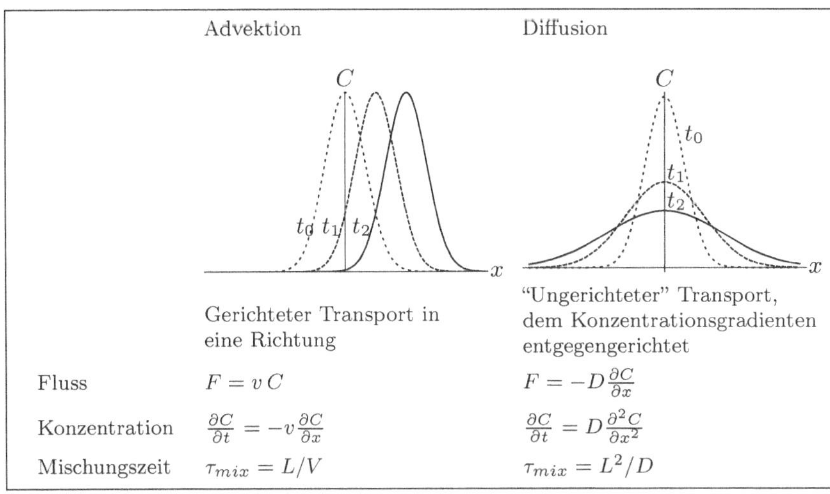

Abb. 8.11: *Wirkung von Advektion bzw. Diffusion auf die Konzentration: Die Advektion verschiebt das Zentrum der Kurve, ohne dessen Form zu verändern (links), die Diffusion verbreitert die Verteilung, ohne ihr Zentrum zu verschieben. Da die zugrundeliegenden Gleichungen linear sind, können die beiden Prozesse überlagert werden.*

(2) Diffusion mit konstanter Grenzkonzentration
Ein zweiter Lösungstyp für Gleichung (8.45) ergibt sich, falls die Anfangskonzentration eine Stufenfunktion der Form (s. Abb. 8.12)

$$C(x, t = 0) = \begin{cases} C_0 & \text{für} \quad x \leq 0 \\ 0 & \text{für} \quad x > 0 \end{cases} \qquad (8.51)$$

darstellt und zur Zeit $t = 0$ an der Stelle $x = 0$ eine Trennwand entfernt wird, so dass der Stoff aus dem linken Halbraum $(x < 0)$ in den rechten $(x > 0)$ diffundieren kann. Es wird angenommen, die Grenzkonzentration für $x = 0$ bleibe unverändert bei C_0: $C(x < 0, t) = C_0$.

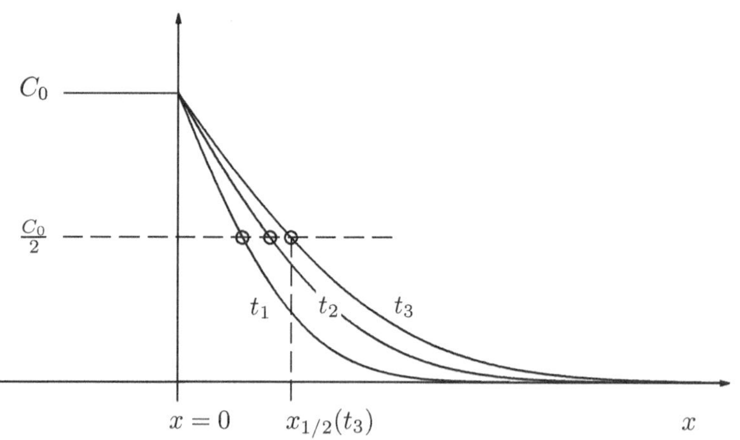

Abb. 8.12: *Wirkung der Diffusion an einer Grenzfläche mit konstanter Randkonzentration: Die Konzentrationskurve schiebt sich stetig in den zu Beginn leeren rechten Halbraum (Gl. 8.52). Der Punkt $x_{1/2}$, an dem die Konzentration beispielsweise die Hälfte des Randwertes erreicht, wandert mit einer zu $t^{1/2}$ proportionalen Geschwindigkeit nach rechts (Gl. 8.54).*

Das Problem kann mit Hilfe des für lineare Gleichungen gültigen Superpositionsprinzipes gelöst werden (s. Anhang E.3). Es ergibt sich:

$$C(x,t) \;=\; \frac{C_0}{(\pi D_x t)^{1/2}} \int\limits_{x}^{\infty} \exp\left(-\frac{\xi^2}{4D_x t}\right) d\xi$$

$$=\; C_0 \, \mathrm{erfc}\left(\frac{x}{(2D_x t)^{1/2}}\right) \; ; \; x \geq 0 \qquad (8.52)$$

erfc ist die Komplement-Error-Funktion (s. Anhang E.2), welche für $x = 0$ den Wert 1 und für $x \to \infty$ den Wert 0 hat. Wie in Abbildung 8.12 gezeigt, besteht die Lösung (8.52) aus Konzentrationskurven, welche sich — ausgehend vom Randwert C_0 bei $x = 0$ — immer mehr in den positiven Halbraum hineinschieben. Wir können die Geschwindigkeit dieses Prozesses beispielsweise dadurch quantifizieren, indem wir jenen Punkt zeitlich verfolgen, wo die Konzentration die Hälfte der Konzentration am Rand, d.h. $C_0/2$ ist. Sie berechnet sich aus der Gleichung:

$$\mathrm{erfc}\left(\frac{x_{1/2}(t)}{2(D_x t)^{1/2}}\right) = 0.5 \qquad (8.53)$$

Die erf- und erfc-Funktionen sind in vielen mathematischen Handbüchern tabelliert. Dort finden wir, dass erfc(y) für $y = 0.48$ den Wert 0.5 hat. Also:

$$0.48 = \frac{x_{1/2}(t)}{2(D_x t)^{1/2}}$$

Aufgelöst nach $x_{1/2}(t)$ folgt:

$$x_{1/2}(t) = 2 \times 0.48 (D_x t)^{1/2} \sim (D_x t)^{1/2} \qquad (8.54)$$

Bis auf einen numerischen Faktor folgt somit die zeitliche Entwicklung der „Halb-Konzentrationsfront" $x_{1/2}(t)$ dem Gesetz von Einstein und Smoluchowski (Gl. 8.9).

Beispiel 8.6 (Sauerstoffdiffusion in einem Rohr)

Ein stillgelegtes, mit Wasser gefülltes Grundwasserrohr (Länge 8m) wird zum Zeitpunkt $t = 0$ geöffnet und in Kontakt mit der Atmosphäre gebracht. Molekularer Sauerstoff (O_2) diffundiert in das anfänglich völlig O_2-freie Wasser im Rohr (molekulare Diffusivität von O_2 bei T=10°: D=1.5 $\times$ 10^{-5}cm^2 s^{-1}, O_2-Gleichgewichtskonzentration im Wasser in Kontakt mit der Atmosphäre bei T=10°C: $C_w^{eq} = 11.3$ mg/L). Wie lange dauert es, bis die O_2-Konzentration 1 m unter der Wasseroberfläche den Wert $0.1\,C_x^{eq}$ bzw. $0.5\,C_x^{eq}$ erreicht hat?

Da die atmosphärische O_2-Konzentration und damit die O_2-Konzentration im Wasser am oberen Rohrrand ($x = 0$) konstant bleibt, sobald das Rohr geöffnet wird, breitet sich der Sauerstoff gemäß Gleichung (8.52) aus. Dabei nehmen wir vorerst an, das Rohr sei unendlich tief und prüfen später nach, ob die endliche Rohrlänge (L=8 m) das Resultat wesentlich verändert.

a) $0.1 C_w^{eq}$ wird erreicht, wenn erfc $\left(\frac{x}{2(D_x t)^{1/2}}\right) = 0.1$ ist. Gemäß einer erfc-Tabelle ist dies gleichbedeutend mit $\frac{x}{2(D_x t)^{1/2}} = 1.15$. Auflösen nach $t = t_{0.1}$ mit $x = 1$ m, $D_x = 1.5 \times 10^{-5}$cm^2 s^{-1}=1.5 $\times 10^{-9}$m^2 s^{-1} ergibt:

$$t_{0.1} = \frac{x^2}{(2 \times 1.15)^2 D_x} = \frac{1\,\text{m}^2}{(2.3)^2\, 1.5 \times 10^{-9}\text{m}^2\,\text{s}^{-1}} = 1.3 \times 10^8\,\text{s} \sim 4\,\text{a}\,(!)$$

b) Den Fall $0.5 C_w^{eq}$ können wir direkt aus Gleichung (8.54) berechnen:

$$t_{1/2} = \frac{x^2}{D_x} = \frac{1\,\text{m}^2}{1.5 \times 10^{-9}\,\text{m}^2\,\text{s}^{-1}} = 6.7 \times 10^8\,\text{s} \sim 21\,\text{a}\,(!)$$

Zu dieser Zeit wäre die O_2-Konzentration bei $x = 8$ m in einem unendlich tiefen Rohr nach Gleichung (8.54):

$$\frac{C(x = 8\,\text{m}, t_{1/2})}{C_0} = \text{erfc}\left(\frac{8\,\text{m}}{2(1.5 \times 10^{-9}\text{m}^2\,\text{s}^{-1} \times 6.7 \times 10^8\,\text{s})^{1/2}}\right)$$

$$= \text{erfc}\,(4) < 10^{-5}$$

In Worten: Die Konzentration am unteren Rohrende ist zur Zeit $t_{0.5}$ noch so klein, dass der Diffusionsprozess die endliche Länge des Rohrs noch nicht wirklich „spürt". Daher ist die Verwendung von Gleichung (8.52) gerechtfertigt. Hinweis: Natürlich sind die berechneten Zeiten ($t_{0.1}, t_{1/2}$) derart groß, dass die Gültigkeit der getroffenen Annahmen zweifelhaft ist. Auch hier könnten Strömungen (und seien sie noch so klein) die berechneten Zeiten um mehrere Zehnerpotenzen verkleinern.

8.4.2 Mehrdimensionale Diffusion

Zum Schluss noch ein paar wenige Worte zur mehrdimensionalen Diffusion. Für einen konstanten Diffusionskoeffizienten $D_x = D_y = D_z = D$ (isotrope Diffusion) haben wir mit Gleichung (8.26) bereits die dreidimensionale Version des zweiten Fick'schen Gesetzes hergeleitet. Durch Weglassen eines der drei Summanden erhält man ebenfalls eine zweidimensionale Variante.

Für den Fall einer (zwei- oder dreidimensionalen) punktförmigen Anfangsbedingung[13] sind die Lösungen — wenig überraschend — zwei- bzw. dreidimensionale Normalverteilungen der Form:

2-dimensional:

$$C(x, y, t) = \frac{m^{(2)}}{4(\pi D t)} \exp\left(-\frac{x^2 + y^2}{4Dt} \right) \tag{8.55}$$

3-dimensional:

$$C(x, y, z, t) = \frac{m^{(2)}}{8(\pi D t)^{3/2}} \exp\left(-\frac{x^2 + y^2 + z^2}{4Dt} \right) \tag{8.56}$$

Beachte, dass $m^{(2)}$ die Dimension $[\text{ML}^{-1}]$ hat, $m^{(3)}$ hingegen $[\text{M}]$. Die Konzentrationsverteilungen sind kreis- bzw. kugelsymmetrisch.

Im Beispiel 8.4.1 haben wir gesehen, wie langsam sich die maximale Konzentration im Falle einer eindimensionalen Diffusion verkleinert. Wie aus den Gleichungen (8.55) und (8.56) ersichtlich wird, sinkt der Vorfaktor bei der zweidimensionalen Verteilung wie t^{-1}, bei der dreidimensionalen gar wie $t^{-3/2}$. Betrachten wir daher zum Schluss nochmals das Verhalten eines Schadstoffes, doch diesmal für den Fall einer zweidimensionalen Ausbreitung.

Beispiel 8.7 (Stoffausbreitung auf einem See)
Wir wollen untersuchen, wie rasch die Konzentration eines Schadstoffes durch diffusive horizontal-isotrope Mischung einen kritischen Wert unterschreitet. Dazu modifizieren wir das Beispiel 8.4.1 (Atrazin in einem Kanal) wie folgt: Zum Zeitpunkt t_0 gelangt die Menge M des Herbizids Atrazin in die Oberflächenschicht eines Sees, wird innerhalb des Epilimnions (Dicke h) vertikal rasch vermischt und breitet sich dann durch isotrope horizontale Diffusion aus ($K_x = K_y = K$). Wie lange dauert es, bis die Atrazin- Konzentration überall unter den Toleranzwert für Trinkwasser C_{tol} gesunken ist?

Zahlen: $M = 1\text{kg}$, $C_{tol} = 0.1\mu\text{g/L} = 10^{-4}\text{g m}^{-3}$

$h = 10\text{m}$, $K_x = 0.1\text{m}^2\text{s}^{-1}$

Wir nehmen an, die horizontale Stoffverteilung entspreche anfänglich einer zweidimensionalen δ-Funktion mit der totalen Menge pro Tiefe

---

[13]Einen dreidimensionalen Punkt erhält man durch das Produkt von drei δ-Funktionen: $C(x, y, z, t = 0) = m^{(3)}\delta(x)\delta(y)\delta(z)$, wobei $m^{(3)}$ die Dimension einer Masse hat.

$m^{(2)} = M/h = 10^3\,\mathrm{g}/10\,\mathrm{m} = 100\,\mathrm{g\,m^{-3}}$. Die horizontale Konzentrationsverteilung wird dann durch Gleichung (8.55) beschrieben. Die maximale Konzentration bei $x = y = 0$ als Funktion der Zeit ist:

$$C_{max}(t) = \frac{m^{(2)}}{4\pi K t} = C_{tol}$$

Auflösen nach $t \equiv t_0$:

$$
\begin{aligned}
t_0 &= \frac{m^{(2)}}{4\pi K C_{tol}} = \frac{100\,\mathrm{g\,m^{-1}}}{4\pi \times 0.1\,\mathrm{m^2\,s^{-1}} \times 10^{-4}\,\mathrm{g\,m^{-3}}} \\
&= 8.0 \times 10^5\,\mathrm{s} = 9\,\mathrm{d}
\end{aligned}
\tag{8.57}
$$

$$
\begin{aligned}
\frac{C(x = 8\,\mathrm{m}, t_{1/2})}{C_0} &= \mathrm{erfc}\left(\frac{8\,\mathrm{m}}{2(1.5 \times 10^{-9}\mathrm{m^2\,s^{-1}} \times 6.7 \times 10^8\,\mathrm{s})^{1/2}}\right) \\
&= \mathrm{erfc}\,(4) < 10^{-5}
\end{aligned}
$$

Im Vergleich zur eindimensionalen Mischung ist diese Zeit sehr viel kleiner. Natürlich würde die Atrazinwolke gleichzeitig zur Diffusion auch durch Advektion verschoben. Wie in Gleichung (8.50) für den eindimensionalen Fall gezeigt, verändert sich dadurch C_{max} nicht, sondern lediglich der Ort, wo diese Konzentration auftritt.

8.5 Fragen und Aufgaben

Frage 8.1 *Wieso führen Modelle, welche kontinuierlich in Raum und Zeit sind, zu partiellen Differentialgleichungen?*

Frage 8.2 *Was sind die Unterschiede zwischen diffusivem und advektivem Transport?*

Frage 8.3 *Definiere typische Zeiten für Diffusion, Advektion und Transformation.*

Frage 8.4 *Das Verhältnis zwischen Mischungszeit τ_{mix} und Transformationszeit τ_r entscheidet darüber, ob bei der Modellierung eines Systems eine räumliche Differenzierung sinnvoll ist. Wie lautet das Kriterium?*

Frage 8.5 *Gib Beispiele für Prozesse an, welche durch ein Austauschmodell beschrieben werden können.*

Frage 8.6 *Was sind Gemeinsamkeiten und was Unterschiede zwischen molekularer bzw. turbulenter Diffusion?*

Frage 8.7 *Erkläre in Worten die Bedeutung des Satzes von Gauss.*

Frage 8.8 *Erkläre die Bedeutung der Peclet Zahl und der Damköhler Zahl.*

Frage 8.9 *Was ist der Unterschied zwischen dem diffusiv-advektiven bzw. dem diffusiv-reaktiven Regime eines Raum/Zeit-Modells?*

Frage 8.10 *Das Gesetz von Einstein-Smoluchowski sagt, dass die Diffusion in einer Dimension sich räumlich wie $t^{1/2}$ ausbreitet. Wie lautet die entsprechende Regel für zwei- bzw. dreidimensionale Diffusion?*

Frage 8.11 *Wie sind die Gleichungen (8.55) und (8.56) zu modifizieren, um zusätzlich den Einfluss der Advektion einzubeziehen?*

Aufgabe 8.1 (Tetrachlorethen in einem Teich) *In einem wenig durchflossenen Teich (Volumen $V = 2 \times 10^4 \mathrm{m}^3$, Oberfläche $A = 5 \times 10^3 \mathrm{m}^2$) gelangt durch einen Unfall eine kleine Menge $M = 2\,\mathrm{kg}$ des für die Reinigung von elektronischen Bauteilen verwendeten Tetrachlorethens (TCE). TCE ist eine flüchtige Substanz, deren atmosphärische Konzentration klein ist und für die Berechnung des Gasaustausches vernachlässigt werden kann.*

a) Wie lange geht es, bis die mittlere Konzentration im Teich unter den Wert $C_{\mathrm{krit}} = 0.1\,\mu\mathrm{g/L}$ gesunken ist, wenn die Gasaustauschgeschwindigkeit von TCE an der Teichoberfläche im Mittel $v_{\mathrm{W/L}} = 0.4\,\mathrm{m\,d}^{-1}$ beträgt und ansonsten keine anderen Eliminationsprozesse von TCE im Teich eine Rolle spielen. Nimm an, das TCE werde rasch vollständig im Wasserkörper vermischt.

b) Wie stark verkürzt sich diese Zeit, wenn zusätzlich ein Durchfluss von $Q = 2000\,\mathrm{m}^3$ pro Tag berücksichtigt wird?

Aufgabe 8.2 (Sauerstoff im See) *Im Beispiel 8.2 haben wir angenommen, dass die O_2-Konzentration in der durchmischten Oberflächenschicht des betrachteten Sees ungefähr konstant bleibt ($C_A = 12\,\mathrm{mg/L}$), wenn das Tiefenwasser anoxisch (sauerstofffrei) wird ($C_B \to 0$). Überprüfe ob diese Annahme vernünftig ist und benütze dabei folgende Angaben:*

O_2-Produktion via Photosynthese in Oberflächenschicht: $3.0\,\mathrm{g\,m}^{-2}\,\mathrm{d}^{-1}$
O_2-Gleichgewichtskonzentration mit Atmosphäre (20° C): $9\,\mathrm{mg/L}$
Wasser-Luft Austauschgeschwindigkeit an der Seeoberfläche:
$v_{\mathrm{W/L}} = 0.6\,\mathrm{m\,d}^{-1}$

Zur Erinnerung: Der O_2-Fluss durch die Sprungschicht ins Tiefenwasser ist anfänglich $0.72\,\mathrm{g\,m}^{-2}\mathrm{d}^{-1}$ und steigt dann (wenn $C_B \to 0$) bis auf ca. $1.4\,\mathrm{g\,m}^{-2}\mathrm{d}^{-1}$.

Aufgabe 8.3 (Geothermischer Wärmefluss am Grund eines Sees) *Zur Bestimmung des geothermischen Wärmeflusses durch die Sedimente eines Sees steckt man einen Messstab ins Sediment, an dem in gewissen Abständen Thermistoren befestigt sind. Wartet man genügend lange, stellt sich entlang des Stabes (d.h. in der Vertikalen) ein stationäres Temperaturprofil ein. Daraus lässt sich der geothermische Wärmefluss F_{th} (Einheiten: Watt pro Quadratmeter, Wm^{-2}) berechnen, wobei man annimmt, das Sediment bestehe hauptsächlich aus Wasser (was vernünftig ist, denn tatsächlich hat frisches Sediment einen Wassergehalt zwischen 85 und 95%). Die Wärmeleitung lässt sich durch das Gesetz von Fourier beschreiben, welches die gleiche Form wie das erste Fick'sche Gesetz hat:*

$$F_{\mathrm{th}} = -\gamma_{\mathrm{th}}\frac{dT}{dx}, \quad \gamma_{\mathrm{th}}\colon \textit{Wärmeleitkoeffizient, Einheiten } \mathrm{Wm}^{-2}\mathrm{K}^{-1}.$$

γ_{th} (Wasser, 4° C) $= 0.58\,\mathrm{Wm}^{-1}\mathrm{K}^{-1}$ (Wärmeleitkoeffizient)

a) Bestimme den Wärmefluss F_{th}

b) *Wie groß wäre (in einem hypothetischen See mit senkrechten Wänden) der vertikale Temperaturgradient im Wasser, der im Stationärzustand durch F_{th} verursacht wird. Der vertikale turbulente Diffusionskoeffizient in der Wassersäule sei $K_z = 0.05\,\mathrm{cm}^2\,\mathrm{s}^{-1} = 5{\times}10^{-6}\,\mathrm{m}^2\,\mathrm{s}^{-1}$.*

Temperaturdaten im Sediment

Tiefe im Sediment [cm]	T [°C]
0	4.250
10	4.269
20	4.285
30	4.304
50	4.342
100	4.425

Aufgabe 8.4 (Vertikale turbulente Diffusivität) *In einem 50 m tiefen See mit flachem Boden wird an der tiefsten Stelle folgendes Profil des radioaktiven Edelgases Radon-222 gemessen:*

Höhe über Grund [m]	^{222}Rn-Aktivität [Bq/Liter]
0.5	53
1.0	47
2.0	37
3.0	30
4.0	25

Die ^{222}Ra-Aktivität beträgt im ganzen Wasserkörper 10 Bq/L.

a) *Berechne den vertikalen turbulenten Diffusionskoeffizienten K_z über dem Seegrund mit Hilfe eines eindimensionalen Diffusions/Reaktions-Modells.*

b) *Wie groß ist der Fluss F_{Rn} von ^{222}Rn aus dem Sediment (ausgedrückt in $\mathrm{Bq}\,\mathrm{m}^{-2}\,\mathrm{d}^{-1}$)? Die Zerfallskonstante von Radon-222 ist $0.181\,\mathrm{d}^{-1}$.*

Hinweis: Nach Gleichung (8.36) ist die „Überschuss-Aktivität" von Radon $C_{\mathrm{exc}} \equiv C - C_{Ra}/\lambda_{Rn}$, eine reine Exponentialfunktion. Also sollte $\ln C_{\mathrm{exc}}$ eine lineare Funktion von h mit der Steigung $-(\lambda_{Rn}/K_z)^{\frac{1}{2}}$ sein. Bei bekanntem λ_{Rn} lässt sich somit K_z bestimmen. Der Fluss folgt aus Gleichung (8.36).

Aufgabe 8.5 (Peclet und Damköhler Zahl) *Zeige mit Hilfe der in den Kapiteln 8.2.1 und 8.2.2 entwickelten Konzepte für Mischungszeiten und Transportdistanzen, dass*

a) *die Peclet Zahl (Gl. (8.41)) das Verhältnis von diffusiver und advektiver Mischungszeit über die Distanz x_L ist;*

b) die Damköhler Zahl (Gl. (8.42)) das Quadrat des Quotients aus diffusiver und advektiver Transportdistanz in der Zeit $\tau = k_r^{-1}$ ist.

Aufgabe 8.6 (Flüchtige Substanz im Grundwasser) *In einem Grundwasser wird als Folge eines lecken Tanks einer elektronischen Werkstätte
eine mittlere Konzentration des flüchtigen organischen Lösungsmittels Trichlorethen (TCE) von 25 mg m^{-3} gemessen. Der Grundwasserspiegel befindet sich 4 m unter der Erdoberfläche.*

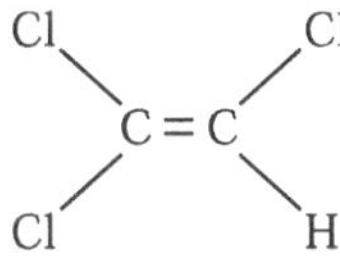

Trichlorethen

*Das TCE gelangt via Gasaustausch in den luftgefüllten Porenraum der
sogenannten ungesättigten Bodenzone und diffundiert von dort in die freie
Atmosphäre. Die atmosphärische TCE-Konzentration ist sehr klein und
kann vernachlässigt werden. Der dimensionslose Henrykoeffizient zwischen
Luft und Wasser (s. Gl. 3.2) von TCE bei einer Wassertemperatur von
10°C beträgt $K_{L/W} = 0.22$. Der effektive Diffusionskoeffizient von TCE
durch die ungesättigte Bodenschicht wird von Fachleuten als $D_{Boden} \sim
7 \times 10^{-3} \mathrm{m}^2 \mathrm{d}^{-1}$ angegeben. Für die Diffusion in der Gasphase des Bodens
steht lediglich 15% des Querschnitts zur Verfügung.*

a) *Berechne und skizziere das stationäre TCE-Profil vom Grundwasser
   bis an die Erdoberfläche für den Fall, dass der Transport nur durch
   Diffusion zustande kommt und TCE nicht abgebaut wird.*

b) *Zeichne qualitativ das stationäre Konzentrationsprofil, falls ein Abbau
   von TCE im Boden stattfindet. Vergleiche die beiden Profile a) und
   b).*

c) *Berechne den stationären Fluss von TCE vom Grundwasser in die
   Atmosphäre pro Bodenfläche (m^2) und pro Tag für den Fall a) (kein
   Abbau). Denke daran, dass nur 15% des Bodenquerschnittes gasdurch-
   lässig ist.*

d) *Schätze mit Gleichung (8.10) die Zeit τ_{stat}, welche für den Aufbau
   eines stationären TCE-Profiles im Boden nötig wäre.*

e) *In Aufgabe d) wird sich herausstellen, dass die Zeit bis zum diffusiven Stationärzustand mehrere Jahre beträgt. Die Frage liegt daher
   nahe, ob nicht vertikale Luftströmungen, wie sie etwa als Folge von
   Luftdruckschwankungen auftreten, den in c) berechneten Fluss und
   die in d) berechnete Zeit signifikant verändern würden. Ueberprüfe
   diese Frage für den Fall einer kleinen Luftströmung von 0.1 m d^{-1}.
   Berechne die modifizierten Werte für F und τ_{stat}. Vielleicht hilft eine Berechnung der Peclet Zahl weiter.*

*Hinweis: Mehr zu dieser Aufgabe findet man in Schwarzenbach et al. (2003),
Illustrative Example 19.2.*

Aufgabe 8.7 (Radioaktive Edelgase in einem stehenden Rohr) *Ein
senkrecht in den Boden eingelassenes, mit Wasser gefülltes Eisenrohr der
Länge L sei an seinem oberen Ende gegenüber der Atmosphäre offen, am*

unteren Ende geschlossen. Der Rohrquerschnitt ist genügend klein, so dass im Rohr keine Konvektionsströmungen auftreten; der Transport entlang der Rohrachse findet lediglich via molekulare Diffusion statt.

Wir betrachten zwei radioaktive Gase mit unterschiedlicher Halbwertszeit, Radon-222 mit $\tau_{1/2} = 3.8\,\mathrm{d}$ und Tritium (^{3}H) mit $\tau_{1/2} = 12\,\mathrm{a}$.

a) Zeige, dass die Funktion

$$C(x) = C_0 \frac{\cosh\left[\lambda\left(L - x\right)\right]}{\cosh\left(\lambda L\right)} \quad \text{mit } \lambda = \left(\frac{k_r}{D}\right)^{1/2}$$

das Konzentrationsprofil entlang der Rohrachse mit den folgenden Randbedingungen beschreibt:

(1) $x = 0$ (offenes Rohrende): $C(x = 0) = C_0$

(2) $x = L$ (unteres Rohrende): $\mathrm{d}C/\mathrm{d}x = 0$ (kein diffusiver Fluss)

D: molekularer Diffusionskoeffizient in Wasser des gelösten Gases
  $D_{\mathrm{Radon}} = 1 \times 10^{-4}\mathrm{m}^2\,\mathrm{d}^{-1}$, $D_{\mathrm{Tritium}} = 5 \times 10^{-4}\mathrm{m}^2\,\mathrm{d}^{-1}$.

k_r: Zerfallskonstante des gelösten radioaktiven Gases, $k_r = \ln 2/\tau_{1/2}$.

b) Q_0 sei das Aktivitätsverhältnis von Radon und Tritium am oberen Rohrende ($x = 0$): $Q_0 = C_0^{\mathrm{Radon}}/C_0^{\mathrm{Tritium}}$
  Berechne Q am unteren Rohrende $x = L$ für zwei verschiedene Rohrlängen, $L = 0.1\,\mathrm{m}$ und $L = 1\,\mathrm{m}$

c) Vergleiche $C(x = L)$ mit C_0 für Radon und Tritium in einem Rohr von $L = 0.1\,m$ Länge.

Aufgabe 8.8 (Radium und Tritium im Tiefenwasser des Ozeans)
Im Beispiel 8.4 haben wir die stationären Konzentrationsprofile von ^{226}Ra und Tritium im Tiefenwasser des Ozeans diskutiert. Die berechneten Profile (Gl. (8.43) für ^{226}Ra, Gl. (8.44) für Tritium) entsprechen einem Gleichgewicht zwischen den Massenflüssen am oberen bzw. unteren Rand des Tiefenwassers und dem radioaktiven Zerfall innerhalb des Tiefenwassers. Stelle je für die beiden radioaktiven Isotope eine Bilanz auf, welche aus den folgenden Komponenten besteht:

(1) Fluss zwischen Oberflächenwasser und Tiefenwasser, aufgeteilt auf die Beiträge der Diffusion bzw. Advektion.

(2) dito für Fluss zwischen Boden und Tiefenwasser

(3) in-situ radioaktiver Zerfall

Hinweis: Benütze zur Berechnung der Flüsse pro Fläche die normierten Konzentrationsprofile. Wähle das Vorzeichen so, dass alle Flüsse in das Tiefenwasser hinein in der Bilanz positiv, alle Flüsse aus dem Tiefenwasser heraus sowie der radioaktive Zerfall negativ erscheinen.

Aufgabe 8.9 (Zeitabhängige Diffusions/Advektionsgleichung)

a) *Zeige durch Bildung der entsprechenden örtlichen und zeitlichen Ableitungen, dass Gleichung (8.48) tatsächlich eine Lösung des eindimensionalen zweiten Fick'schen Gesetzes (8.45) ist.*

b) *Zeige, dass die reine Advektionsgleichung $\partial C/\partial t = -v_x\frac{\partial C}{\partial x}$ Lösungen von der Form $C(x - v_x t)$ hat, wobei $C(x)$ die Anfangskonzentration ist.*

c) *Ueberzeuge Dich, dass die Kombination von a) und b) der Gleichung (8.50) entspricht.*

Aufgabe 8.10 (Symmetrische Diffusion an einer Grenzfläche)

Suche nach Lösungen der Diffusionsgleichung (8.48) für die Anfangsbedingung (8.51) (Konzentrationssprung von C_0 auf 0 bei $x = 0$), wobei — anders als bei der Lösung (Gl. 8.52) — die Konzentration im linken Halbraum nicht konstant bleibt. Hinweis: Benütze die Methode von Anhang E.3, wobei die Diffusion des Massenelementes $C_0\,\mathrm{d}\xi$ jetzt in beide Richtungen erfolgt. Mache zuerst aufgrund von qualitativen Überlegungen eine Skizze des Verlaufs von $C(x)$ durch die Grenzfläche bei $x = 0$.

Anhang A

Symbolliste

Nur mehrfach vorkommende Symbole

A, A_i	Fläche $[\mathrm{L}^2]$
B	Beutedichte bzw. -population
$\mathbf{B}(\boldsymbol{v}^k)$	Jacobi-Matrix, am Fixpunkt $\boldsymbol{v}^k$ berechnet
C	Konzentration $[\mathrm{ML}^{-3}]$
C^0	Anfangskonzentration
C^∞	Stationärwert der Konzentration
C_X	Konzentration des Stoffes X $[\mathrm{M}_X\mathrm{L}^{-3}]$
C_{aq}	Konzentration im Wasser $[\mathrm{ML}^{-3}]$
C_{in}	Konzentration im Zufluss $[\mathrm{ML}^{-3}]$
C_{Luft}	Konzentration in der Luft $[\mathrm{ML}^{-3}]$
C_{Sed}	Konzentration im Sediment $[\mathrm{MM}_{Sed}^{-3}]$
D	Diffusionskoeffizient
Da	Damköhler Zahl (Gl. 8.42)
F_i, F	Fluss
F_{ad}	advektiver Fluss
F_{diff}	diffusiver Fluss
$F_{i,j}$	Massenfluss von Box j nach Box i im mehrdimensionalen Modell $[\mathrm{MT}^{-1}]$
I	inhomogener Term in diskreten Modellen
J_p	Produktionsprozess nullter Ordnung
J_v	Verlustprozess nullter Ordnung
$J^\star$	Nettoprozess nullter Ordnung
J_{in}	Stoff-Input $[\mathrm{MT}^{-1}]$
J_{out}	Stoff-Output $[\mathrm{MT}^{-1}]$
$K_{A/B}$	(chemischer) Verteilungskoeffizient zwischen A und B
K_d	Verteilungskoeffizient zwischen Partikel und Wasser $[\mathrm{L}^3\mathrm{M}_{Sed}^{-1}]$
K_H	Henrykoeffizient
$K_{L/W}$	dimensionsloser Luft/Wasser-Verteilungskoeffizient
K_x	turbulenter Diffusionskoeffizient in x-Richtung
L_{diff}	Charakteristische Diffusionsdistanz
M	Masse $[\mathrm{M}]$

N	Anzahl, z.B. Individuen oder Atomkerne
$\mathbf{P}$	Koeffizientenmatrix, $\mathbf{P} = (p_{i,j})$
Pe	Peclet Zahl (Gl. 8.41)
Q	Durchfluss $[\mathrm{L^3 T^{-1}}]$
Q_{ex}	Austauschvolumen $[\mathrm{L^3 T^{-1}}]$
$\mathcal{R}, \mathcal{R}_i$	äußere Relationen
R	Räuberdichte bzw. -population
T	Periode eines periodisch schwankenden Inputs $[\mathrm{T}]$
V	Volumen $[\mathrm{L^3}]$
V_E	Volumen des Epilimnions $[\mathrm{L^3}]$
V_H	Volumen des Hypolimnions $[\mathrm{L^3}]$
$\mathcal{V}$	allgemeine Systemvariable
$\boldsymbol{\mathcal{V}}$	Vektor der Systemvariablen, $\boldsymbol{\mathcal{V}} = (\mathcal{V}_i)$
$\mathcal{V}_i$	i-te Systemvariable im mehrdimensionalen Modell
$\mathcal{V}^0$	Anfangswert der Systemvariablen $\mathcal{V}$ zur Zeit $t = 0$
$\mathcal{V}^\infty$	Stationärzustand der Systemvariablen $\mathcal{V}$
a_i	Koeffizienten in diskreten Modellen
$a_{i,j}$	Koeffizienten der Lösungen linearer Differentialgleichungen
$f(\mathcal{V})$	Veränderungsfunktion für autonomes System
$g(\mathcal{V}, t)$	Veränderungsfunktion für nichtlineare Differentialgleichung
j_{in}	Stoff-Input auf das Volumen des Systems bezogen $[\mathrm{MT^{-1}L^{-3}}]$
j_0	mittlerer Input eines periodisch schwankenden Inputs $[\mathrm{MT^{-1}L^{-3}}]$
j_1	Amplitude eines periodisch schwankenden Inputs $[\mathrm{MT^{-1}L^{-3}}]$
k	$k = -k^\star \; [\mathrm{T^{-1}}]$
$k^\star$	Nettokoeffizient erster Ordnung, der Stoffumsetzung beschreibt $[\mathrm{T^{-1}}]$
$k_{ex,E}$	Austauschrate vom Epilimnion ins Hypolimnion $[\mathrm{T^{-1}}]$
$k_{ex,H}$	Austauschrate vom Hypolimnion ins Epilimnion $[\mathrm{T^{-1}}]$
$k_{i,j}$	Spezifische Austauschrate von Box j in Box i
k_p	Produktions- oder Wachstumsrate erster Ordnung $[\mathrm{T^{-1}}]$
k_r	lineare Reaktionsrate $[\mathrm{T^{-1}}]$
k_s	Sedimentationsrate $[\mathrm{T^{-1}}]$
k_{tot}	spezifische totale Rate $[\mathrm{T^{-1}}]$
k_v	Koeffizient erster Ordnung, der Verlustprozess beschreibt $[\mathrm{T^{-1}}]$
k_w	spezifische Durchflussrate, $k_w = \dfrac{Q}{V} \; [\mathrm{T^{-1}}]$
m	Masse pro Fläche
k_λ	radioaktive Zerfallsrate $[\mathrm{T^{-1}}]$
p	Modellparameter
$p_{i,j}$	allgemeiner Modellparameter im mehrdimensionalen Modell
t	Zeit $[\mathrm{T}]$
t_n	Zeitpunkte in diskreten Modellen
t_0	Anfangszeitpunkt, von dem an das System modelliert wird
$v_{A/B}$	Austauschgeschwinidgkeit zwischen A und B
$v_{W/L}$	Wasser/Luft-Austauschgeschwindigkeit $[\mathrm{L^{-1}}]$
v_x	advektive Geschwindigkeit in x-Richtung
x	Raumkoordinate (meist horizontal)
$x_{1/2}$	Distanz, wo Konzentration den halben Randwert annimmt

y	Raumkoordinate (meist horizontal)
y_i	Allgemeine Variable in Differentialgleichung
z	vertikale Raumkoordinate, z.B. Tiefe im See $[\mathrm{L}]$

β	Wachstumsrate eines exponentiell wachsenden Inputs $[\mathrm{T}^{-1}]$
$\beta' = -\beta$	Verkleinerungsrate eines exponentiell fallenden Inputs $[\mathrm{T}^{-1}]$
γ	Schichtungsparameter
ε	positiver Parameter (meist klein)
κ	relative Annäherung an Gleichgewichtskonzentration
λ_i	Eigenwerte der Koeffizientenmatrix
ω	Kreisfrequenz eines periodisch schwankenden Inputs ($\omega = \frac{2\pi}{T}$) $[\mathrm{T}^{-1}]$
τ_κ, $\tau_{5\%}$	Anpassungszeit bis auf κ bzw. 5% $[\mathrm{T}]$
$\tau_{1/2}$	Halbwertszeit eines radioaktiven Isotops $[\mathrm{T}]$

$\mathrm{Sp}(..)$	Spur einer Matrix
$\det(..)$	Determinante einer Matrix
$\Delta(..)$	Diskriminante einer Matrix

Indizes

$i, j,...$	tiefgestellt: Variablen- oder Box-Nummer
$(n), (k)..,$	hochgestellt: Iterationsschritt einer diskreten Variablen
$\circ, \infty,$	hochgestellt: Anfangswert bzw. stationärer Wert

Anhang B

Dimensionen und Einheiten

B.1 Dimensionen

Mathematische Modelle verknüpfen Messgrößen; diese haben im allgemeinen eine Dimension. Die Grunddimensionen in der Physik (sie werden mit Großbuchstaben bezeichnet) sind:

$[L]$	Länge	$[M]$	Masse
$[T]$	Zeit	$[Q]$	Elektrische Ladung

Dazu kommen je nach Fachgebiet weitere Dimensionen, etwa:

$[K]$	Temperatur
$[N]$	Anzahl (von Individuen, Atomen etc.)

Alle weiteren Dimensionen lassen sich aus den Grunddimensionen zusammensetzen. Einige Beispiele hierzu sind:

$[LT^{-1}]$	für Geschwindigkeit
$[MLT^{-2}]$	für Kraft
$[ML^2T^{-2}]$	für Energie oder Arbeit
$[ML^{-1}T^{-2}]$	für Druck

Gelegentlich ist es sinnvoll, die Dimensionen mit einem Index zu versehen, z.B.:

$[M_A L^{-3}]$	: Konzentration des Stoffes A
$[L_R^3]$	: Volumen des Reaktors
$[L_W^3 L_{tot}^{-3}]$	: Porosität, d.h. Wasservolumen pro Totalvolumen

Bei indizierten Dimensionen dürfen nur Größen mit gleichem Index gekürzt werden.

B.2 Einheiten

Einheiten entstehen durch die Wahl eines Maßsystems für die Dimension der Messgröße. Normalerweise werden so genannte SI-Einheiten [1] verwendet, d.h.

m	Meter für Länge $[L]$	kg	Kilogramm für Masse $[M]$
s	Sekunden für Zeit $[T]$	C	Coulomb für elektrische Ladung $[Q]$

---

[1] Die SI-Einheiten sind seit 1969 als internationale Basiseinheiten festgelegt.

Die Einheiten der aus den Grunddimensionen abgeleiteten Größen haben oft ihre eigenen Namen:

Newton N	für $\mathrm{kg\,m\,s^{-2}}$	(Kraft)
Joule J	für Nm oder $\mathrm{kg\,m^2 s^{-2}}$	(Energie, Arbeit)
Watt W	für $\mathrm{Js^{-1}}$ oder $\mathrm{kg\,m^2 s^{-3}}$	(Leistung)
Pascal Pa	für $\mathrm{Nm^{-2}}$ oder $\mathrm{kg\,m^{-1} s^{-2}}$	(Druck)
Liter L	für $\mathrm{dm^3}$	(Volumen)
Becquerel Bq	für $\mathrm{s^{-1}}$	(radioaktive Aktivität)
Curie Cu	$1\,\mathrm{Cu} = 3.7 \times 10^{10}\,\mathrm{Bq}$	(radioaktive Aktivität)

Eine Sonderrolle spielt die Einheit der Temperatur ($^\circ$C oder K): Eigentlich handelt es sich hier um eine intensive Größe, nämlich um eine Energie pro Volumen. Oft wird K als weitere Grunddimension (und zugleich als Grundeinheit) benützt.

Anhang C

Formelsammlung

Formelsammlung

C.1 Lineare inhomogene Differentialgleichung 1. Ordnung

$$\frac{\mathrm{d}\mathcal{V}}{\mathrm{d}t} = J(t) - k(t) \cdot \mathcal{V} \tag{C.1}$$

Im allgemeinsten Fall können die Koeffizienten J und k zeitabhängig sein. J heißt der inhomogene Term. Die Lösung lautet:

$$\mathcal{V}(t) = \mathcal{V}^0 \mathrm{e}^{-\varphi(t)} + \mathrm{e}^{-\varphi(t)} \int_0^t \mathrm{e}^{\varphi(t')} J(t') \mathrm{d}t' \tag{C.2}$$

mit

$$\varphi(t) = \int_0^t k(t') \mathrm{d}t' \tag{C.3}$$

und der Anfangsbedingung:

$$\mathcal{V}^0 = \mathcal{V}(t = 0) \tag{C.4}$$

C.1.1 Spezialfälle

[Spezialfälle]

Homogene Gleichung: $J = 0$

Lösung für $k =$ konst.

$$\mathcal{V}(t) = \mathcal{V}^0 \mathrm{e}^{-k \cdot t} \tag{C.5}$$

Für k zeitabhängig:

$$\mathcal{V}(t) = \mathcal{V}^0 \mathrm{e}^{-\varphi(t)} \tag{C.6}$$

Inhomogene Gleichung mit konstanten Koeffizienten J und k:

$$\mathcal{V}(t) = \mathcal{V}^\infty + \left(\mathcal{V}^0 - \mathcal{V}^\infty\right) e^{-k \cdot t}, \quad \text{mit Stationärzustand} \quad \mathcal{V}^\infty = \frac{J}{k} \quad \text{(C.7)}$$

Inhomogene Gleichung mit konstantem k, aber zeitabhängigem, externen Parameter $J(t)$:

- allgemein

$$\mathcal{V}(t) = \mathcal{V}^0 e^{-k \cdot t} + \int_0^t e^{-k \cdot (t-t')} J(t') \mathrm{d}t' \quad \text{(C.8)}$$

- exponentiell wachsender Input $J(t) = J(0)e^{\beta t}$

$$\mathcal{V}(t) = \mathcal{V}^0 e^{-kt} - \frac{J(0)}{k+\beta} e^{-kt} + \frac{J(0)}{k+\beta} e^{\beta t} \quad \text{(C.9)}$$

- periodisch schwankender Input $J(t) = J_0 + J_1 \sin \omega t$

$$\mathcal{V}(t) = \frac{J_0}{k} + (\mathcal{V}^0 - \frac{J_0}{k})e^{-kt} +$$

$$+ \frac{J_1}{\sqrt{\omega^2 + k^2}} \sin(\omega t - \arctan \frac{\omega}{k}) + \frac{J_1 \omega}{k^2 + \omega^2} e^{-kt} \quad \text{(C.10)}$$

C.2 System von 2 linearen Differentialgleichungen 1. Ordnung

[System von 2 linearen Differentialgleichungen 1. Ordnung] Mit der Schreibweise

$$\dot{\mathcal{V}}_i = \frac{\mathrm{d}\mathcal{V}_i}{\mathrm{d}t} \quad \text{(C.11)}$$

ergibt sich folgendes Gleichungssystem:

$$\dot{\mathcal{V}}_1 = J_1 + p_{1,1}\mathcal{V}_1 + p_{1,2}\mathcal{V}_2$$
$$\dot{\mathcal{V}}_2 = J_2 + p_{2,1}\mathcal{V}_1 + p_{2,2}\mathcal{V}_2 \quad \text{(C.12)}$$

Lösung für konstante Koeffizienten J_i und p_{ij}, falls $\det \mathbf{P} \neq 0$:

$$\mathcal{V}_1(t) = a_{1,0} + a_{1,1}e^{\lambda_1 t} + a_{1,2}e^{\lambda_2 t}$$
$$\mathcal{V}_2(t) = a_{2,0} + a_{2,1}e^{\lambda_1 t} + a_{2,2}e^{\lambda_2 t} \quad \text{(C.13)}$$

Die Eigenwerte λ (charakteristischen Raten) sind dabei:

$$\lambda_{1,2} = \frac{1}{2}\left[(p_{1,1} + p_{2,2}) \pm \sqrt{(p_{1,1} - p_{2,2})^2 + 4p_{1,2}p_{2,1}}\right] \quad \text{(C.14)}$$

Falls beide Eigenwerte reell und negativ sind, besitzt das Modell den Stationärzustand:

$$a_{1,0} = \mathcal{V}_1^\infty = \frac{p_{1,2}J_2 - p_{2,2}J_1}{p_{1,1}p_{2,2} - p_{1,2}p_{2,1}}$$

$$a_{2,0} = \mathcal{V}_2^\infty = \frac{p_{2,1}J_1 - p_{1,1}J_2}{p_{1,1}p_{2,2} - p_{1,2}p_{2,1}} \tag{C.15}$$

Die Konstanten der Matrix $A_{i,j}$ werden wie folgt berechnet:

$$a_{1,1} = q \cdot \left[(p_{1,1} - \lambda_2)(\mathcal{V}_1^0 - a_{1,0}) + p_{1,2}(\mathcal{V}_2^0 - a_{2,0})\right]$$

$$a_{1,2} = -q \cdot \left[(p_{1,1} - \lambda_1)(\mathcal{V}_1^0 - a_{1,0}) + p_{1,2}(\mathcal{V}_2^0 - a_{2,0})\right]$$

$$a_{2,1} = q \cdot \left[p_{2,1}(\mathcal{V}_1^0 - a_{1,0}) + (p_{2,2} - \lambda_2)(\mathcal{V}_2^0 - a_{2,0})\right]$$

$$a_{2,2} = -q \cdot \left[p_{2,1}(\mathcal{V}_1^0 - a_{1,0}) + (p_{2,2} - \lambda_1)(\mathcal{V}_2^0 - a_{2,0})\right] \tag{C.16}$$

mit

$$q = \frac{1}{\lambda_1 - \lambda_2} = \frac{1}{\sqrt{(p_{1,1} - p_{2,2})^2 + 4p_{1,2}p_{2,1}}} = \frac{1}{\sqrt{\Delta}} \tag{C.17}$$

C.3 Allgemeine Lösung der linearen Differentialgleichung 2. Ordnung mit konstanten Koeffizienten

Die inhomogene Differentialgleichung der Funktion $f(x)$

$$a\frac{\mathrm{d}^2 f}{\mathrm{d}x^2} + b\frac{\mathrm{d}f}{\mathrm{d}x} + cf + d = 0, \quad a, c \neq 0 \tag{C.18}$$

kann durch die Transformation $g = f + \frac{d}{c}$ in die homogene Gleichung

$$a\frac{\mathrm{d}^2 g}{\mathrm{d}x^2} + b\frac{\mathrm{d}g}{\mathrm{d}x} + cg = 0 \tag{C.19}$$

umgeformt werden. Diese hat die Lösung:

$$g(x) = A_1 \mathrm{e}^{\lambda_1 x} + A_2 \mathrm{e}^{\lambda_2 x} \tag{C.20}$$

mit

$$\lambda_1 = \frac{1}{2a}\sqrt{-b + (b^2 - 4ac)} \quad \text{und} \quad \lambda_2 = \frac{1}{2a}(-b - \sqrt{b^2 - 4ac})$$

also ist

$$f(x) = A_1 \mathrm{e}^{\lambda_1 x} + A_2 \mathrm{e}^{\lambda_2 x} - \frac{d}{c} \tag{C.21}$$

Die Parameter A_1 und A_2 ergeben sich durch die Randbedingungen, z.B.:

$$f(0) = f_0, \quad \text{also} \quad g(0) = f_0 + \frac{d}{c}$$

$$f(x_r) = f_r, \quad \text{also} \quad g(x_r) = f_r + \frac{d}{c}$$

Mit diesen Randbedingungen ergibt sich für die Parameter A_1 und A_2:

$$A_1 = \frac{(f_r + \frac{d}{c}) - (f_0 + \frac{d}{c})e^{\lambda_2 x_r}}{e^{\lambda_1 x_r} - e^{\lambda_2 x_r}}$$

$$A_2 = \frac{(f_0 + \frac{d}{c}e^{\lambda_2 x_r}) - (f_r + \frac{d}{c})}{e^{\lambda_1 x_r} - e^{\lambda_2 x_r}} \tag{C.22}$$

C.3.1   Spezialfall: $b = 0$

Die Differentialgleichung (C.18) hat dann die Form:

$$a\frac{\mathrm{d}^2 f}{\mathrm{d}x^2} + cf + d = 0 \tag{C.23}$$

Der Lösungsansatz ist hier der gleiche. Nur λ_1 und λ_2 berechnet sich wie folgt:

$$\lambda_1 = \sqrt{-\frac{c}{a}} \quad \text{und} \quad \lambda_2 = -\sqrt{-\frac{c}{a}} \tag{C.24}$$

C.3.2   Dimensionslose Darstellung der Lösung

Mit folgenden Definitionen kann man die Lösung von (C.18) innerhalb des Intervalls $[0, x_r]$ in dimensionsloser Form darstellen:

$$\xi = \frac{x}{x_r}, \quad \mathrm{Pe} = -\frac{x_r b}{a}, \quad \mathrm{Da} = -\frac{ac}{b^2} \tag{C.25}$$

Hierbei heißen die neuen dimensionslosen Größen, Pe, Pecletzahl und Da, Damköhlerzahl. Die dimensionslose Raumkoordinate ξ variiert zwischen 0 und 1, falls x auf das Intervall $[0, x_r]$ beschränkt bleibt.

Es gilt:

$$\frac{\mathrm{d}g}{\mathrm{d}x} = \frac{\mathrm{d}g}{\mathrm{d}\xi} \cdot \frac{\mathrm{d}\xi}{\mathrm{d}x} = \frac{1}{x_r}\frac{\mathrm{d}g}{\mathrm{d}\xi}$$

$$\frac{\mathrm{d}^2 g}{\mathrm{d}x^2} = \frac{1}{x_r^2} \cdot \frac{\mathrm{d}^2 g}{\mathrm{d}\xi^2} \tag{C.26}$$

Damit folgt aus Gleichung (C.19):

$$\frac{\mathrm{d}^2 g}{\mathrm{d}\xi^2} - \mathrm{Pe}\frac{\mathrm{d}g}{\mathrm{d}\xi} - \mathrm{Pe}^2\mathrm{Da}g = 0 \tag{C.27}$$

Für die Lösung gilt:

$$g(\xi) = A_1 e^{\lambda_1^* \xi} + A_2 e^{\lambda_2^* \xi} \tag{C.28}$$

$$\text{mit} \quad \lambda_i^* = \frac{\mathrm{Pe}}{2}(1 \pm \sqrt{1 + 4\mathrm{Da}})$$

Bezüglich der Damköhler-Zahl Da können wir die folgenden zwei Extremsituationen unterscheiden:

- $|\mathsf{Da}| \ll 1 :$ $\quad \begin{aligned} &\lambda_1^* \approx \mathsf{Pe} \\ &\lambda_2^* \approx -\mathsf{DaPe}, \quad |\lambda_2^*| \ll |\lambda_1^*| \quad \text{(Benütze: } \sqrt{1+\varepsilon} \approx 1 + \tfrac{\varepsilon}{2}) \end{aligned}$

  Ist zugleich die Pecletzahl $|\mathsf{Pe}| \ll 1$, so variieren die Exponential-funktionen $e^{\lambda_i^* \xi}$ im Bereich $\xi \in [0, 1]$ kaum, d.h. die Funktion $g(\xi)$ ist praktisch konstant.

- $|\mathsf{Da}| \gg 1 :$ $\quad \lambda_i^* = \pm\mathsf{Pe}\sqrt{\mathsf{Da}}$

  Ist zugleich die Pecletzahl $|\mathsf{Pe}| \approx 1$ oder größer, so bedingen die großen Beträge der Eigenwerte λ_i^* starke Variationen der Lösungsfunktion $g(\xi)$ im Interval $\xi \in [0, 1]$.

C.4 Lösung von linearen Differential-gleichungen mit imaginären Eigenwerten

Die Lösung eines zweidimensionalen linearen Differentialgleichungssystems mit den imaginären Eigenwerten $\lambda = \pm i\omega$ hat die Form (siehe Gleichung 5.55):

$$y_j(t) = a_{j1}\,e^{i\omega t} + a_{j2}\,e^{-i\omega t}, \qquad j = 1, 2 \tag{C.29}$$

Mit der *Euler'schen Beziehung*

$$e^{i\omega t} = \cos\omega t + i\sin\omega t \tag{C.30}$$

kann man (C.29) in die Form

$$y_j(t) = b_{j1}\,\cos\omega t + b_{j2}\,\sin\omega t, \qquad j = 1, 2 \tag{C.31}$$

umwandeln, wobei gilt:

$$\begin{aligned} b_{11} &= (a_{11} + a_{12}), \quad b_{12} = i(a_{11} - a_{12}) \\ b_{21} &= (a_{21} + a_{22}), \quad b_{22} = i(a_{21} - a_{22}) \end{aligned} \tag{C.32}$$

Schließlich kann man (C.31) als eine einzige trigonometrische Funktion mit Phasenverschiebung φ_j, zum Beispiel als

$$y_j(t) = c_j\,\sin(\omega t + \varphi_j), \qquad j = 1, 2 \tag{C.33}$$

schreiben. Es gilt:

$$c_j = (b_{j1}^2 + b_{j2}^2)^{1/2} \quad ; \quad \varphi_j = \operatorname{arctg}\left(\frac{b_{j1}}{b_{j2}}\right), \qquad j = 1, 2 \tag{C.34}$$

Üblicherweise sind die Systemvariablen $y_j(t)$ reelle Funktionen, was bedeutet, dass die Koeffizienten b_{j1}, b_{j2} und c_j reell und die Paare (a_{j1}, a_{j2}) konjugiert komplex sind. Alle diese Koeffizienten berechnen sich aus den Ausgangsbedingungen y_1° und y_2°.

<u>Beispiel:</u>

Wir betrachten die Gleichungen des harmonischen Oszillators (Beispiel 5.1.6, Gleichung 5.73 und 5.77):

$$\frac{dy_1}{dt} = y_2 \quad ; \quad \frac{dy_2}{dt} = -\omega^2 y_1 \tag{C.35}$$

mit den Anfangswerten $y_1^\circ = A$, $y_2^\circ = B$. Die Eigenwerte sind $\lambda = \pm i\omega$. Setzen wir die allgemeine Lösung (C.31) in die Differentialgleichungen (C.35) ein und vergleichen die Vorfaktoren von $\cos\omega t$ bzw. $\sin\omega t$ auf beiden Seiten des Gleichheitszeichens, so ergibt sich:

$$\begin{array}{llll} b_{11} &= A &; \quad b_{12} &= \frac{B}{\omega} \\ b_{21} &= B &; \quad b_{22} &= -\omega A \end{array} \tag{C.36}$$

Das heißt:

$$\begin{array}{ll} y_1(t) &= A\cos\omega t + \frac{B}{\omega}\sin\omega t \\ y_2(t) &= B\cos\omega t - \omega A\sin\omega t \end{array} \tag{C.37}$$

Für die Form (C.33) ergibt sich:

$$y_1(t) = (A^2 + \tfrac{B^2}{\omega^2})^{1/2}\sin(\omega t + \varphi_1), \qquad \varphi_1 = \arctan\left(\tfrac{A\omega}{B}\right)$$

$$y_2(t) = (\omega^2 A^2 + B^2)^{1/2}\sin(\omega t + \varphi_2), \quad \varphi_2 = -\arctan\left(\tfrac{B}{A\omega}\right) \tag{C.38}$$

Schließlich können wir die Lösungen auch in der Form (C.29) aufschreiben, wobei — wie erwähnt — die Koeffizienten komplexe Zahlen sind:

$$y_1(t) = 1/2\,(A - i\tfrac{B}{\omega})e^{i\omega t} + 1/2\,(A + i\tfrac{B}{\omega})\,e^{-i\omega t}$$

$$y_2(t) = 1/2\,(B + i\omega A)e^{i\omega t} + 1/2(B - i\omega t)e^{-i\omega t} \tag{C.39}$$

Anhang D

Eigenwerte

Allgemeine Lösung von gekoppelten linearen Differentialgleichungen mit der Eigenwert-Theorie

D.1 Das n-dimensionale System

Das System besteht aus den n Differentialgleichungen

$$\frac{\mathrm{d}\mathcal{V}_i}{\mathrm{d}t} = \mathcal{R}_i + \sum_{j=1}^{n} p_{ij}\mathcal{V}_j, \quad i = 1, \cdots, n \tag{D.1}$$

In Vektor- und Matrixform und mit $\dot{\mathcal{V}}_i = \frac{\mathrm{d}\mathcal{V}_i}{\mathrm{d}t}$:

$$\dot{\mathcal{V}} = \mathbf{R} + \mathbf{P}\mathcal{V}$$

$$\mathbf{R} = \begin{pmatrix} \mathcal{R}_1 \\ \vdots \\ \mathcal{R}_n \end{pmatrix} \quad \mathcal{V} = \begin{pmatrix} \mathcal{V}_1 \\ \vdots \\ \mathcal{V}_n \end{pmatrix} \quad \mathbf{P} = \begin{pmatrix} p_{11} & \cdots & p_{1n} \\ \vdots & & \\ p_{n1} & \cdots & p_{nn} \end{pmatrix} \tag{D.2}$$

Mit der Matrix $\mathbf{U}$ werden n neue Variablen Z_i eingeführt:

$$\mathbf{Z} = \mathbf{U}^{-1}\mathcal{V}, \quad \text{explizit} \quad Z_i = \sum_{j=1}^{n} (U^{-1})_{ij}\mathcal{V}_j \tag{D.3}$$

Multipliziert man Gl. (D.2) auf beiden Seiten von links mit $\mathbf{U}^{-1}$ und fügt außerdem rechts die Einheitsmatrix $\mathbf{E} = \mathbf{U}\mathbf{U}^{-1}$ dazwischen, so folgt:

$$\mathbf{U}^{-1}\dot{\mathcal{V}} = \mathbf{U}^{-1}\mathbf{R} + \mathbf{U}^{-1}\mathbf{P}(\mathbf{U}\mathbf{U}^{-1})\mathcal{V} \tag{D.4}$$

oder

$$\dot{\mathbf{Z}} = \mathbf{U}^{-1}\mathbf{R} + \mathbf{\Lambda}\mathbf{Z} \quad \text{mit} \quad \mathbf{\Lambda} = \mathbf{U}^{-1}\mathbf{P}\mathbf{U} \tag{D.5}$$

Wenn man die Transformationsmatrix $\mathbf{U}$ geschickt wählt, so wird die neue Systemmatrix $\boldsymbol{\Lambda}$ diagonal: [1]

$$\boldsymbol{\Lambda} = \begin{pmatrix} \lambda_1 & & 0 \\ & \ddots & \\ 0 & & \lambda_n \end{pmatrix} \tag{D.6}$$

Die λ_i sind die Eigenwerte der Matrix $\mathbf{P}$. Die zugehörigen Eigenfunktionen sind die Spaltenvektoren der Matrix $\mathbf{U}$.

Nach Anhang C.1 kann nun das diagonalisierte System D.5 zeilenweise einfach gelöst werden. Beispielsweise erhält man so für

$$\dot{Z}_k = T_k + \lambda_k Z_k, \quad T_k \text{ ist die } k\text{-Komponente des Vektors } \mathbf{U}^{-1}\mathcal{R} \tag{D.7}$$

die Lösung

$$Z_k(t) = Z_k^\infty + (Z_k^0 - Z_k^\infty)\mathrm{e}^{\lambda_k t}, \quad Z_k^\infty = -\frac{T_k}{\lambda_k} \tag{D.8}$$

Durch die Rücktransformation $\mathbf{V} = \mathbf{U}\mathbf{Z}$ können aus den Lösungen (D.8) die zeitabhängigen Lösungen $\mathcal{V}_i(t)$ berechnet werden.

D.2 Explizite Lösung für das zweidimensionale System

D.2.1 Die Eigenwerte

Die Eigenwerte λ_i werden mit der so genannten charakteristischen Gleichung von $\mathbf{P}$ berechnet:

$$\det(\mathbf{E}\lambda - \mathbf{P}) = 0 \tag{D.9}$$

wobei $\det(..)$ die Determinante und $\mathbf{E}$ die zweidimensionale Einheitsmatrix bedeuten:

$$\mathbf{E} = \begin{pmatrix} 1 & 0 \\ 0 & 1 \end{pmatrix} \tag{D.10}$$

Ausgeschrieben hat Gleichung (D.9) somit die Form:

$$\det \begin{pmatrix} \lambda - p_{1,1} & -p_{1,2} \\ -p_{2,1} & \lambda - p_{2,2} \end{pmatrix} = 0 \tag{D.11}$$

Gleichung (D.11) führt zu einer quadratischen Gleichung für die beiden Eigenwerte λ_1 und λ_2:

$$\lambda^2 - \lambda(p_{1,1} + p_{2,2}) + p_{1,1}p_{2,2} - p_{1,2}p_{2,1} = 0 \tag{D.12}$$

---

[1] Falls zwei oder mehr der Eigenwerte λ_i gleich sind, gelingt die Diagonalisierung nicht mehr vollständig, sondern nur bis zu den in der Diagonalen angeordneten Untermatrizen. Dieser Fall der mehrfachen Eigenwerte wird hier nicht diskutiert.

Die Lösung der quadratischen Gleichung kann man in folgender Form schreiben:

$$\lambda_i = \frac{1}{2}\left[\mathrm{Sp}(\mathbf{P}) \pm \sqrt{\Delta(\mathbf{P})}\right], \qquad i = 1, 2 \tag{D.13}$$

Hierbei ist $\mathrm{Sp}(\mathbf{P})$ die so genannte Spur der quadratischen Matrix, d.h. die Summe ihrer Diagonalelemente:

$$\mathrm{Sp}(\mathbf{P}) = p_{1,1} + p_{2,2} \tag{D.14}$$

und $\Delta(\mathbf{P})$ ist die Diskriminante der quadratischen Gleichung:

$$\begin{aligned}
\Delta(\mathbf{P}) &= (p_{1,1} + p_{2,2})^2 - 4p_{1,1}p_{2,2} + 4p_{1,2}p_{2,1} \\
&= (p_{1,1} - p_{2,2})^2 + 4p_{1,2}p_{2,1} \\
&= \mathrm{Sp}(\mathbf{P})^2 - 4\det(\mathbf{P})
\end{aligned} \tag{D.15}$$

D.2.2 Eigenschaften der Eigenwerte λ_i

Massenbilanz-Modelle führen zu ganz bestimmten Differentialgleichungssystemen, d.h. zu gewissen Eigenschaften der Matrix $\mathbf{P}$ und deren Eigenwerten λ_i.

Konservative Gleichungen (homogen)
Das Gleichungssystem ist homogen, falls $\mathbf{R} = \mathbf{0}$. Die Matrix $\mathbf{P}$ hat dann die folgenden Eigenschaften:

- Die Diagonalelemente p_{ii} sind negativ. Alle Elemente außerhalb der Diagonalen, p_{ij} mit $i \neq j$, positiv oder Null.

- Die Summe aller Elemente von $\mathbf{P}$ in einer Spalte ist Null (Ausdruck der Massenbilanz). Daraus folgt, dass die Matrix singulär ist, d.h. ihre Determinante ist Null.

Diese Eigenschaften sind verantwortlich dafür, dass $\mathbf{P}$ einen Eigenwert $\lambda = 0$ besitzt. Die zugehörige transformierte Variable $\mathbf{U}^{-1}\mathbf{y}$ ist die Summe aller y_i, d.h. die konstante Gesamtmasse im konservativen System. Alle übrigen Eigenwerte λ_i sind negativ, d.h. ein Stationärzustand existiert.

Nicht-konservative Gleichungen (inhomogen)
Es sind nicht alle $x_i = 0$. Zudem ist mindestens eine Summe aller Elemente in einer Spalte negativ. Dann ist die Matrix $\mathbf{P}$ nicht singulär, d.h. die inverse Matrix $\mathbf{P}^{-1}$ existiert. Sie kann formal zur Berechnung des Stationärzustandes benützt werden:

$$\mathbf{y} = -\mathbf{P}^{-1}\mathbf{x} \tag{D.16}$$

Da aber weiterhin gilt:

$$p_{ij} \begin{cases} < 0 & \text{für } i = j \\ > 0 & \text{für } i \neq j \end{cases}$$

sind sämtliche Eigenwerte λ_i negativ, so dass die Existenz der Stationärzustände auch hier gesichert ist.

D.2.3 Eigenfunktionen

Die Eigenfunktionen der Matrix $\mathbf{P}$ sind nur bis auf einen konstanten (positiven oder negativen) Faktor bestimmt. Zum Beispiel kann man sie in folgender Form schreiben:

$$
\begin{aligned}
z_1 &= p_{2,1}\mathcal{V}_1 + (\lambda_1 - p_{1,1})\mathcal{V}_2 \\
z_2 &= (\lambda_2 - p_{2,2})\mathcal{V}_1 + p_{1,2}\mathcal{V}_2
\end{aligned}
\tag{D.17}
$$

In den neuen Variablen z_i geschrieben hat das homogene Differentialgleichungssystem die Form

$$
\begin{aligned}
\frac{\mathrm{d}z_1}{\mathrm{d}t} &= \lambda_1 z_1 \\
\frac{\mathrm{d}z_2}{\mathrm{d}t} &= \lambda_2 z_2
\end{aligned}
\tag{D.18}
$$

mit den Lösungen

$$
z_1(t) = z_1^o e^{\lambda_1,t} \qquad z_2(t) = z_2^o e^{\lambda_2,t}
\tag{D.19}
$$

Die Anfangswerte z_i^o berechnet man aus den Transformationsgleichungen (D.17), indem man dort $\mathcal{V}_1^o$ und $\mathcal{V}_2^o$ einsetzt.

Die zu Gleichung (D.17) inverse Transformation lautet:

$$
\begin{aligned}
\mathcal{V}_1 &= \frac{1}{D}[p_{1,2}z_1 - (\lambda_1 - p_{1,1})z_2] \\
\mathcal{V}_2 &= \frac{1}{D}[-(\lambda_2 - p_{2,2})z_1 + p_{2,1}z_2]
\end{aligned}
\tag{D.20}
$$

mit

$$
\begin{aligned}
D &= p_{1,2}p_{2,1} - (\lambda_1 - p_{1,1})(\lambda_2 - p_{2,2}) \\
&= -2\det(\mathbf{P}) + \lambda_1 p_{2,2} + \lambda_2 p_{1,1}
\end{aligned}
\tag{D.21}
$$

Beachte, dass wir benützt haben: $\lambda_1 \lambda_2 = \det(\mathbf{P})$

Anhang E

Zeitabhängige Diffusionsgleichung

Mathematische Grundlagen zur Lösung zeitabhängiger Diffusionsprobleme

Wir betrachten hier einige mathematische Funktionen, welche für die explizite zeitabhängige Lösung der Diffusionsgleichung hilfreich sind. Mehr findet sich in Crank (1975) und in Schwarzenbach et al. (2003), Kapitel 18 und 22.

E.1 Die Normal- oder Gauss-Verteilung

In Abb. E.1 ist die Gauss- oder Normal-Verteilung $G(x)$ dargestellt:

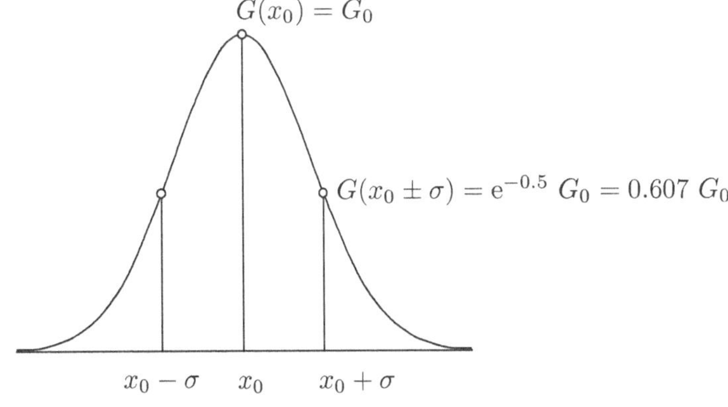

Abb. E.1: *Gauss- oder Normalverteilung um den Mittelwert x_0 und die Streuung σ.*

Die mathematische Formulierung lautet:

$$G(x) = \frac{1}{\sqrt{2\pi}\,\sigma} \exp\left(-\frac{(x - x_0)^2}{2\sigma^2}\right) \qquad (\text{E.1})$$

Hierbei ist x_0 der Mittelwert der Verteilung und σ die Streuung.

Die Gauss-Verteilung $G(x)$ ist normiert, d.h:

$$\int_{-\infty}^{\infty} G(x)\mathrm{d}x = 1 \tag{E.2}$$

Ferner gilt:

$$G(x_0 \pm 2\sigma) = \mathrm{e}^{-2}\, G_0 = 0.135\, G_0$$

$$G(x_0 \pm 3\sigma) = \mathrm{e}^{-9/2}\, G_0 = 0.011\, G_0$$

Die Fläche zwischen den Grenzen $x = x_0 - \sigma$ und $x = x_0 + \sigma$ beträgt 68.3% des ganzen auf 1 normierten Integrals von $G(x)$. Die Fläche zwischen $x = x_0 \pm 2\sigma$ umfasst 95.4%. Die spezielle Lösung der Diffusionsgleichung ist somit eine Gauss-Verteilung mit zeitabhängiger Streuung:

$$\sigma(t) = \sqrt{2Dt} \tag{E.3}$$

Daraus wird der Diffusionskoeffizient D bestimmbar:

$$D = \frac{1}{2}\frac{\mathrm{d}\sigma^2}{\mathrm{d}t} \tag{E.4}$$

E.2   Die Error-Funktion

Die Error-Funktion erf (x) ist definiert als:

$$\mathrm{erf}\,(x) = \frac{2}{\sqrt{\pi}}\int_0^x \exp(-\xi^2)\mathrm{d}\xi \tag{E.5}$$

Das Komplement der Errorfunktion ist:

$$\mathrm{erfc}\,(x) = 1 - \mathrm{erf}\,(x) = \frac{2}{\sqrt{\pi}}\int_x^\infty \exp(-\xi^2)\mathrm{d}\xi \tag{E.6}$$

Die Error-Funktion hat folgende Eigenschaften:
$$\mathrm{erf}(x = 1) = 1, \quad \mathrm{erfc}(x = 1) = 0$$
$$\mathrm{erf}(x = 0) = 0, \quad \mathrm{erfc}(x = 0) = 1$$
Ihre Werte sind tabelliert, z.B. in Abramowitz u. Stegun (1972).

E.3   Das lineare Superpositionsprinzip

Der Einfluss der Schicht $\mathrm{d}\xi$ auf die Konzentration beim Punkt x berechnet man aus Gleichung (8.48) mit $m = C_0 \mathrm{d}\xi$. Da sich die Konzentration nur in die positive x-Richtung ausbreitet (für $x < 0$ ist $C = C_0 = const.$), fällt der Faktor 2 im Nenner von (8.48) weg. Also:

$$\frac{C^0\mathrm{d}\xi}{\sqrt{D\pi t}}\exp\left(-\frac{\xi^2}{4Dt}\right)$$

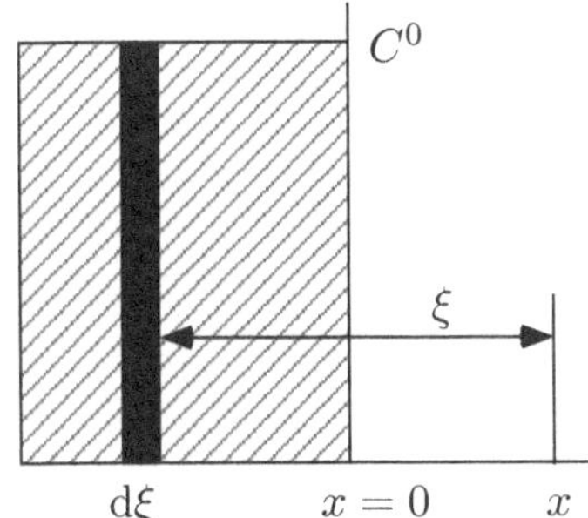

Die Superposition aller dξ-Abschnitte ergibt:

$$C(x,t) = \frac{C^0}{\sqrt{D\pi t}} \int\limits_{x}^{\infty} \exp\left(-\frac{\xi^2}{4Dt}\right)\mathrm{d}\xi \qquad (\text{E.7})$$

Beachte: Die Integrationsgrenzen in (E.7) ergeben sich, weil der kleinste Abstand eines Elements dξ zum Punkt x durch x, der größte Abstand durch ∞ gegeben ist.

Durch die Substitution der Variablen ξ mit $\eta = \frac{\xi}{2\sqrt{Dt}}$ und damit $\mathrm{d}\xi = 2\sqrt{Dt}\,\mathrm{d}\eta$ kann (E.7) umgewandelt werden in:

$$C(x,t) = \frac{2C^0}{\sqrt{\pi}} \int\limits_{\frac{x}{2\sqrt{Dt}}}^{\infty} \exp\left(-\eta^2\right)\mathrm{d}\eta = C^0 \operatorname{erfc}\left(\frac{x}{2\sqrt{Dt}}\right) \qquad (\text{E.8})$$

Hierbei ist die Funktion erfc das Komplement der Error-Funktion:

$$\operatorname{erfc}\left(\frac{x}{2\sqrt{Dt}}\right) = 1 - \operatorname{erf}\left(\frac{x}{2\sqrt{Dt}}\right) \qquad (\text{E.9})$$

Literaturverzeichnis

Abramowitz M, Stegun IA (1972) Handbook of mathematical functions. Wiley, New York

Arrowsmith DK, Place CM (1992) Dynamical systems: differential equations, maps and chaotic behaviour. Chapman and Hall, London

Crank J (1975) The Mathematics of Diffusion. Clarendon Press, Oxford

Domenico PA, Schwartz FW (1998) Physical and Chemical Hydrology. 2. Aufl, Wiley, New York

Haderlein SB, Weissmahr K, Schwarzenbach RP (1996) Specific adsorption of nitroaromatic pesticides and explosives to clay minerals. Environm. Sci. Technol. 30:612-622

Imboden DM (1973) Limnologische Transport- und Nährstoffmodelle. Schweiz. Z. Hydrol. 35:29-68

Intergovernmental Panel on Climate Change IPCC (1995) Climate Change 1995, 2. Sachverständigenbericht der Arbeitsgruppe I, Dezember 1995

Intergovernmental Panel on Climate Change IPCC (2001) Climate Change 2001: The Scientific Basis 2001

Jetschke G (1989) Mathematik der Selbstorganisation. Deutscher Verlag der Wissenschaften, Berlin

Krebs CJ (2001) Ecology: The Experimental Analysis of Distribution and Abundance. Benjamin Cummings, San Francisco, 5. Aufl

Lerman A (1972) Strontium-90 in the great lakes: Concentration-time model. J. Geophys. Res. 77:3256-3264

Lotka AJ (1924) Elements of Physical Biology. Williams and Wilkins Co, Inc. Wieder aufgelegt von Dover Publications, New York 1956, unter dem Titel: Elements of Mathematical Biology

Luenberger DG (1979) Introduction to Dynamic Systems. Wiley, New York

MacLulich DA (1937) Fluctuations in the numbers of the varying hare (*Lepus americanus*). Univ. Toronto Studies, Biol. Ser. 43

Meadows D, Meadows D, Zahn E, Milling P (1987) Die Grenzen des Wachstums. Deutsche Verlags-Anstalt, Stuttgart

Meijer ML (2000) Biomanipulation in the Netherlands — 15 Years of Experience. Wageningen Univ, Wageningen

Moore WS, Berrien III, Brasswell BH (1994) The lifetime of excess atmospheric carbon dioxide. Glob. Biogeochem. Cycl. 8:23-38

Odum EP (1971) Fundamentals of Ecology. Saunders, Philadelphia

Pearl R, Reed LJ (1920) On the rate of growth of the population of the United States since 1790 and its mathematical representation. Proc. Nat. Acad. Csi. U.S. 6:275-288

Samuelson PA, Nordhaus W (1995) Economics. McGraw-Hill, New York, 15. Aufl

Schwarzenbach RP, Gschwend PM, Imboden DM (2003) Environmental Organic Chemistry, 2nd edition. Wiley, New York

Scheffer M, Carpenter S, Foley JA, Folke C, Walker B (2002) Catastrophic shifts in ecosystems. Nature 413:591-596

Verhulst PF (1838) Notice sur la loi que la population suit dans son accroissement. Corresp. Math. Phys. 10:113-121

Vollenweider RA (1976) Advances in defining critical loading levels for phosphorus in lake eutrophication. Mem. Ist. Ital. Idrobiol. 33:53-83

Volterra V (1926) Fluctuations in the abundance of a species considered mathematically. Nature 118:558-560

Wissel C (1989) Theoretische Ökologie. Springer, Berlin

Index